国家茶叶产业技术体系
（CARS-19）资助

茶树
抗逆机理
研究

王新超
杨亚军
主编

化学工业出版社

·北京·

图书在版编目（CIP）数据

茶树抗逆机理研究 / 王新超，杨亚军主编. -- 北京：化学工业出版社，2025. 5. -- ISBN 978-7-122-47658-6

Ⅰ. S571.134

中国国家版本馆 CIP 数据核字第 2025PA6780 号

责任编辑：邵桂林　　　　装帧设计：韩　飞
责任校对：宋　玮

出版发行：化学工业出版社
　　　　　（北京市东城区青年湖南街 13 号　邮政编码 100011）
印　　装：三河市君旺印务有限公司
787mm×1092mm　1/16　印张 13　彩插 4　字数 293 千字
2025 年 9 月北京第 1 版第 1 次印刷

购书咨询：010-64518888　　　　售后服务：010-64518899
网　　址：http ://www.cip.com.cn
凡购买本书，如有缺损质量问题，本社销售中心负责调换。

定　　价：78.00 元　　　　　　版权所有　违者必究

本书编委会

主　编　王新超　杨亚军

副主编　王　璐　郝心愿　王丽鸳　房婉萍
　　　　　孙晓玲　王玉春

编　委（按姓氏笔画排序）
　　　　　王　璐　中国农业科学院茶叶研究所
　　　　　王玉春　浙江农林大学
　　　　　王丽鸳　中国农业科学院茶叶研究所
　　　　　王新超　中国农业科学院茶叶研究所
　　　　　叶　萌　中国农业科学院茶叶研究所
　　　　　白培贤　杭州市农业科学研究院
　　　　　吕务云　浙江农林大学
　　　　　任恒泽　浙江农林大学
　　　　　孙晓玲　中国农业科学院茶叶研究所
　　　　　杨亚军　中国农业科学院茶叶研究所
　　　　　李娜娜　中国农业科学院茶叶研究所
　　　　　张　芬　河南农业大学
　　　　　张　新　中国农业科学院茶叶研究所
　　　　　张　瑾　中国农业科学院茶叶研究所
　　　　　张可欣　湖州市农业科学研究院
　　　　　陈　瑶　中国农业科学院茶叶研究所
　　　　　陈应娟　西南大学
　　　　　陈雪津　南京农业大学
　　　　　岳　川　西南大学
　　　　　房婉萍　南京农业大学
　　　　　郝心愿　中国农业科学院茶叶研究所
　　　　　钱文俊　青岛农业大学
　　　　　谭礼强　四川农业大学

　　茶，源于中国，惠泽世界。作为仅次于水的全球第二大无酒精饮料，茶叶不仅是中华文化的重要载体，更是连接农业、经济与生态的纽带。中国作为世界茶叶生产与消费的第一大国，茶产业在脱贫攻坚与乡村振兴中发挥了不可替代的作用。然而，随着全球气候变化加剧，极端天气频发，茶树作为多年生常绿作物，正面临日益严峻的生物与非生物逆境威胁——低温冻害、干旱胁迫、病虫害侵袭等问题交织，不仅制约茶叶产量与品质，更威胁茶农生计与产业可持续发展。在此背景下，解析茶树抗逆机理、培育抗逆品种、研发绿色防控技术，已成为茶学领域亟待突破的核心命题。

　　《茶树抗逆机理研究》一书，正是针对这一重大需求，系统梳理国内外茶树逆境生物学研究的前沿成果，结合作者团队多年深耕的原创性发现，为读者呈现了一部兼具理论深度与实践价值的学术专著。本书从逆境类型解析入手，深入探讨茶树响应低温、干旱、氮素利用、越冬芽休眠、抗虫性与抗病性的生理与分子机制，并结合功能基因鉴定技术，揭示关键调控网络的分子基础，为抗逆育种提供了重要靶点。同时，本书还关注逆境响应与茶树生长发育、品质形成的平衡机制，提出了多组学技术与分子设计育种相结合的未来方向，展现了从基础研究到产业应用的完整链条。

　　本书凝聚了国内茶学领域多位专家的智慧与心血。主编王新超研究员与杨亚军研究员为国家茶叶产业技术体系现任和前任首席科学家，长期致力于茶树逆境生物学研究，带领团队在茶树抗逆机理研究领域取得了一系列突破性成果。各章节内容既立足国际前沿，又紧扣中国茶园实际需求，尤其注重将分子机理与应用实践相结合，为高效抗逆品种选育与绿色茶园建设提供了科学依据。

科学技术日新月异，茶树抗逆研究亦在不断深化。希望《茶树抗逆机理研究》一书的出版能够促进茶树抗逆机理研究的进一步深入，为茶产业的高质量发展做出更大的贡献。

中国工程院院士，湖南师范大学校长

刘仲华

茶，起源于中国而风靡于世界，成为仅次于水的第二大无酒精饮料。我国是世界茶叶第一生产和消费大国，茶产业在助力我国脱贫攻坚和乡村振兴中发挥了重要的作用。茶树作为多年生木本植物，会遭遇各种各样的逆境，不仅包括温度、水分、营养等非生物逆境，还包括各种病虫害等生物逆境。这些逆境不仅影响茶树的生长和茶叶产量，也会影响茶叶的品质和质量安全，更对茶农的收益造成严重影响。近年来，全球气候变化加剧引起的各种自然灾害发生频繁，给茶产业造成巨大的经济损失。因此，开展茶树逆境生物学研究，通过从多个层面解析茶树响应各种胁迫的机制以及抗性调控的机理，可为茶树抗逆育种和研发相应的栽培管理技术以及绿色诱抗产品来抵御逆境胁迫的影响提供理论指导，进而为保障茶叶安全生产及产业高质量发展提供科技支撑。

茶树抗逆机理研究是茶学研究的热点之一。从历年国家基金的资助项目数量以及发表的论文来看，一直居于前列。本书作者团队在茶树逆境生物学研究领域深耕多年，获得了多项国家级项目的资助。本书基于作者团队多年的研究成果，系统梳理和总结了国内外茶树响应多种逆境的研究进展及存在的问题，并提出未来的研究重点。

全书共分七章，第1章由王新超、杨亚军编写，全面总结了茶树逆境胁迫的类型；第2章由王璐、李娜娜、钱文俊编写，总结了茶树响应低温的研究现状；第3章由郝心愿、岳川、谭礼强、张可欣、陈瑶编写，总结了茶树越冬芽休眠的机理研究进展；第4章由王丽鸳、张芬和白培贤编写，围绕茶树氮素高效利用机理研究进展展开论述；第5章由房婉萍编写，总结了茶树的抗旱机理研究现状；第6章由孙晓玲、叶萌、张新和张瑾编写，系统总结了茶树诱导抗虫性特别是在尺蠖类和象甲上的研究结果；第7章由王玉春、陈应娟、吕务云、任恒泽编写，介绍了茶树与主要病害炭疽病互作的研究进展。

本书编写过程中参考和借鉴了国内外大量的相关著作、期刊论文等资料，并引用了部分内容，在此对原作者表示衷心感谢！

本书列入了国家茶叶产业技术体系的出版规划，是国内第一部总结茶树多种逆境研究进展的茶树逆境生物学专著，可供从事茶树生物学相关领域的科技工作者使用，也可作为大专院校师生的教学参考书。

科学技术发展日新月异，在本书编写过程中新的研究成果不断涌现，由于时间和篇幅所限，未能及时总结进入本书，加之编者水平所限，疏漏之处在所难免，敬请同行专家和读者谅解。

编　者

2024 年 11 月

第6章　茶树诱导抗虫性和机理研究　　115

第7章　茶树抗炭疽病的机理研究 163

第 1 章

茶树的逆境胁迫

茶树（*Camellia sinensis* (L.) O. Kuntze），起源于我国西南地区（虞富莲，1986）。迄今，已经有 60 多个国家和地区种茶。茶树在我国的分布范围也极为广泛，生长区域从 18° 30′ N 的海南通什到 35° 13′ N 的山东日照，从 94° E 的西藏林芝到 122° E 的台湾省东岸，南北横跨边缘热带、南亚热带、中亚热带、北亚热带和暖温带，有 20 个省（直辖市、自治区）种茶（杨亚军，2005）。用其嫩叶为原料加工而成的茶叶，成为仅次于水的第二大无酒精饮料，全世界有 60 多亿人饮茶。茶叶富含以茶多酚为代表的次生代谢物质，具有多种健康功效，因而茶已经成为风靡世界的健康饮料（Li 等，2022；Bag 等，2022；Zhang 等，2019）。截至 2021 年，全世界茶叶种植面积超过 524.5 万公顷，产量 642 万吨（FAO 数据），对亚洲、非洲和拉丁美洲的减贫起到了重要作用。

茶树作为多年生木本植物，在其生活周期中，因其不可移动性，会遭遇各种各样的逆境，这些逆境既包括温度（高温、低温）、水分（主要是干旱）、营养缺乏等非生物逆境，还包括各种病虫害等生物逆境。这些逆境不仅影响茶树的生长和茶叶产量，也会影响茶叶的品质和质量安全，更对茶农的种植效益造成严重影响。因此，推动茶树逆境生物学的研究，解析茶树响应各种胁迫的机制以及调控抗性的机理，不仅可以为茶树抗逆育种提供理论指导，利用我国丰富的茶树种质资源进行抗逆品种选育，而且还可以基于研究成果开发相应的绿色抗逆剂，通过栽培措施等来抵御逆境胁迫的影响，为保障茶叶安全生产及产业高质量发展提供科技支撑。

1.1 茶树的非生物逆境

由于起源于热带湿润的地区，在长期的栽培驯化过程中，形成了"喜湿怕涝、喜温畏寒"的生长习性。又由于茶树是叶用植物，每年因茶叶采收而带走的营养元素又较一般植物多，所以对肥料的需求量大。因此，茶树的非生物逆境胁迫，主要涉及温度、水分以及营养缺乏（主要是氮素缺乏）等。而温度逆境又可分为低温逆境和高温逆境。而水分逆境主要是干旱。

1.1.1 温度逆境

茶树性喜温畏寒，温度是影响茶树生长发育、产量、分布范围及经济效益的最重要环境因子之一。茶树的适宜生长温度范围在 20 ～ 30℃之间，在此范围内，茶树新梢生长迅速。而低于 10℃或高于 35℃，茶树的生长都会受到抑制（杨亚军，2005）。近年来，随着茶树种植范围的不断扩大和全球气候变化的加剧，温度对茶树生长及产量的影响加剧。无论是年生育周期还是总生育周期，茶树都会遇到温度逆境的胁迫，其中以低温的影响为甚。茶树的低温胁迫分为两种：越冬期胁迫和芽萌发以后的"倒春寒"胁迫（王新超等，2022）。茶树在秋季到第二年开春之前温度低于10℃时，茶芽会停止萌发，进入休眠状态。进入休眠状态后，茶树生长停止，形成休眠芽，抗寒性增强，冬季休眠是茶树幼嫩组织应对低温逆境的重要生存策略之一（王新超等，2011）。而在秋季温度逐渐下降的过程中，茶树会经历一定阶段的称之为"冷驯化（cold acclimation）"的低温锻炼过程，让茶树慢慢适应温度的降低，积累抗寒物质，提高抗寒能力（杨亚军等，2004）。但温度在低于茶树所能忍受的低限温度时（一般是0℃以下，不同品种有很大差异），就会产生冻害，即所谓的越冬期冻害（杨亚军，2005）。抗寒性差的品种其成熟叶片受到低温损伤后变得枯焦脱落，严重的会导致茶树死亡（图1.1）。而"倒春寒"则是指初春气温上升，茶芽萌动伸展后突然发生的急剧降温，导致幼嫩新梢受冻褐变、焦枯坏死（图1.2）。"倒春寒"危害后的茶树茶叶品质下降，产量锐减甚至绝收，给茶农造成巨大的经济损失。因此"倒春寒"是对茶叶生产影响最大的气象灾害之一（Hao等，2018）。因此，茶树对"倒春寒"的响应机制及其防控技术2019年被中国茶叶学会遴选为茶学十大科学问题和工程技术难题之一，成为茶学亟待解决的难题。

图 1.1　冬季低温冻害造成的整株茶树伤害症状

近年来，夏季极端高温的气象灾害出现得越来越频繁。当温度高于35℃时，茶树的生长也会受到抑制，当连续出现多日的极端最高温度到39℃，而降雨又少的情况下，茶树丛面叶片和新梢会出现灼伤枯焦，严重的会枯死，严重影响茶树生长（杨亚军，2005）（图1.3）。近年来，部分茶区夏季连续出现极端高温天气，同时伴随着干旱等恶劣天气，对茶树生长及茶产业造成比较大的影响。据统计，2013年，浙江省夏季的高温天气造成直接经济损失13.1亿元，同时造成2014年春茶减产2成左右（罗列万，2013）。

图 1.2　茶树倒春寒伤害症状

图 1.3　典型的高温灼伤茶园

1.1.2　干旱

　　水分占茶树生物体总量的 60% 左右。对茶树来说，年降雨量必须在 1000mm 以上，生长期月降雨量应大于 100mm，空气相对湿度保持在 80% ～ 90% 比较适宜，若小于 50%，新梢生长就会受到抑制，低于 40% 对茶树有害。土壤含水量在 50% ～ 90% 之间比较适宜。研究表明，在这个范围内，随着含水量提高，茶树的生育量会增加。近年来受全球温室效应的影响，部分地区降水量逐渐减少，且季节性分布不均衡，干旱成为制约我国茶叶产量和品质的重要因素之一（杨亚军，2005）。典型的茶树干旱受害症状见图1.4。

图1.4　典型的茶树干旱受害症状

1.1.3　营养元素缺乏

茶树与其他植物一样，必须从环境中获取需要的营养元素以满足生长所需。其中以氮、磷、钾三种元素需求量最大。作为常年采收叶片的多年生作物，每年的鲜叶采收和修剪会带走大量的营养物质，养分消耗量大。因此，不合适的肥料管理经常造成茶树的营养元素缺乏。特别地，生产茶园的营养生长旺盛，对氮素的营养需求最多。研究表明，氮是茶树中含量最高的矿质元素，也是茶树各组织的蛋白质、核酸等重要生命物质以及叶绿素等的构成元素，参与茶树生长发育的所有过程。氮也是茶叶品质成分如氨基酸、咖啡碱、维生素等的重要组成成分，对茶叶的品质形成具有重要作用。由于需氮量高，在生长过程中，如果土壤含氮量低或者氮肥用量不足，茶树就可能缺氮。茶树缺氮时，生长缓慢，新梢萌发轮次减少，新叶变小，纤维素含量增加，持嫩性降低。如果缺氮严重，叶片的叶绿素含量显著减少，叶片黄化，影响茶树的光合作用和生长，新梢的游离氨基酸含量降低，对茶叶的品质和产量造成严重影响（杨亚军，2005）。氮素营养缺乏是茶树最主要的营养胁迫。

磷是茶树生长必需的另外一种大量元素，是核酸、磷脂、蛋白质等物质的重要组成成分，在物质和能量代谢中起着非常重要的作用，并参与光合产物的转运等生命过程。研究表明，磷能够促进茶树根系的生长，与茶树的碳、氮代谢密切相关。磷能够提高氨基酸和水浸出物含量，增加鲜叶中的多酚含量。磷还促进茶树的生殖生长。缺磷时，茶树叶片中的花青素含量增加，根系生长不良，产量和品质下降（杨亚军，2005）。

钾是茶树中仅次于氮的第二大营养元素，与氮、磷并称为"营养三要素"，是影响茶树生长发育以及茶叶产量、品质乃至抗性的重要营养元素之一。钾在茶树体内主要以离子状态存在，作为各种酶的活化剂参与生理代谢活动。研究表明，钾能够促进茶树对氮的吸收，提高根系中茶氨酸的合成；并且适量施用钾肥能够提高茶叶中儿茶素的含量。另外，钾作为一种调节茶树抗性的元素，能够增强茶树抗寒、抗旱和抗病虫的能力。因此，缺钾不仅影响茶树的生长发育以及茶叶品质，也减弱茶树的抗性（杨亚军，2005）。

1.2　茶树的生物胁迫

茶树常见的生物胁迫，主要是虫害和病害以及草害。我国已知茶树害虫种类 800 余种、病害种类 100 余种、杂草种类 30 余种，其中常见害虫 400 余种，而能造成一定经济损失的 80 余种，常见病害 30 余种，常见草害 10 多种。每年茶叶因遭受上述为害损失 10%～20% 的产量。为减轻损害而不当用药造成的农药残留是影响茶叶质量安全的主要限制因素之一（陈宗懋，2013）。

1.2.1　虫害

茶园虫害根据为害特点，可以分为吸汁害虫、食叶害虫、钻蛀害虫、地下害虫、其他害虫 5 类（陈宗懋，2013；全国农业技术推广服务中心，2022）。

吸汁害虫主要吸食茶树养分、水分，导致枝叶枯萎，主要包括叶蝉、粉虱、蜡类、蓟马、螨类、蚧类等。其中小绿叶蝉是我国茶园为害最严重的一类害虫，在我国各茶区普遍发生。

食叶害虫咀食茶树芽叶，严重的造成毁灭性损伤，主要包括尺蠖、蛾类、象甲、叶甲等。其中灰茶尺蠖、茶尺蠖是我国茶园主要害虫，发生范围广，为害严重。

钻蛀害虫造成茶树茎干中空、枯竭，主要包括钻蛀性蛾类和甲虫类害虫。其中茶枝镰蛾（又称钻心虫）在钻蛀性蛾类中为害较为严重。而天牛近年来成为为害茶树较重的钻蛀甲虫类害虫。

地下害虫主要是咬食茶苗、茶树根、根茎部的土栖害虫，主要有蛴螬、地老虎、蟋蟀、白蚁等。

其它害虫主要包括为害茶树芽叶、枝干并形成虫瘿的瘿蚊和潜食叶肉的潜叶蝇等。

1.2.2　病害

根据研究结果，中国茶树病原种类有 80 余种，按照为害部位可分为叶部病害、茎部病害和根部病害（全国农业技术推广服务中心，2022）。

（1）茶树叶部病害　根据统计报道，中国茶树芽叶病害已知的有 30 余种，发生较为普遍而严重的主要有茶炭疽病、茶云纹叶枯病、茶饼病、茶轮斑病、茶煤病等。其中茶炭疽病和茶轮斑病是较为严重的病害。

（2）茶树茎部病害　茎部病害有记录的有 30 多种，多在衰弱茶树上发生。重要的有地衣苔藓类病害、茶膏药病等。

（3）茶树根部病害　根部病害多发生在南方茶区，有记录的有 20 多种。主要有根腐病和线虫病。

茶树作为多年生常绿木本植物，成龄后的茶园树冠郁蔽，小气候相对稳定，因而各个地区茶园中的病虫害区系年度间相对平稳。根据生产部门统计，灰茶尺蠖 / 茶尺蠖和小绿叶蝉是我国茶园最主要的虫害，而炭疽病则是我国茶园主要的病害（全国农业技术推广服务中心，2022）。但随着老茶园改种换植、种植方式的变化、茶园栽培技术的变革、施药种类和气候条件的变化等因素的影响，茶园病虫害区系随之发生较大的变化，一些次要的病虫害会逐渐上升为主要病虫害（陈宗懋，2013）。

1.2.3　草害

茶园杂草与茶树争夺土壤养分，消耗所施肥料，干旱时抢夺土壤水分，如果杂草高度超过茶树或者缠绕在茶树上，就会遮挡阳光，影响茶树的光合作用，使得茶树的水、肥、光等生长条件恶化。另外，杂草还是很多病虫害的宿主，会助长病虫害的滋生蔓延（王勇等，2018）。

根据文献统计，中国累计报道茶园杂草种类 412 种，分属 72 科 251 属，其中马唐、狗尾草、牛筋草、白茅和香附子为农田恶性杂草，马唐、牛筋草、繁缕、白茅为茶园优势杂草（吴慧平等，2019）。

由于杂草主要为害幼龄茶园，相较于病虫害的研究，一直未受到足够的重视，导致研究结果相对较少。

1.3　茶树逆境生物学研究的现状与发展趋势

1.3.1　茶树逆境生物学研究的现状

逆境作为影响茶树生长发育及产量、品质的重要因素，研究茶树对各种逆境的响应机制，并利用这些研究成果指导抗逆品种选育，或者研发应对的栽培管理技术来提高茶树的抗逆能力，是茶学研究的热点之一。前期，茶树逆境生物学的研究重点主要集中于从形态学 / 细胞学、生理生态和遗传学的角度解释茶树对各种逆境的响应机制及遗传学基础（王新超和杨亚军，2003）。进入 21 世纪以后，以功能基因组学为代表的现代分子生物学手段利用于茶树抗逆生物学研究中，一批与逆境响应有关的基因被克隆出来，并借助于模式植物的异源手段对这些基因的功能进行了间接验证，推动茶树逆境生物学进入分子时代。2010 年以后，随着现代科学技术的发展，特别是生物组学的进步、分析测试仪器分析能力的提升以及与信息技术的结合，以转录组技术的应用为开端（Wang 等，2013），各种"组学（omics）"技术应用于茶树逆境生物学研究中，极大地推动了茶树逆境生物学研究的进步，茶树逆境生物学研究也进入系统生物学时代（王新超等，2022）。在此过程中，一些研究成果应用于茶树抗逆育种的早期鉴定、提高茶树抗逆性技术和产品的研发，为茶产业的绿色、健康发展提供了技术保障（姜仁华，2021）。

1.3.2　茶树逆境生物学研究存在的问题

茶树逆境生物学研究取得了阶段性研究成果。这些研究成果对推动茶树抗逆育种、抗逆栽培管理技术以及绿色防治技术的研发有极大的帮助，但相较于模式植物，茶树逆境生物学研究还相对落后，特别是在分子机制及系统抗性的研究方面还有许多亟待解决的问题。主要包括：

（1）茶树抗逆性状遗传学的研究比较薄弱　茶树抗逆性状多是复杂的数量性状，对其基本遗传规律的了解是进行抗性性状改良的基础。然而由于茶树目标性状经典遗传规律研究的长周期性和困难性，造成了茶树经典遗传理论基础薄弱的局面。

（2）缺乏有效的茶树遗传转化技术成为茶树抗逆分子生物学发展的瓶颈　2010 年以来，随着多组学技术的应用，以及茶树全基因组测序的完成，茶树基因的发掘变得越来越便捷、快速，一大批抗逆相关基因被克隆。这些研究结果丰富了茶树抗逆响应基因资源库，对阐明茶树抗逆响应机制起到了较大促进作用。但是由于茶树缺乏基因同源鉴定技术，使得目前的大多数研究仍停留在基因的克隆及表达模式分析上，少数通过异源转化拟南芥等模式植物进行了单基因的功能鉴定。然而茶树和模式植物的代谢模式、生长发育调控存在较大差异，异源鉴定的结果不足以支撑茶树本体基因的功能，也无法实现对基因调控单元或网络的准确鉴定。

（3）茶树的逆境胁迫的发生往往不是单一因素作用，经常是多个逆境因子交叉作用。例如，越冬期的低温胁迫，在很多地区会与干旱等相伴发生，低温和干旱胁迫响应既有特异响应机制，也存在交叉响应机制（cross-talk）（Capiati 等，2006）。因此，研究胁迫响应机制往往需要综合考虑多种胁迫因素，这样就给逆境响应机制的研究带来更大的挑战。

（4）茶树生长发育、茶叶品质与逆境响应的平衡。各种逆境胁迫通常会影响茶树生长、影响茶叶的品质。如何平衡逆境抗性 / 响应与茶树生长发育及茶叶品质之间的关系及其分子机制所知甚少。

1.3.3　茶树逆境生物学未来研究与应用发展趋势

2023 年，著名植物科学学术期刊 New phytologist（《新植物学家》）刊发了由多个国家20 多位科学家组成的调查小组全球征集的有关植物科学面临的 100 个最重要的问题，其中将植物与环境互作作为一个单独的类别（11 个条目）提出，可见环境与植物之间互作关系的重要性（Armstrong 等，2023）。了解茶树的抗逆机制，开发提高茶树抗逆性的技术，对茶产业可持续发展至关重要。随着现代科学技术特别是高通量的现代生物组学、信息学等的发展，为茶树抗逆生物学研究提供了强大的武器。未来一段时间，应针对茶树抗逆生物学研究存在的问题，结合现代植物学发展的趋势，重点考虑以下几个方面：

（1）加强茶树抗逆性状遗传规律研究，为茶树抗逆育种提供理论指导　针对茶树抗逆性状遗传机理不清的问题，应从经典遗传学和分子遗传学两个维度，加强茶树抗逆生物学基础理论的创新。经典遗传学方面，要着重解决茶树抗逆性状在遗传后代中的基础遗传规律，以指导亲本配组和后代选择；分子遗传学方面，要借助于高通量的现代生物组学、信息学、合成生物学等手段，利用丰富的茶树种质资源，发掘抗逆性状形成的遗传基础及其调控网络，揭示目标性状全基因组编码规律其调控模块（薛勇彪等，2018），为最终实现茶树抗逆品种的定向培育和分子设计育种奠定理论基础。

（2）加快茶树遗传转化技术的突破，为茶树抗逆分子生物学可抗逆定向育种破除发展障碍　随着高通量测序技术的发展，越来越多的茶树抗逆相关基因被克隆。但缺乏茶树基因功能的同源鉴定影响这些基因资源的直接利用。因此，加快建立高效的茶树遗传转化技术体系至关重要。

（3）强化抗逆重要基因及其调控元件的克隆及功能解析，创制多抗逆茶树新品种　进入后基因组学时代以来，对复杂性状的研究已经从对单一基因或蛋白质的研究转向多个基因或蛋白质同时进行系统的研究，生命科学研究进入生物学2.0时代（Lim等，2012）。而茶树应对逆境胁迫是非常复杂的生物学过程，同时还会面临多种逆境的交叉胁迫。因此，借助于丰富的茶树种质资源，利用抗性差异极端的材料，从正向和反向遗传学的不同角度，挖掘克隆茶树响应不同逆境胁迫的重要基因及其调控元件、挖掘相应的优良等位变异基因、进一步深入解析功能和分子调控网络、开发目标性状的分子标记，对未来茶树抗逆分子设计育种具有重要意义。另外，随着全基因组选择、基因编辑等育种新技术的发展和人工智能等新技术的应用，对多个性状进行同时选择、对多个效应值低的遗传位点进行叠加以及进行精准的基因编辑，加快了育种效率，也使快速培育多抗逆茶树新品种成为可能。

（4）加强茶树生长发育、茶叶品质与逆境响应平衡机制研究　研究表明，抗逆基因的高表达往往影响植物的产量和品质等性状（杨淑华等，2019）。植物生长发育和逆境胁迫响应之间的平衡是植物学尚未解决的重要问题之一（Verslues等，2023；Armstrong等，2023）。解析清楚茶树生长发育、茶叶品质与逆境响应的平衡机制，是培育高产、优质、抗逆茶树新品种的理论基础。

（5）提高抗逆生物学研究新成果的利用　对茶树抗逆生物学深度研究的最终目标是服务于茶产业的健康发展。因此，要基于抗逆生物学研究的理论成果，使用生物技术培养抗逆茶树新品种、开发新型诱抗剂等来提高茶树对非生物和生物胁迫的抗性/耐受性等。

（王新超，杨亚军）

参考文献

[1] 陈宗懋. 茶树害虫化学生态学. 上海：上海科学技术出版社，2013.

[2] 姜仁华. 中国茶叶科技进展与展望. 北京：中国农业科学技术出版社，2021.

[3] 罗列万. 2013年浙江省夏季茶园高温干旱受灾情况调查评估. 中国茶叶，2013，9：17

[4] 全国农业技术推广服务中心. 茶叶绿色高质高效生产技术模式. 北京：中国农业科学出版社，2022.

[5] 王新超，马春雷，杨亚军. 多年生植物的芽休眠及调控机理研究进展. 应用与环境生物学报，2011，17（4）：

589-595.

[6] 王新超，王璐，郝心愿，等 . 茶树抗寒机制研究进展与展望 . 茶叶通讯，2022，49（2）：139-148.

[7] 王新超，杨亚军 . 茶树抗性育种研究现状 . 茶叶科学，2003，23（2）：94-98.

[8] 王勇，姚沁，任亚峰，等 . 茶园杂草危害的防控现状及治理策略的探讨 . 中国农学通报，2018，34（18）：138-150.

[9] 吴慧平，齐蒙，李叶云，等 . 中国茶园杂草无效名录修订 . 茶叶科学，2019，39（3）：247-256.

[10] 薛勇彪，种康，韩斌，等 . 创新分子育种科技，支撑我国种业发展 . 中国科学院院刊，2018，33（9）：893-899.

[11] 杨淑华，巩志忠，郭岩，等 . 中国植物应答环境变化研究的过去与未来 . 中国科学：生命科学，2019，49（11）：1457-1478.

[12] 杨亚军 . 中国茶树栽培学 . 上海：上海科学技术出版社，2005.

[13] 杨亚军，郑雷英，王新超 . 冷驯化和 ABA 对茶树抗寒力及其体内脯氨酸含量的影响 . 茶叶科学，2004，24（3）：177-182.

[14] Armstrong E M，Larson E R，Harper H，et al.One hundred important questions facing plant science：an international perspective.New Phytologist，2023，238：470-481.

[15] Bag S，Mondal A，Majumder A & Banik A.Tea and its phytochemicals：Hidden health benefits & modulation of signaling cascade by phytochemicals.Food Chem，2022，371：131098.

[16] Capiati D A，País S M，Téllez-Iñón M T.Wounding increases salt tolerance in tomato plants：evidence on the participation of calmodulin-like activities in cross-tolerance signalling.Journal of Experimental Botany，2006，57（10）：2391-2400

[17] Hao X，Tang H，Wang B，et al.Integrative transcriptional and metabolic analyses provide insights into cold spell response mechanisms in young shoots of the tea plant.Tree Physiology，2018，38：1655-1671.

[18] Li M Y，Liu H Y，Wu D T，et al.L-theanine：a unique functional amino acid in tea （*Camellia sinensis* l.）with multiple health benefits and food applications.Front Nutr，2022，9：853846.

[19] Lim W A，Alvania R，Marshall W F.Cell biology 2.0.Trends in Cell Biology，2012，22（12）：611-612.

[20] Verslues P E，Bailey-Serres J，Brodersen C，et al.Burning questions for a warming and changing world：15 unknowns in plant abiotic stress.Plant Cell，2023，35：67-108.

[21] Wang X C，Zhao Q Y，Ma C L，et al.Global transcriptome profiles of Camellia sinensis during cold acclimation.BMC Genomics，2013，14：415

[22] Zhang M，Zhang X，Ho C T，et al.Chemistry and Health Effect of Tea Polyphenol （−）-Epigallocatechin 3-O-（3-O-Methyl）gallate.Journal of Agricultural and Food Chemistry，2019，67：5374-5378.

第2章

茶树低温响应机理研究

▲ ▲ ▲ ▲ ▲ ▲ ▲

低温作为主要的环境胁迫因子，严重影响着植物的生长、发育、表型和产量，并制约着植物的地理分布。低温胁迫主要分为冷害（0 ～ 15℃）和冻害（＜ 0℃）。茶树等许多温带或常绿植物通过经历一段时间的零上低温，逐步提高自身的抗寒性，从而抵御冬季的严寒，这个过程叫做冷驯化（cold acclimation）。冷驯化期间，植物体内会发生一系列生物物理、生理生化和分子变化（Zhu 等，2007）。在分子水平上，植物对低温的适应能力是一种涉及多个基因的数量性状（Thomashow，1990）。近 20 年来，众多研究表明植物中参与低温信号感知、转导和表达调控的基因在转录水平、转录后水平或翻译后水平会发生一系列变化来适应低温胁迫。

茶树 [*Camellia sinensis*（L.）O. Kuntze] 是我国重要的叶用型经济作物，起源于热带或亚热带地区，性喜温暖湿润。低温对茶树的影响巨大，茶树在其生命周期中经历的低温胁迫主要分为两种，即越冬期的低温胁迫和春季芽萌发以后的倒春寒胁迫。越冬期的低温影响茶树的地理分布，目前在亚洲、非洲、南美洲、欧洲和大洋洲等 50 多个国家种植了茶树，种植区域主要从乌克兰的 49°N 到南非的 33°S；在中国，茶树种植区域主要集中分布于东经 102° 以东、北纬 32° 以南的西南、华南、江南和江北茶区。秋冬季，随着气温逐渐下降，茶树通过冷驯化获得抗寒性，当茶树在冷驯化阶段获得的抗寒能力不足以抵御外界低温时，受低温胁迫的茶树叶片表现为脱绿、褐色或紫红色，严重时叶片和茎干干枯或植株死亡（图 2.1），直接影响春茶的产量（图 2.2）。春季，随着气温回升，幼嫩且未经过冷驯化的新梢萌发出来，此时如果气温骤降（倒春寒天气），未获得抗寒能力的新梢受冻褐变、焦枯，严重影响了春茶的产量和品质（图 2.3）。在我国，低温引起的冷害、冻害或倒春寒危害给茶产业造成数十亿元的年度经济损失。因此，开展茶树低温响应机理研究，对推动茶树抗寒分子育种具有重要意义。本章主要从茶树的低温响应生理、分子机理及功能基因鉴定等方面进行阐述。

图 2.1　茶树成熟叶遭受冬季低温胁迫

图 2.2 冬季低温胁迫影响春茶生产（摄于 2023 年 4 月 17 日，浙江嵊州）

图 2.3 茶树新梢遭受倒春寒

2.1　茶树低温响应与调节的生理学基础

低温胁迫是指环境温度低于植物最适生长温度下限而引起的伤害。自 20 世纪 80 年代初，研究者们便开始从生理水平上研究茶树对低温的响应，相继报道了低温条件下茶树体内诸多生理学指标的显著变化，包括叶片组织结构、含水状态、抗氧化酶类、渗透调节物质、光合作用等。

2.1.1　叶片解剖结构

茶树叶片的形态结构与其抗寒能力有着紧密的关联。不同茶树品种的叶片解剖结构不同，其抵御低温胁迫的能力强弱也不相同。早在 20 世纪 80 年代末就有研究表明，叶肉组织发达，分化程度高，栅栏组织厚度大、层次多、排列紧密和细胞较小，角质层较厚，栅栏组织厚度 / 海绵组织厚度、栅栏组织厚度 / 叶厚度和上表皮厚度 / 海绵组织厚度值较大，是抗寒茶树品种叶片的解剖结构特征（陈荣冰，1989）。山东省引种的茶树经过 30 多年的抗寒锻炼，叶片结构特征明显，叶片内部各结构有明显的增厚现象，栅栏组织厚度、海绵组织厚度增厚率均在 30% 以上（孙仲序等，2003）。通过对 50 份黄山群体种种质材料叶片解剖结构的测定，有研究提出了叶片解剖结构指数（Y）的计算公式为 $Y=0.5X_1+0.2X_2+0.2X_3+0.05X_4+0.05X_5$（栅栏组织厚度与海绵组织厚度的比值为 X_1、上表皮厚度与海绵组织厚度的比值为 X_2、栅栏组织厚度与总厚度的比值为 X_3、角质层厚度与总厚度的比值为 X_4、海绵组织厚度与总厚度的比值为 X_5），并认为叶片解剖结构指数可以用于茶树幼苗抗寒性的早期鉴定（王玉等，2009）。

低温驯化能够改变叶片的组织结构，进而提高茶树的抗寒能力。通过比较不同品种的叶片解剖结构差异，推测茶树耐寒能力的强弱，对抗寒性茶树种质资源的筛选具有重要意义。

2.1.2　水分状态

根据水分在茶树体内所处的状态，可以分为束缚水（结合水）和自由水（游离水）。束缚水与细胞内的原生质胶体结合在一起，而自由水呈现游离的状态。秋冬季，茶树成熟叶片内总含水量与环境温度具有相关性，即随着温度降低，总含水量和自由水含量下降，而束缚水含量上升。不同茶树品种的抗寒性强弱与其叶片内的束缚水和自由水含量紧密相关。低温环境下，抗寒茶树品种叶片内束缚水含量高，抗寒性弱的品种叶片内束缚水含量低而自由水含量相对较高。例如，抗寒性较强的'龙井 43'和'福鼎大白茶'品种叶片内束缚水含量高于抗寒性较弱的'云南大叶种'和'政和大白茶'（杨跃华等，1993）。

2.1.3　组织细胞生物膜

植物组织生物膜是生物体细胞与外界环境隔离、细胞内空间分隔区域化的界面结构。

生物膜是由膜蛋白、膜脂和膜糖等成分组成。其中，膜脂主要由磷脂组成，而脂肪酸又是磷脂的主要成分。植物对低温逆境的抵御主要依赖于生物膜如何在冷害下减轻或避免膜脂相变的发生。膜脂相变程度的大小与脂肪酸的种类、含量及组成比例有着密切关系。早期研究发现，低温下不同茶树品种叶片的生物膜膜脂脂肪酸变化的趋势不同，较抗寒的'龙井 43'中不饱和脂肪酸指数和亚麻酸（18：3）比例在自然越冬的冷驯化、低温胁迫和脱驯化阶段呈现出"低 - 高 - 低"的变化趋势；而不抗寒的'大叶云峰'无明显变化规律。同时，研究还发现'龙井 43'叶片膜蛋白含量在低温胁迫期间大幅增多，以保持生物膜的稳定性（杨亚军等，2005）。自然降温过程中，茶树叶片内的棕榈酸（16：0）、硬脂酸（18：0）及油酸（18：1）含量降低，棕榈油酸（16：1）、亚油酸（18：2）、亚麻酸（18：3）含量增加，不饱和脂肪酸含量和不饱和脂肪酸指数随温度降低显著上升（马宁等，2012）。

当植物遭遇低温逆境，细胞生物膜往往受损而透性增大，导致细胞内电解质和非电解质向细胞外渗出，外渗液的电导值增大。相对电导率值能反映细胞生物膜在低温胁迫下的受损程度。秋冬季自然降温过程中，通过测定相对电导率发现'龙井 43''大面白'和'浙农 12'在秋季缓慢降温中得到了低温驯化锻炼，抗寒能力逐渐提升；低温时期，抗寒品种'龙井 43'的相对电导率低于低温敏感品种'大面白'和'浙农 12'（Wang 等，2019；Zhang 等，2020）。此外，不同低温处理后的相对电导率拟合 Logistic 方程，可计算出茶树叶片的低温半致死温度 LT_{50}。LT_{50} 也能有效鉴定茶树品种的抗寒能力（杨华等，2006）。

茶树生物膜结构是一个动态平衡体系，随着外界温度的降低，膜脂脂肪酸去饱和化，不饱和度增大，最终改善低温胁迫下细胞膜的流动性，维持细胞膜的正常功能，提高茶树的抗寒性。组织电导率的高低可反映出细胞膜的受损程度以及茶树抵御低温能力的强弱，是茶树抗寒性早期鉴定的有效生理指标。

2.1.4 组织抗氧化酶活

植物体在衰老过程或逆境条件下，组织细胞内活性氧（reactive oxygen species，ROS）产生与清除的平衡会被打破，积累的 ROS 会损害植物膜系统，导致膜脂过氧化，最终分解产生丙二醛（MDA），破坏细胞膜的结构与功能。细胞内保护性抗氧化酶控制着 MDA 含量的高低以及 ROS 的清除能力。大量研究表明，茶树组织内的抗氧化保护性酶活性受到低温信号的调控，与抗寒性强弱存在着密切关联。

低温处理下，茶树叶片中 MDA 含量、H_2O_2 含量和抗氧化酶类如超氧化物歧化酶（SOD）、过氧化氢酶（CAT）、过氧化物酶（POD）的活性均增加（Zhu 等，2015；林郑和等，2018）。同样地，在自然越冬期间，随着环境温度的逐渐降低再回升，茶树叶片内 MDA 含量及 SOD、CAT 和 POD 活性均呈现先升高后降低的变化趋势，且都在 1 月份温度最低时达到最高值（曾光辉等，2017）。这几个生理指标也在鉴定不同品种的抗寒性中具有潜在的价值，相比于抗性弱的品种，抗性强的品种具有较高的 SOD 和 CAT 活性（罗军武等，2001；Wang 等，2019）。

综上所述，低温下，茶树响应低温胁迫而激活氧化应激防御系统，提高 SOD、POD、CAT 等抗氧化酶的活性，缓解膜脂过氧化，减少 MDA 积累。此外，茶树不同品种抗寒性的强弱与其具备的抗氧化能力有着直接的关联，即低温下抗寒品种中更高的抗氧化酶类活性对于清除体内 ROS、抵抗低温逆境具有积极有效的作用。

2.1.5　渗透调节

低温胁迫下，植物细胞内累积的渗透调节类物质，包括可溶性蛋白质、可溶性糖和氨基酸等，具有提高细胞液浓度、降低冰点、增强细胞保水能力和维持细胞膜正常功能的作用。

在冷驯化过程中，茶树叶片的可溶性蛋白质含量在低温驯化 2 周后达到最大值，之后随着 25℃脱驯化 1 周而降到最低值（张楠等，2011）。自然冷驯化期间，茶树叶片内的可溶性蛋白质含量随着环境温度的降低而显著性增加，随着环境温度的回升而降低至越冬前水平（李叶云等，2014；曾光辉等，2017），说明冷驯化条件下，茶树叶片可合成大量的低温诱导蛋白。研究也发现，可溶性蛋白质含量在不同抗寒性茶树品种成熟叶中具有差异，即抗寒品种中可溶性蛋白质含量更高（罗军武等，2001）。

组织内的可溶性糖包括蔗糖、葡萄糖、果糖和棉子糖等，在调控植物生长发育和逆境胁迫响应中发挥着重要作用。可溶性糖含量的多少与温度高低存在着高度负相关，即随着温度的降低，可溶性糖含量呈显著增加趋势。自然越冬期间，茶树叶片的可溶性糖、蔗糖、葡萄糖、果糖、半乳糖和棉子糖含量在低温阶段显著增加（Yue 等，2015），并且抗寒品种中果糖、葡萄糖和蔗糖在冷驯化期间的增加倍数大于敏感品种（葛菁等，2013）。与低温敏感品种相比，抗寒品种在低温下积累更多的总糖、蔗糖和棉子糖（Ban 等，2017）。

植物体中游离氨基酸，包括脯氨酸、γ- 氨基丁酸（GABA）等的含量在低温下会发生相应变化，它们被认为是降低细胞冰点、防止细胞脱水的有效抗冻物质。GABA 是一种有天然活性的非蛋白质氨基酸，广泛分布于动植物体内。低温等非生物逆境胁迫会诱导茶树叶片 GABA 的富集（夏兴莉等，2020），进而缓解冷害指数的增加。在自然越冬过程中，茶树叶片的游离脯氨酸含量和氨基酸总量均随着环境温度的降低而增加，随着环境温度的回升又明显降低（李叶云等，2014）。

基于以上研究可知，茶树能响应低温信号而诱导调控多种渗透调节类物质的合成积累，从而抵抗低温胁迫；且渗透调节类物质的响应富集在不同茶树品种间具有显著性差异，可以反映出品种抗寒能力的强弱。

2.1.6　叶片光合作用

光合作用是植物物质生产的重要生理过程，光合作用的强弱与环境因子密切相关。叶绿体是光合作用的场所，对低温胁迫极为敏感，是最早受到低温胁迫影响的细胞器之一。低温胁迫会直接损伤茶树叶片的光合系统反应中心，使得过剩的激发能大量积累于光合系统反应中心，最终导致茶树光合作用能力减弱。

叶绿素是主要的光合作用色素，其含量高低影响植物的光合作用强度。低温处理会降低茶树叶片的叶绿素含量，且随着处理时间的延长，叶绿素含量持续降低（刘宇鹏等，2018）。自然越冬过程中，茶树叶片的总叶绿素含量呈先降低后上升的变化趋势，在温度最低月份达到最低值，与环境温度高低呈正相关（李叶云等，2014；曾光辉等，2017）。低温能够抑制组织内的酶活性，影响叶绿素生物合成的系列酶促反应，造成茶树叶绿素含量的减少，最终降低茶树对光的利用效率。

F_v/F_m 是光系统 II 最大光化学量子产量，能够反映植物潜在的最大光合能力、植物受到光抑制的程度。F_v/F_m 值越大表示光合能力越强，受到光抑制程度越轻。茶树成熟叶片和嫩叶的 F_v/F_m 值均随着处理温度的降低而变小，且嫩叶的光抑制程度显著高于成熟叶（Li 等，2018）。目前，因 F_v/F_m 测定具有简易、快速、灵敏和无损等优点，已被广泛用于植物抗寒能力的鉴定，在茶树抗寒性研究中也具有良好的应用。对经 −15℃ 低温处理 2h 后的 47 份不同抗寒性茶树品种叶片 F_v/F_m 分析发现，不同品种对冻害诱导的 F_v/F_m 下降有不同的响应程度，其中冷敏感品种的 F_v/F_m 下降幅度大于抗寒品种（Shi 等，2019）。

茶树抗寒响应触发了极其复杂的生理调控反应。处于低温逆境的茶树组织通常具有束缚水含量增加、膜脂脂肪酸不饱和度增大、抗氧化酶活性增强、渗透调节类物质富集和光合作用能力降低等生理变化。因此，测定低温胁迫下茶树体内与抗寒性相关的生理学指标，能为鉴定茶树抗寒能力提供可靠的数据支撑。

2.2 茶树低温响应分子机理研究

植物在长期进化中形成了适应和抵抗低温的能力。在全球极端气候频发的大趋势下，研究植物如何应答、适应和抵抗低温环境具有重要的理论意义，且对保障农作物生产具有重大的应用价值。自新世纪以来，科学家们在植物低温领域的研究取得了开创性的进展。中国科学院种康团队利用群体遗传学发现了水稻感受低温的主要基因 chilling tolerance divergence 1（COLD1）及其人工驯化选择的 SNP 赋予粳稻耐寒性的新机制（Ma 等，2015），为基于分子设计培育水稻耐寒新品种提供了重要的应用前景。光敏色素 phytochrome B（phyB）作为光受体，也是温度感受体，它能通过其核小体大小和数目变化以及暗逆转速率的变化感知外界温度变化，光和温度信号通过 phyB 调控下游途径来调节植物的生长（Jung 等，2016；Legris 等，2016）。中国农业大学杨淑华团队利用遗传学和生物化学鉴定出多个参与低温信号调控的因子，如蛋白激酶 OST1、MPK3/6、CRPK1、转录因子 CBF 等，并建立了由这些因子参与的植物低温响应信号网络（Liu 等，2018b）。在这些基因的调节下，当植物遭遇低温时，体内的冷响应基因（cold regulated genes，COR）会被诱导表达，从而使植物抵御低温伤害（Thomashow，1999）。

近年来，通过借鉴模式植物低温响应分子机理研究思路，研究者们在研究茶树低温响应分子机理方面也开展了大量工作，并取得了一定进展。茶树作为多年生常绿木本植物，因遗传杂合度高、基因组更大等因素决定了茶树可能具有比模式植物更复杂的低温胁迫响应机制。因此，研究茶树如何响应低温、其中的分子机理是什么、与模式植物相比又有何异同等具有重要的理论和应用价值。

2.2.1　低温信号的感知及次级信号分子

2.2.1.1　钙离子信号

钙离子（Ca^{2+}）作为第二信使，在植物中参与许多生物学过程。植物对低温信号的初始反应可能是细胞膜上的 Ca^{2+} 通道，当受到低温刺激后，植物细胞内的 Ca^{2+} 浓度在短时间内迅速增加，从而激发下游耐寒防御反应。水稻的低温感受基因 COLD1 编码的是一个 G-蛋白信号调节因子，定位于细胞膜和内质网，低温时，COLD1 与 G-蛋白 α 亚基 RGA 互作，激活 Ca^{2+} 通道（Ma 等，2015）。OsCNGC9 是一个 Ca^{2+} 通道蛋白，积极调控低温胁迫诱导的胞外 Ca^{2+} 内流、胞内 Ca^{2+} 浓度上升和低温胁迫相关的基因表达，调控水稻对低温的响应和耐受（Wang 等，2020a）。拟南芥中的 Ca^{2+} 通道蛋白 CNGC 也在植物感受及响应温度中起着重要作用（Finka 等，2012）。目前，茶树中的低温感受基因还未被发现，但通过对成熟叶在自然冷驯化不同阶段的转录组测序分析，发现 Ca^{2+} 信号途径、碳水化合物代谢途径是茶树适应冬季低温的重要途径（图 2.4）（Wang 等，2013；Wang 等，2019）。在茶树新梢中也发现，低温胁迫下，依赖丝裂原活化蛋白激酶（MPK）的乙烯信号途径及 Ca^{2+} 信号途径被显著激活（图 2.5）（Hao 等，2018）。

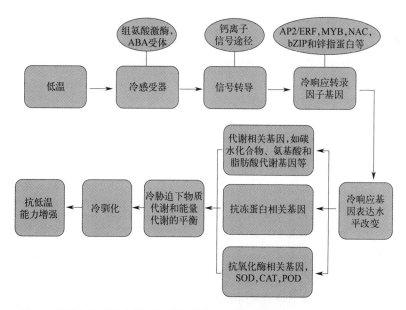

图 2.4　冷驯化诱导茶树成熟叶抗寒性的分子机制模式图（引自 Wang 等，2013）

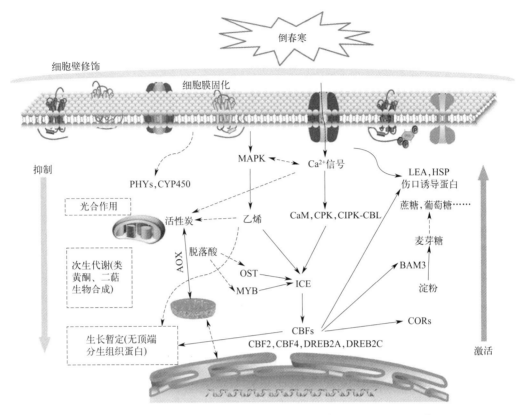

图 2.5　茶树新梢响应低温胁迫的信号调控模式图（引自 Hao 等，2018）

Ca^{2+} 感受蛋白和结合蛋白通过感知细胞质中的 Ca^{2+} 浓度并转导信号来调节下游基因表达，从而调节植物响应外界环境变化。在植物中，Ca^{2+} 结合蛋白包括三大类：钙调素蛋白（calmodulin proteins，CaMs）和类钙调蛋白（CaM-like，CaMLs）家族，钙调磷酸酶 B 类似蛋白（calcineurin B-like，CBL）家族和钙依赖性蛋白激酶（calcium-dependent protein kinase，CPK）家族（Cheng 等，2002；Luan，2009；Asano 等，2012；Boudsocq 和 Sheen，2013）。在茶树中，早年通过 RACE-PCR 克隆到 2 个钙调素蛋白 CsCaM1 和 CsCaM2，表达分析发现二者的表达受低温和 CaCl$_2$ 处理诱导上调，而受钙调素拮抗剂 W7 和钙离子通道抑制剂 LaCl$_3$ 抑制（黄玉婷等，2016）。另外，有研究克隆了 5 个 *CsCML* 基因，并发现 *CsCML16*、*CsCML18-2* 和 *CsCML42* 受低温显著诱导（Ma 等，2019）。对茶树进行低温和 CaCl$_2$ 或 Ca^{2+} 抑制剂双处理实验发现，茶树低温胁迫响应中 Ca^{2+} 信号通路和 CsCPK 均发挥了重要作用，而 CsCPK4/5/9/30 可能是其中的关键成员（Ding 等，2019a）。此外，对茶树 8 个 *CsCBLs* 和 25 个 *CsCIPKs* 基因的表达进行分析及互作验证发现，CBL-CIPK 模块介导的茶树新梢和成熟叶的低温响应存在不同的机制，CsCBL9-CsCIPK14b 和 CsCBL9-CsCIPK1/10b/12/14b 可能分别调节茶树新梢和成熟叶的低温响应（Wang 等，2020b）。

2.2.1.2　脱落酸信号

脱落酸（ABA）是植物体内广泛存在的一种生理效应激素，其不仅能调节多种发育过程，也参与了胁迫响应。多项研究表明，它在植物适应干旱、寒冷或高盐等环境胁迫中起着重要作用（Zhu，2016）。例如，ABA 合成突变体 aba1 和 aba3 对冻害敏感（Llorente 等，2000；Xiong 等，2001）；低温能促进植物体内 ABA 含量增加，外源施加 ABA 可以模拟植物冷驯化过程，并提高植物的抗冻能力（Daie 和 Campbell，1981；Lang 等，1994）。同样地，外源 ABA 处理可以提高茶树的抗寒力（杨亚军等，2004），外源 ABA 在处理 48h 内提高了茶苗叶片中可溶性糖、可溶性蛋白和游离脯氨酸的含量，以及 SOD、CAT 和 POD 的活性（周琳等，2020）。

目前，ABA 信号途径的研究主要围绕着 PCAR/PYR/PYLs-PP2Cs-SnRK2s 介导的信号途径展开。其中，对 OST1/SnRK2.6 的研究最为深入。当植物体内 ABA 浓度较低时，PP2Cs 磷酸酶通过与 SnRK2s 互作抑制 SnRK2s 的活性；当植物受环境刺激后，体内 ABA 浓度上升，ABA 被受体 PCAR/PYR/PYLs 识别并结合而改变构象与 PP2Cs 互作，抑制 PP2Cs 的活性，释放 SnRK2s，从而激活 ABA 信号（Nakashima 和 Yamaguchi-Shinozaki，2013）。ABA 信号途径中重要的 OST1/SnRK2.6 蛋白激酶不仅能调节植物对 ABA 的响应，还能正调控植物的抗冻性，但在 OST1/SnRK2.6 被低温激活的时间段内（1.5h 内），植物体内的 ABA 含量并没有增加，说明低温对 OST1/SnRK2.6 的激活与 ABA 含量无关。

研究人员通过酵母单杂交筛选到一类亮氨酸拉链型（basic leucine zipper，bZIP）家族转录因子，它们能识别并结合 ABA 响应元件，即 ABRE（ABA responsive element）元件，调控下游基因表达。BZIP 家族成员里的 ABF2 能与 DREB1A/2A/2C 互作，因此认为 ABF 和 DREB 转录因子的互作可能关系着 ABA 依赖和 ABA 不依赖信号途径的交互（Lee 等，2010）。在拟南芥、水稻和大豆等作物中，均有 bZIP 家族转录因子调控低温响应方面的报道（Kim 等，2004；Liao 等，2008；Gao 等，2011；Liu 等，2012；Liu 等，2018a）。如 OsbZIP73 基因参与 ABA 依赖的低温信号途径，该基因在粳稻与籼稻中仅有一个 SNP 的差别，相应地造成一个氨基酸差异，由此改变了籼粳亚群对低温的敏感性（Liu 等，2018a）。茶树中有 61 个 CsbZIP 基因，研究人员明确了其中 2 个低温诱导的 CsbZIP 基因在低温及 ABA 信号途径中的功能（Cao 等，2015；Wang 等，2017；Hou 等，2018；Yao 等，2020b）。

2.2.1.3　ROS 信号

ROS 能够精细调控植物的生长发育和抗逆响应之间的平衡。ROS 具有双重功能，低浓度的 ROS 作为信号物质激活早期防御响应，而高浓度的 ROS 是一种毒性分子，对细胞造成毒害，因此，植物必须严格控制 ROS 平衡。低温会造成植物体内 ROS 的升高，一方面是由于低温影响光合系统 PS Ⅰ 和 PS Ⅱ 的功能，使得类囊体膜处于过度激发状态，造成光损伤，导致 ROS 升高；另一方面是低温抑制 ROS 清除系统中相关酶的活性，使得不能及时清除过多的 ROS。Ca^{2+} 渗透通道也可以被 ROS 激活，二者介导的信号传递过程也存在交叉。线粒体复合体 Ⅰ 突变会导致 ROS 积累，突变体对冷害和冻害更为敏感（Lee 等，2002）。研究发现，水稻中的 ROS 能诱导低温耐性，ROS 信号途径应答是决定粳稻较强耐寒性的关键，其介导的转录调控决定了水稻品种对低温的适应能力（Zhang 等，2016）。

低温条件下，ROS 会在茶树的新叶和成熟叶中积累（Ding 等，2018）。综合生理指标和转录组分析结果发现，茶树在经历冷驯化后能获得一定的抗寒性，但敏感品种获得的抗寒能力低于抗性品种，其对低温的耐受能力更低，由低温胁迫造成的 ROS 积累更多。一方面，ROS 会对细胞造成毒害，导致茶树叶片冻伤的表型；而另一方面，ROS 也能作为一个信号分子来调控胁迫响应基因的表达，敏感品种中较高的 ROS 水平可能导致下游基因的表达水平更高。因此，调控 ROS 的产生和清除是茶树适应冷驯化的主要机制之一（Wang 等，2019）。

2.2.1.4 糖信号

可溶性糖作为主要的渗透调节物质，能在低温下维持细胞的渗透势，参与植物低温抗性调节（Rekarte-Cowie 等，2008；Nagele 等，2012）。此外，糖还作为信号分子激发一系列转录信号的传导，从而提高植物的抗逆能力（Rolland 等，2006）。外源葡萄糖能促进 ABA 合成和信号传导相关基因的表达。蔗糖非酵解 -1 相关蛋白激酶 SnRK1（Sucrose non-fermenting 1-related protein kinase 1）能调控植物的耐寒性（Yu 等，2018），在茶树中发现低温诱导的 CsSnRK1.1 和 CsCIPK12 能相互作用，但具体机制仍不清楚（冯霞等，2020）。己糖激酶 HXK（hexokinase）具有磷酸化己糖和介导糖信号的作用，茶树中 4 个 *CsHXKs* 基因中的 *CsHXK3* 和 *CsHXK4* 受低温显著诱导，表明其在糖介导的低温信号调控中具有重要作用（Li 等，2017c）。

冷驯化会诱导茶树中糖（可溶性糖、蔗糖、葡萄糖、果糖等）的积累，这与冷驯化诱导茶树的抗寒能力密切相关。通过分析 59 个与淀粉代谢、可溶性糖代谢、糖转运及糖信号转导相关的基因在冷驯化过程中的表达模式，发现多个基因（如 *CsINVs*、*CsSnRK1.2*、*CsHXK3*、*CsSnRK2.6*、*CsSWEETs*、*CsBAM3* 等）受低温调控，这为揭示糖介导的茶树抗寒机制研究奠定了基础。相应地，现已提出了一个糖介导的茶树低温胁迫响应调节模型（图 2.6）（Yue 等，2015），即当茶树感受到低温胁迫后，SnRK1 等激酶及核心转录因子 CBF 诱导了低温响应基因的转录，位于低温信号通路下游的糖代谢相关基因调节低温胁迫后的糖含量变化及平衡，从而调控茶树耐寒性。

2.2.2 低温信号转导

2.2.2.1 激酶

蛋白的磷酸化 / 去磷酸化是生物体中常见的翻译后修饰。植物中的蛋白激酶通过磷酸化来调节信号传导，在生长发育和逆境响应等过程中发挥重要作用。近年来，模式植物中相继报道了 AtCIPK7、OsCIPK7 等蛋白激酶在植物低温信号传导中的功能（Huang 等，2011；Zhang 等，2019）。AtMEKK1-AtMKK2-AtMPK4/6 级联信号途径正调控拟南芥的低温响应，AtCRLK1（calcium/calmodulin-regulated receptor-like kinase）通过磷酸化 AtMEKK1，增强了拟南芥的抗寒性（Teige 等，2004；Yang 等，2010）。在 ICE1（inducer of CBF expression 1）的翻译后调控方面，冷胁迫激活 ABA 信号途径中的关键蛋白激酶

SnRK2.6/OST1，OST1 与 ICE1 互作并磷酸化 ICE1，增加了 ICE1 在低温条件下的稳定性和转录活性，从而增强 *CBF* 及其下游 *COR* 基因的表达，使植物抗冻能力增强。另一方面，AtMPK3/6 通过磷酸化 AtICE1 蛋白，降低 AtICE1 的稳定性和转录活性，负调控 *CBF* 的转录及植物的抗寒性（Li 等，2017b）。在 CBF 的翻译后调控方面，类受体激酶 CRPK1（cold response protein kinase 1）和 14-3-3s 蛋白参与其中（Liu 等，2017）。

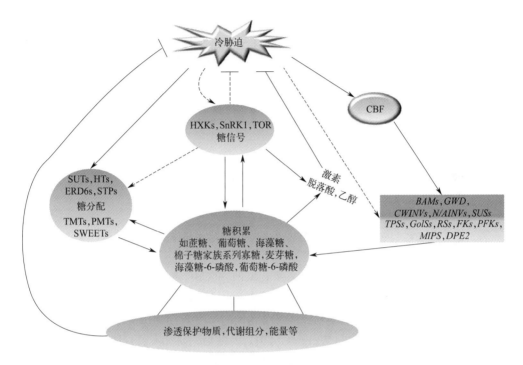

图 2.6　糖介导的茶树低温胁迫响应调节模型（引自 Yue，等，2015）

目前，茶树中已发现受低温调控的 CsMPK3、CsMEKK1、CsCRPK1 等激酶（Wang 等，2019），以及多个低温响应的 CsCPKs 和 CsCIPKs 激酶（Ding 等，2019a；Wang 等，2020b），但它们在低温胁迫下的具体功能有待进一步鉴定。

2.2.2.2　CBF 依赖

为了适应和抵御外界逆境，植物在进化过程中形成了应答并适应逆境胁迫的有效的分子机制。早在 20 多年前，研究者们先后发现了 CBF/DREB1 和 ICE1 转录因子在调控拟南芥低温响应中的功能，其中 CBFs 调控了 10%～20% 的 *CORs* 基因（Jia 等，2016；Zhao 等，2016）。目前，ICE1-CBF1/DREB1-COR 信号途径是模式植物中研究最为清楚的低温响应信号途径（Thomashow，1999），其在拟南芥冷驯化过程中发挥着关键作用（图 2.7）。近年来，很多研究从转录水平、转录后水平和翻译后水平进一步揭示了 CBF 依赖的低温响应分子机理，这进一步扩大了学者们对低温响应分子机理的认识。

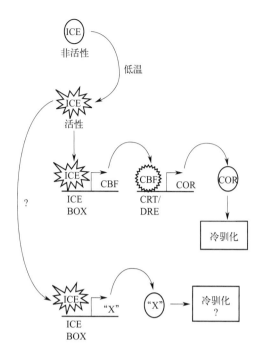

图 2.7　植物冷驯化诱导抗寒性的经典调控通路（引自 Michael F Thomashow，1999）

Wang 等利用 RACE 技术从茶树中克隆出 ICE1 和 CBF 转录因子，并对其在冷处理条件下的表达进行分析，发现 *CsICE1* 为组成型表达，而 *CsCBF1* 受 4℃ 处理显著诱导，也证实了 CsCBF1 能够结合 CRT/DRE 顺式作用元件，表明 ICE1-CBF 转录因子介导的冷响应信号途径在茶树中是保守的（Wang 等，2012）。随后，研究人员克隆了 6 个 *CsCBF* 基因，并对它们的定位及非生物胁迫响应模式进行了分析，明确了 CsCBF3 能正调控低温响应（Hu 等，2020）。最近研究发现，CsICE1 能够正调控 *CsCBF1* 和 *CsCBF3* 的表达，而不调控 *CsCBF2* 和 *CsCBF5* 的表达，此外，转录因子 *CsWRKY4* 和 *CsOCP3* 都能与 CsICE1 互作，从而削弱 CsICE1 对 *CsCBF1* 和 *CsCBF3* 的诱导效果（Peng 等，2022）。

2.2.2.3　CBF 不依赖

植物中只有 10% ～ 20% 的 *CORs* 基因受 CBFs 调控（Jia 等，2016；Zhao 等，2016），表明 CBF 不依赖的调控组分的作用也是不可小觑的。比如，homo-box 类转录因子 *HOS9* 的缺失，会导致植株的抗冻性降低，但并不影响 *CBF* 及其下游 *COR* 基因的表达（Zhu 等，2004）。水稻中的转录因子 *MYB4* 和 *MYB3R-2* 正调控不依赖于 CBF 途径的低温信号响应（Vannini 等，2004；Dai 等，2007）。

茶树中已鉴定的 *CsbZIP6* 和 *CsbZIP18* 转录因子调控的低温信号响应，以及低温响应的 CsSWEET1a/16/17 糖转运体均属于不依赖于 CBF 的信号途径（Wang 等，2017；Wang 等，2018a；Yao 等，2020a；Yao 等，2020b）。这方面的研究也进一步完善了 CBF 不依赖的低温响应分子机理。

2.2.3　茶树中的抗寒物质

冷驯化是指植物在低温环境下逐渐增强抗冻能力的过程。此过程中，植物通过合成大量保护性物质（糖类、脯氨酸、GABA 和甜菜碱等）和改变膜脂成分等来增强植物抵御低温的能力（Thomashow，1999；Chinnusamy 等，2007）。低温能促进茶树成熟叶中蔗糖、葡萄糖、果糖和棉子糖等可溶性糖含量的升高（Yue 等，2015）。外源施加脯氨酸能够提高 GST 和 GR 活性，从而提高茶芽的抗寒性（Kumar 和 Yadav，2009）。低温能诱导茶树体内 GABA 的积累，外源施加 GABA 能够提高茶树的抗寒性（Zhu 等，2019）。

抗低温蛋白包括 COR 蛋白、LEA（late embryogenesis abundant）蛋白、抗冻蛋白 AFP（antifreeze protein）等。这些蛋白大多定位于膜系统，利用亲水脂的特点保护低温条件下的膜稳定。脱水素（dehydrins，DHN）属于 LEA 蛋白家族，它们是一类逆境诱导蛋白，脱水素的累积与植物细胞抗冻、抗脱水能力密切相关（Puhakainen 等，2004；Kosová 等，2011）。抗冻蛋白 AFP 是植物在适应低温过程中产生的抑制冰晶生长的蛋白，AFP 可以抑制冰晶的形成和重结晶、降低冰晶形成速度（Griffith 和 Yaish，2004）。

拟南芥中黄酮醇类的含量与叶片的抗寒性密切相关，其中槲皮素和花色苷衍生物等参与拟南芥抗冻（Korn 等，2008；Schulz 等，2015）。茶树有着比模式植物更为丰富的次生代谢物质，而茶树的挥发性物质能够有效调控茶树的抗寒性。橙花叔醇是茶树中最重要的香气物质之一。在低温环境下，茶树体内的橙花叔醇糖苷大量积累，可以有效地清除低温胁迫诱导产生的 ROS；另一方面，橙花叔醇也可作为信号物质，激发茶树体内的冷防御机制，从而提高茶树抗寒性（Zhao 等，2020a）。这项研究率先发现挥发性香气物质可通过糖苷化作用或作为信号物质参与调控茶树的抗寒性，也为植物抗寒性研究提供了新的思路。随后，研究人员进一步发现挥发物质如芳樟醇、香叶醇及水杨酸甲酯等在茶树低温胁迫下个体间的信息交流中发挥着重要作用，这些物质除了通过糖苷化过程提高自身抗氧化能力以外，还能通过诱导 CBF 途径来诱导茶树的冷胁迫响应机制（图 2.8）（Zhao 等，2020b）。

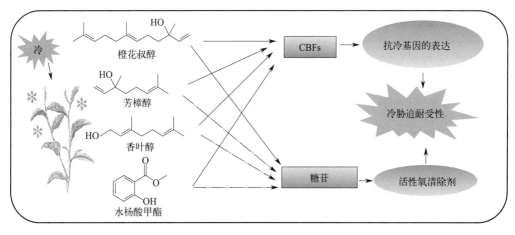

图 2.8　挥发物调控茶树抗寒性的模型（引自 Zhao，2020）

2.3　茶树低温响应的功能基因鉴定

研究茶树低温响应基因的功能，解析其作用机制，对完善茶树抗寒分子机制研究及指导抗寒分子育种具有重要意义。近年来，随着茶树功能基因组学的发展，茶树基因功能鉴定相关的研究也逐渐增多，但由于茶树的遗传杂合度高、缺乏高效稳定的再生体系和遗传转化体系及全基因组测序起步较晚，导致目前茶树基因功能鉴定还不够全面和深入。尽管如此，在众多研究者们的不懈努力下，茶树抗寒分子机制研究在近几年也取得了很大进展。本节主要总结了近年来茶树抗寒响应相关的功能基因鉴定和功能分析方面的研究。通过对这些抗寒相关基因的了解，将有助于利用分子育种技术来加速茶树抗寒分子育种步伐，以培育抗寒茶树品种。

2.3.1　低温感知相关基因

在低温条件下，细胞通过诱导 Ca^{2+} 信号途径、ICE-CBF-COR 信号途径、ABA 依赖和非依赖信号途径、抗氧化途径、MPKs 信号途径等一系列复杂的信号调控网络来应对低温胁迫。其中，质膜是低温感知的起点，低温信号需先传递到质膜，然后才能传递到细胞核中（Shi 等，2018）。在哺乳动物中，热敏通道（TRP）蛋白，如 TRPV1 已被证明可作为信号感受器参与动物单个细胞对各种胁迫信号的感知（Venkatachalam 等，2007）。植物中至今尚未鉴定获得 TRP 的同源序列，但 Ma 等（2015）从水稻中鉴定获得第一个植物的低温信号感知基因 COLD1（Ma 等，2015）。此后，许多单子叶植物，如小麦、玉米、高粱等中也相继发现含有 COLD1 同源基因，但双子叶植物如茶树中是否包含 COLD1 同源基因还需进一步探究。

除 COLD1 基因外，植物中的热敏分子也被证实是感知生物体温度变化的传感器（Fujii 等，2017）。一些热敏感分子，如蓝光受体（phototropins，向光素）和光敏色素 B 受体（phyB）已在很多植物中得到鉴定（Jung 等，2016；Legris 等，2016）。phyB 作为温度感受器，主要是通过温度依赖将活化的 Pfr 转化为非活化状态。此外，向光素主要通过光敏化的发色团生命周期来介导植物叶绿体对低温的免疫反应（Fujii 等，2017）。目前，茶树中已鉴定到 6 个光敏色素基因，包括 2 个 PHYA 基因（CsPHY2、CsPHY4）、2 个 PHYB 基因（CsPHY3、CsPHY5）、1 个 PHYC 基因（CsPHY1）和 1 个 PHYE 基因（CsPHY6），这些基因的表达均受光照调控（莫晓丽等，2019）。其中，3 个光敏色素基因（CsPHYA、CsPHYB 和 CsPHYE）在'黄金芽'品种中的表达均受红光诱导上调（Tian 等，2019）。然而，低温条件下，茶树中已报道的 2 个 PHYB 蛋白能否作为低温感受器来感知低温信号目前依然未知。同时，其它热敏分子（如 phot）在茶树中的功能目前也未见报道。

2.3.2　低温信号转导相关基因

Ca^{2+} 作为细胞内广泛存在的第二信使，在植物应对低温胁迫响应中具有重要作用。低温信号转导主要通过激活 Ca²⁺ 通道和 / 或 Ca²⁺ 泵，从而促进 Ca²⁺ 内流进入细胞内。在低温条件下，很多膜蛋白（如 COLD1）和两个潜在的渗透机械敏感性 Ca²⁺ 通道蛋白（MCA1 和 MCA2）参与了低温诱导的 Ca²⁺ 瞬时升高过程（Mori 等，2018）。Ca²⁺ 信号途径在茶树冷害和冻害胁迫响应中均起着重要作用，近年来大量参与茶树 Ca²⁺ 信号途径的基因已被分离鉴定。其中，在自然冷驯化过程中，茶树中很多参与 Ca²⁺ 信号途径相关基因（如 *CAMTA3*、*CRLK1*、*CIPK7/12/20*）和 MPK 级联途径相关基因（如 *MPK3/19*、*MEKK1*）的表达被诱导上调（Wang 等，2019）。同样，在模拟倒春寒和自然倒春寒条件下，茶树中 6 个参与 Ca²⁺ 信号途径的基因被诱导上调表达，且部分参与 MPK 信号途径的基因表达也受影响，表明 MPK 和 Ca²⁺ 信号途径是茶树新梢响应低温胁迫的两个主要的早期响应途径（图 2.5）（Hao 等，2018）。

现有研究表明，低温胁迫触发的 Ca²⁺ 信号解码主要由许多被认为是 Ca²⁺ 感受器的 Ca²⁺ 结合蛋白参与完成（Reddy 等，2011）。其中，CaMs、CMLs、CBL 和 CIPK 属于传递型感受器，而 CDPK、CaM 结合转录激活子（CAMTA）和 Ca²⁺ 及 Ca²⁺/CaM 依赖蛋白激酶（CCaMK）属于响应型感受器。茶树中，目前已鉴定获得 26 个 *CsCPKs* 基因。低温条件下，10 个 *CsCPKs* 基因被抑制表达，而 14 个 *CsCPKs* 基因则至少在低温处理的某一阶段被诱导上调表达。其中，*CsCPK28a* 和 *CsCPK28b* 受短时冷处理诱导显著上调表达，而剩余 12 个 *CsCPKs* 基因则在低温处理 24～96h 后被显著诱导上调表达（Ding 等，2019a）。除 CPK 外，茶树中已鉴定到 8 个 *CsCBLs* 和 25 个 *CsCIPKs* 基因，结合表达模式和蛋白相互作用鉴定发现，茶树新梢和成熟叶中有不同的 CsCBL-CsCIPK 复合物参与低温响应（Wang 等，2020b）。总之，Ca²⁺ 信号途径在茶树低温响应中起着重要作用，这一结论已被现有的研究所证实。然而，近年来尽管已鉴定获得多个参与 Ca²⁺ 信号途径相关的基因，但该信号途径中仍有许多基因（如 *CAMTA* 和 *CRLK* 等超家族基因）尚未被鉴定和研究。此外，目前所鉴定到的 Ca²⁺ 信号途径相关基因具体如何参与茶树低温响应还需通过开展单个基因的功能鉴定加以明确。

2.3.3　ICE-CBF-COR 途径相关基因

众所周知，ICE-CBF-COR 信号途径在提高植物抗寒响应方面起着关键作用。低温条件下，ICE-CBF-COR 信号途径中的 ICE 作为上游转录因子能特异地结合 *CBF/DREB1s* 基因启动子中的 MYC 元件（CANNTG）来调控 *CBF/DREB1s* 基因的转录（Chinnusamy 等，2003）。随后，被激活的 CBF/DREB1 与许多低温调控基因 *CORs* 启动子中的 CRT/DRE 元件（CCGAC）结合，以促进 *CORs* 基因上调表达来提高植物抗寒能力（Gilmour 等，1998）。

2.3.3.1　*ICE* 基因

早在 2003 年就证实了 CBF2 启动子区的两个片段——ICEr1 和 ICEr2（诱导 CBF 表达区域 1 或 2），可作为低温应答元件来促进低温响应基因的上调表达（Zarka 等，2003）。同年，拟南芥中第一个 CBF 转录激活因子 ICE1 得到了鉴定。ICE1 能特异结合到 CBF3 启动子中的 MYC 识别位点（CANNTG）。在拟南芥中过表达 ICE1 可以通过促进 CORs 的上调表达来提高转基因植株的抗寒性。相反，ICE1 突变植株则抑制了 CBF3 和很多 CBFs 下游 CORs 基因的表达，最终显著降低了 ICE1 突变植株的耐寒性和抗冻性（Chinnusamy 等，2003）。此外，通过比较寒冷条件下野生型拟南芥和 ICE1 突变拟南芥中 CORs 基因的表达情况，进一步发现近 40% 的 CORs 表达受 ICE1 影响（Lee 等，2005）。

　　茶树中 ICE 基因是基于 RACE-PCR 技术最先分离获得的，与模式植物一致，该基因的表达并不响应低温（Wang 等，2012）。然而，另一项研究中发现，茶树中的 ICE 基因 CsICE1（ID：JX029153）的表达能被 −5℃、PEG、ABA 和 BR 处理诱导上调，且过表达 CsICE1 能提高冷冻条件下转基因拟南芥中的脯氨酸含量和存活率，说明 CsICE1 正调控了低温抵御能力（Ding 等，2015）。

2.3.3.2 CBF 基因

　　CBFs 是高等植物冷驯化过程中起核心作用的调控因子，其作为 APETALA 2/ 乙烯响应（AP2/ERF）超家族中的一个亚家族成员，在不同物种中高度保守。在过去 20 年中，通过利用过表达、RNAi 和 CRISPR/Cas9 等技术对拟南芥中的 3 个 CBFs 基因的功能进行了深入研究。低温处理条件下，CBFs 基因能在 15min 内被迅速诱导表达，在 3h 时达到最高值。在单个 CBF 过表达转基因拟南芥中，CBF 通过诱导多个下游 CORs 基因上调表达来提高转基因植物的抗寒能力。在茶树中，CBFs 基因同样被证明参与了茶树低温响应过程。目前，茶树中已报道 6 个 CsCBFs 基因，这些基因编码的蛋白都含有特异的 AP2/ERF DNA 结合域，并且均定位于细胞核内。转录激活分析发现，CsCBF2-6 均具有转录活性。CsCBFs 的表达均受低温处理显著上调，且 CsCBF1-3 在低温处理 1d 内表达上调了超过 100 倍甚至 1000 倍。此外，过表达 CsCBF3 能通过 ABA 非依赖性途径增强转基因拟南芥的抗寒能力（Hu 等，2020）。

2.3.3.3 低温调控基因 COR

　　CBFs 通过识别 CORs 基因启动子中特异的 CRT/DRE 顺式元件（CCGAC）介导低温胁迫应答，以提高植物抗寒或抗冻能力。CORs 基因编码的蛋白有：渗透调节剂生物合成相关的酶类、胚胎后期丰富蛋白（LEA）、脂质代谢相关蛋白、叶绿体蛋白、ROS 清除酶类等。根据基因启动子中的核心顺式元件（DRE/CRT，CCGAC），目前已在不同植物中鉴定到许多 CORs 基因，例如叶绿体蛋白 COR15A 和 COR15B 已被证明在冷驯化期间能增强植物的抗冻性（Thalhammer 等，2014）。拟南芥中过表达 COR15A 后可通过抑制磷脂囊泡融合和 Rubisco 酶的聚集来提高转基因拟南芥叶片的抗冻性。

　　多个 CsCORs 受低温诱导表达。Wang 等（2009）从低温处理茶树中共鉴定出 10 个上调表达的 CsCORs，其主要编码锌指蛋白、甘氨酸丰富蛋白、早期光诱导蛋白、β- 淀粉酶、查尔酮合酶和黄酮醇合酶等（Wang 等，2009）。Li 等（2010）同样鉴定出一个受低温显著诱导的甘氨酸丰富蛋白家族成员 CsCOR1（Li 等，2010）。低温、ABA 和干旱处理均可诱导 CsCOR1 上调表达，且低温处理 24h 后，CsCOR1 的转录水平比对照高出 100 倍以上。然而，在烟草中异源表达 CsCOR1 并没有显著提高转基因烟草的耐寒性，而是显著增强了转基因烟草的抗旱和耐盐能力。此外，茶树冷驯化期间，很多 CsCORs 基因，如 β-1，3- 葡聚糖酶相关基因（GLPs）、几丁质酶相关基因（CLPs）、创伤激素相关基因（TLPs）、多聚半乳糖醛酸酶抑制子相关基因（PGIPs）和 LEAs 都受低温诱导上调表达（Wang 等，2013）。茶树中现已鉴定出 48 个 CsLEAs 基因，其中 47 个基因在低温处理不同时间点差异表达，特别是 CsLEA13/21/24/32/45 受低温处理显著上调表达（Jin 等，2019）。总之，与模式植物相比，茶树中 CORs 相关基因的鉴定和功能研究还存在较大差距。为加速茶树抗性育种，加快开展茶树 CORs 相关基因的鉴定和功能研究显得尤为重要。

2.3.4　低温响应相关转录因子

在 4000 个 CORs 基因中，约有 10% 的 CORs 基因表达受 CBF 依赖途径调控，说明剩余的 CORs 基因可能受其它转录因子调控（图 2.9）。目前，植物中已鉴定出超过 84 个转录因子家族基因。很多研究发现，AP2-EREBP、ARF、bHLH、bZIP、C2C2-Dof、C2H2、CAMTA、HSF、GRAS、MYB、WRKY 和 NAC 家族的转录因子能参与植物的低温胁迫响应，在茶树中亦是如此。在茶树冷驯化期间，有 58 个转录因子差异表达，其中包含 37 个上调转录因子和 21 个下调转录因子（Wang 等，2013）。相似地，茶树在冷害和冻害条件下，共有 52 个家族的 668 个转录因子存在差异表达。在这些差异表达基因中，AP2-EREBP 转录因子家族中有 58 个成员在 4℃和 –5℃处理下均上调表达，29 个 WRKY 家族基因和 33 个 NAC 家族基因分别在 4℃处理后被诱导上调表达（Zheng 等，2015）。总之，基于 RNA-seq 技术和茶树基因组序列分析，近年来已从茶树基因组中发现了许多参与低温应答的转录因子。在此，我们列举几类已鉴定可能参与茶树低温响应的转录因子，具体如下：

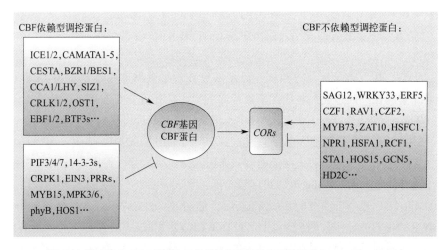

图 2.9　拟南芥中 CBF 依赖与不依赖途径的调控因子（引自 Ding，等，2019）

（1）bHLH　共有 120 个 CsbHLHs 基因在茶树中得到了鉴定（Cui 等，2018）。这些

CsbHLHs 可分为 23 个亚家族。表达分析发现，CsbHLH007/012/021/093 的表达受低温抑制，而 CsbHLH043/045/079/095/116 则分别在低温处理不同时间点被诱导表达。

（2）bZIP　茶树中已克隆获得 18 个 bZIPs 基因，命名为 CsbZIP1-18。表达分析发现，茶树叶片中 9 个 CsbZIPs 基因的表达受低温胁迫诱导（Cao 等，2015）。其中，将 CsbZIP6 在拟南芥中过表达后发现，转基因拟南芥在低温条件下相对电导率和丙二醛含量升高，而总可溶性糖含量降低，最终表现出低温敏感表型。结合芯片分析发现，CsbZIP6 过表达植株中大多数低温响应基因和淀粉代谢相关基因的表达均受低温抑制，说明 CsbZIP6 在拟南芥低温响应中起负调控作用（Wang 等，2017）。另有研究发现，自然冷驯化过程中 CsbZIP18 在抗寒茶树品种中的表达始终低于两个易感品种，且在拟南芥中过表达该基因能通过抑制 ABA 途径相关基因的表达在冷冻胁迫中起负调控作用（Yao 等，2020b）。

（3）Dof　基于转录组测序数据，茶树中已鉴定获得 29 个 DNA-binding with one finger（Dofs）基因（Li 等，2016）。生物信息学分析发现这些 CsDofs 蛋白含有高度保守的 zf-Dof 结构域，并可分为 7 个分支。CsDofs 基因在不同茶树品种中差异表达，且许多 CsDofs 基因参与了茶树的低温响应。其中，CsDof2/8/10 在"迎霜"茶树品种低温处理期间持续下调表达，而"黄金芽"茶树品种低温处理 24h 后，CsDof8/22 的表达较对照上调了 2 倍以上。

（4）GRAS　随着茶树基因组测序完成，目前已从茶树基因组数据库中鉴定出 52 个 CsGRASs 基因，这些 CsGRASs 可分为 13 个亚组（Wang 等，2018c）。表达分析发现，这些 CsGRASs 基因在不同茶树品种中差异表达。低温条件下，CsGRAS1/2/9/10/16/19 在"黄金芽"和"迎霜"茶树品种中均被诱导上调表达，而 CsGRAS4/5/6/7/11//13/14/15/17 则只在"黄金芽"中被诱导上调表达。

（5）Hsf　基于茶树转录组数据和基因组数据，已鉴定获得 25 个 CsHsfs 基因。表达分析发现，CsHsfs 基因广泛参与了不同胁迫响应。酵母中异源表达 CsHsfA2 提高了酵母的耐热性（Liu 等，2016；Zhang 等，2020），说明 CsHsfA2 在茶树的热胁迫调控中可能发挥着重要作用。在低温处理条件下，CsHsfA6 在所检测的 3 个茶树品种中均被诱导表达，而 CsHsfC1 和 CsHsfB1 则在"安吉白茶"茶树品种中被显著上调表达。

（6）MYB　转录组数据表明，茶树中的 CsMYB14/15/73 都受冷驯化诱导表达（Wang 等，2019）。

（7）NAC　基于转录组测序数据，已从茶树转录组数据库中鉴定获得 45 个 CsNACs 基因，这些基因在不同茶树品种中的表达模式各异，且有多个 CsNACs 基因受低温处理诱导表达（Wang 等，2016），说明 CsNAC 参与了茶树低温响应过程。

（8）SBP-Box　从茶树基因组中共鉴定到 20 个潜在的 CsSBPs 基因。这些 CsSBPs 启动子中包含多个激素和环境胁迫响应的顺式作用元件。表达分析发现，CsSBP2/3/4/8/13 受低温胁迫诱导显著上调（Wang 等，2018b）。

（9）WRKY　已鉴定到 86 个 CsWRKYs，有 62.8% 的 CsWRKYs 受低温诱导，其中 10 个 CsWRKYs 的诱导倍数达 5 倍以上。对 CsWRKY29 和 CsWRKY37 进行功能鉴定发现，在茶树新梢中瞬时沉默目的基因后，新梢的抗寒性下降；而在拟南芥中过表达这两个基因后，拟南芥的抗寒性增强；由此说明 CsWRKY29 和 CsWRKY37 正调控茶树对低温的响应（Zhao 等，2022）。

总之，近年来从茶树转录组或基因组数据中已获得多种不同类型的转录因子家族基因。然而，目前的研究大多停留在不同家族转录因子在茶树不同组织或不同生物和非生物胁迫下的表达分析，而对这些转录因子具体的功能研究较少。因此，今后必须加快各类转录因子的功能研究，这样才能全面解析茶树复杂的抗寒分子调控机制。

2.3.5　激素代谢相关基因

植物激素在调控植物应对各种生物和非生物胁迫中起重要作用。在不同胁迫条件下，很多内源激素含量的增加均有助于提高植物的抗逆性（Verma 等，2016）。ABA、生长素、油菜素内酯（BR）、细胞分裂素（CK）、赤霉素（GA）、茉莉酸（JA）、乙烯（ET）、水杨酸（SA）、独脚金内酯和褪黑素（MT）已被证实能介导植物低温响应。近年来，许多参与植物激素生物合成相关的基因被相继鉴定。

低温处理能提高内源 ABA 和 JA 的含量，且能诱导 ABA 和 JA 生物合成相关基因的表达。外源 ABA 处理可增强植物的抗寒性，JA 信号通路受阻导致植物低温不耐受。低温条件下，JA 能正向调控 ICE-CBF-COR 途径中很多基因的表达（Hu 等，2017）。与 ABA、JA 相反，植物逆境胁迫下，内源 GA 含量会降低。GA 主要是通过 DELLA 蛋白的调控参与逆境响应过程（Colebrook 等，2014）。DELLA 是一类 GA 激素信号的阻遏蛋白，能够被 GA 信号诱导降解，主要通过与转录因子互作调控转录因子的活性参与控制植物的胁迫响应及生长发育，低温胁迫下，DELLA 蛋白大量积累，GA 的生物合成与信号通路受到影响（Lantzouni 等，2020）。有研究发现，DELLA 双突变体（*gai-t6 rga-24*）和 DELLA 四突变体（*gai-t6 rga-t2 rgl1-1 rgl2-1*）均表现为低温敏感表型。此外，*CBF1* 过表达拟南芥株系中的一些 GA 代谢相关基因在低温胁迫 4h 后表达被诱导上调（Achard 等，2008）。

乙烯作为一种气态植物激素，在拟南芥中也被证明是一种冻害胁迫响应的负调控因子（Shi 等，2012）。外源施用乙烯生物合成前体 1- 氨基环丙烷 -1- 羧酸（ACC）降低了在冷驯化和非驯化条件下拟南芥的抗冻能力。同样，*eto1* 突变体能诱导乙烯过量产生从而降低了植物的抗冻性；相反，外源施用乙烯生物合成抑制剂氨基乙氧基乙烯基甘氨酸（AVG）则显著提高了 *eto1* 突变体和野生型植物的抗冻性。许多乙烯不敏感突变体（如 *etr1-1*、*ein4-1*、*ein2-5*、*ein3-1* 和 *ein3 eil1*）的抗冻能力增强，而过表达乙烯不敏感 3（*ein3*）株系和乙烯持续响应突变体（*ctr1-1*）则表现为低温敏感型（Shi 等，2012）。此外，乙烯响应因子（*ERF102-ERF105*）的表达都受到低温胁迫的调控。其中，过表达 *ERF105* 能增强转基因植株的抗冻能力，而 *erf105* 则降低了突变体的抗冻能力（Bolt 等，2017）。

BR 是一类植物多羟基甾体化合物，在植物中能正向调控低温胁迫响应（Kagale 等，2007）。在冷驯化和非冷驯化条件下，BR 缺陷突变体（*bri1-1* 和 *bri1-301*）表现出低温敏感表型，而过表达 BR 信号基因（*bri1*）则增加了转基因植株的抗冻性（Eremina 等，2016）。此外，油菜素类固醇不敏感 2（*BIN2*）在 BR 信号途径中起负调控作用，过表达 *BIN2* 降低了转基因拟南芥的抗冻性，而 *bin2* 突变体则表现出较强的抗冻性。相比之下，BR 信号途径中两个研究较为透彻的 bHLH 转录因子基因（*BZR1* 和 *BES1*）在植物低温响应中则起到正向调控作用。其中，*BZR1* 能通过 CBF 依赖和 CBF 非依赖途径增强植物的抗冻性（Li 等，2017a）。除上述激素代谢相关基因外，许多参与生长、细胞分裂素和褪黑素信号的相关基因在植物低温响应中同样发挥着重要作用。

植物激素在茶树逆境响应中起着重要作用。如前所述，茶树中许多转录因子的表达均受外源激素的调控，说明这些基因参与了多种激素信号途径。在茶树中，除上述基因外，也鉴定获得了多个参与植物激素合成、代谢、信号转导和调控的基因。在茶树冷驯化期间，ABA 信号途径中一个编码脱落酸 8′- 羟化酶的基因被显著诱导上调表达，而另一个编码 ABA 受体的基因则被显著抑制（Wang 等，2013）。在 ABA 和 GA 代谢及信号途径方面，现已从茶树中鉴定出 30 个 GA- 和 ABA- 相关基因。表达分析发现，外源 GA3 和 ABA 能诱导 *CsGA3ox*、*CsGA20ox*、*CsGA2ox*、*CsZEP* 和 *CsNCED* 等基因差异表达。对茶树中 14 个赤霉素双加氧酶基因（*CsGAox*）的研究发现，*CsGA20ox2*、*CsGA3ox2/3* 和 *CsGA2ox1/2/4* 在非生物胁迫响应中发挥着重要作用（Pan 等，2017）。SnRK2 在 ABA 信号调控网络发挥重要作用。在茶树中，已鉴定到 8 个 *SnRK2s* 基因（*CsSnRK2.1-8*）。其中，大多数 *CsSnRK2s* 受 ABA、干旱和盐处理诱导上调表达，而 *CsSnRK2.3* 则受 ABA 处理诱导抑制表达（Zhang 等，2018），说明 CsSnRK2s 在 ABA 信号转导途径中的调控作用较为复杂。此外，在低温 - 干旱复合胁迫下，茶树中很多参与激素响应途径的基因（如 *BRI1/SR160*、*ARF5/19*、*ETR1*、*ACS1/10/12* 和 *LOX2.1/6*）差异表达，其中，*ARR9*、*XERICO*、*NCED3* 和赤霉素 2- 氧化酶 8 基因（*GA2ox8*）上调表达（Zhen 等，2016）。总之，茶树中已鉴定到多个参与激素信号途径的基因，并进行了表达分析，但这些激素代谢相关基因是如何参与茶树抗寒响应仍有待进一步研究。

2.3.6　碳水化合物代谢相关基因

糖类物质在调控植物抗寒响应方面具有重要作用。低温条件下，植物体内蔗糖、棉子糖、海藻糖、葡萄糖和果糖等可溶性糖的增加，能降低细胞渗透势和冰核形成温度。同时，也可以作为 ROS 清除剂和糖信号分子参与植物抗寒性的提高。近年来，研究者们对植物中参与碳水化合物代谢、转运和信号转导有关的酶类进行了广泛的研究，这些研究拓宽了我们对糖类物质在植物抗寒性作用中的认识。例如，蔗糖代谢中的蔗糖磷酸合酶（SPS）、蔗糖合成酶（SUS）和转化酶（INV）；棉子糖代谢中的棉子糖合酶（RS）和半乳糖醇合酶（GolS）；海藻糖代谢中的海藻糖 -6- 磷酸合酶（TPS）和海藻糖 -6- 磷酸磷酸酶（TPP）；淀粉代谢中的葡聚糖水二激酶（GWD）、α- 淀粉酶（AMY）、β- 淀粉酶（BAM）、淀粉合成酶（SS）、麦芽糖转运蛋白 1（MEX1）和 4-α 葡聚糖转移酶 2（DPE2）等均被报道在植物抗寒响应中具有重要作用。此外，糖转运体，如蔗糖转运体（SUT）、糖外排转运蛋白（SWEET）以及糖信号转导相关酶己糖激酶（HXK）和蔗糖非发酵相关蛋白激酶 1（SnRK1）也在植物抗寒响应中发挥着重要作用（Yue 等，2015）。

茶树冷驯化期间，其体内的碳水化合物代谢作为主要的代谢途径参与调控了茶树抗寒性的提高（Wang 等，2013）。目前已从茶树中克隆到许多与糖代谢、转运和信号转导相关的基因。例如，9 个 *CsBAMs* 基因、3 个 *CsAMYs* 基因、4 个 *CsSSs* 基因、1 个 *CsMEXs* 基因、1 个麦芽糖转葡萄糖基酶基因（*CsDPE2*）、4 个 *CsSUSs* 基因、2 个 *CsFRKs* 基因、3 个 *CsPFKs* 基因、7 个棉子糖合成相关基因、5 个 *CsTPSs* 基因、4 个 *CsSUTs* 基因、4 个

ERD6 相关糖转运蛋白基因、2 个 TMT 相关转运蛋白基因、2 个 STP 转运蛋白基因、2 个肌醇转运蛋白基因、1 个 PMT 转运蛋白基因等。表达分析发现，这些基因的表达都随着冬季温度的变化呈现动态变化（Yue 等，2015）。另外，已从茶树中克隆获得 14 个转化酶基因（CsINVs）。在低温条件下，CsINV1/2/3/5/8/10/12 在茶树叶片和根系均被显著诱导上调表达。过表达 CsINV5 能通过促进转基因拟南芥蔗糖水解以提高相应的己糖与蔗糖的比例，并调控许多参与渗透胁迫响应基因的上调表达以增强转基因拟南芥的抗寒能力（Qian 等，2016；Qian 等，2018）。CsHXKs 基因和 CsFRKs 基因也相继从茶树中克隆获得。其中，CsHXK1/3/4 受低温诱导显著上调表达，而 CsHXK2 和 CsFRK6/7 则受低温胁迫显著抑制（Li 等，2017c）。克隆到的 13 个 CsSWEETs 基因中，CsSWEET1a/1b/7/17 具备葡萄糖类似物和其他类型己糖分子的转运活性。在冷驯化和低温胁迫条件下，CsSWEET1b/2a/2c/9b/17 都有不同程度的上调表达，而 CsSWEET16 受冷驯化和低温胁迫下调表达（Wang 等，2018a）。功能鉴定表明，CsSWEET16 是液泡膜糖转运体，在低温条件下，它通过调控液泡膜内外的糖分布来增强转基因拟南芥的抗寒性（Wang 等，2018a）。此外，研究也发现细胞膜糖转运体 CsSWEET1a 和 CsSWEET17 通过介导质膜内外的糖转运来提高植物的抗冻能力（Yao 等，2020a）。总之，目前已从茶树中鉴定获得多个参与低温响应的糖代谢、转运和信号转导相关的基因。下一步，应重点开展这些基因在茶树抗寒响应中具体的分子调控机制研究。

2.3.7　抗氧化系统相关基因

低温条件下，植物体内的抗氧化防御系统会被激活以维持细胞内 ROS 的平衡和防止氧化损伤。在抗氧化防御体系中，一系列保护酶，如 SOD、POD、CAT、抗坏血酸过氧化物酶（APX）、单脱氢抗坏血酸还原酶（MDHAR）、脱氢抗坏血酸还原酶（DHAR）等的活性会发生相应的变化。许多抗氧化酶合成相关基因也差异表达。例如，APX2 被认为是氧化胁迫敏感型标记，低温条件下 APX2 会被显著诱导上调表达（Dreyer 和 Dietz，2018）。低温胁迫条件下，茶树成熟叶和新梢中的 ROS 含量均增加（Ding 等，2018）。冷驯化期间，相比于抗寒品种而言，不抗寒茶树品种中具有较高的 H_2O_2 含量和较低的 SOD 活性。对应地，许多参与 ROS 清除的基因，如 APX1/3、CAT2、MDAR1、GASA14、谷胱甘肽合成酶基因（GSH）、谷氧还蛋白基因（GRX）、谷胱甘肽 -S- 转移酶基因（GST）和过氧化物酶基因（PrxR）在不抗寒茶树品种中的表达都低于抗寒茶树品种（Wang 等，2019），这表明抗寒茶树品种具有较高的抗氧化酶活性可能是由一些抗氧化酶相关基因较高的表达引起的。目前，在茶树中已鉴定出部分抗氧化酶相关基因。例如，编码谷胱甘肽过氧化物酶的基因 CsGPX1 在拟南芥中过表达后，能提高转基因拟南芥的抗旱能力（刘赛等，2019）。CsAPX1 基因在拟南芥中过表达可以提高转基因拟南芥的抗坏血酸含量（Li 等，2020a）。总之，抗氧化防御系统在茶树低温响应中起着重要作用，但有关茶树抗氧化防御系统具体的分子机制研究尚处于起步阶段，许多抗氧化酶相关基因的功能还有待于深入研究。

2.3.8   低温响应的转录后调控相关基因

许多转录后调控过程，如 RNA 加工（带帽、多聚腺苷酸化和 mRNA 前体剪接）、mRNA 转运、稳定和翻译等在植物低温胁迫响应中发挥着重要作用（Lu 等，2020）。有研究表明，RNA 解旋酶参与了核糖核蛋白复合物的重排和 RNA 结构修饰，从而参与 RNA 代谢的各个方面（Russell 等，2013）。其中，DEAD-box 解旋酶是 RNA 解旋酶中最大的一个家族，其在发育调控和胁迫响应方面的作用已在很多植物中得到研究。例如，5 个 DEAD-box RNA 解旋酶编码基因（*AtRH7/9/22/25/53*）在低温胁迫下被诱导上调表达，且过表达 *AtRH25* 提高了转基因拟南芥的抗寒能力。水稻中的 *OsRH42* 在维持 mRNA 前体有效剪接方面也具有重要作用。*OsRH42* 过表达水稻和 *rh42* 突变株系中受低温胁迫诱导的 mRNA 前体剪接事件均被抑制（Lu 等，2020）。然而，对于低温诱导茶树 mRNA 前体剪接的研究至今未见报道。

除了 mRNA 前体剪接外，选择性剪接（AS）作为转录后调控的另一种方式，在植物发育和逆境响应中也起着重要作用。对茶树冷驯化期间的 AS 事件进行全面分析发现，茶树中有 5700 多个基因发生了 AS 事件。另外，AS 事件的发生频率随着冷驯化温度降低逐渐增加，当温度恢复后，AS 事件发生频率又显著降低。特别的是，在茶树冷驯化期间，有 42 个与糖代谢有关的 AS 事件和 24 个与氧化还原酶有关的 AS 事件。表达分析发现，冷驯化期间部分糖代谢相关基因的 AS 异构体之间的表达存在差异。其中，一些 *CsRS* 和 *CsSUS* 的 AS 异构体表达模式与含糖量的变化呈显著相关性，表明 AS 事件在茶树的冷驯化响应中具有重要作用（Li 等，2020b）。此外，有研究发现茶树中 *CsSWEET17* 作为一个 AS 基因，两个 *CsSWEET17* 异构体在不同抗寒性茶树品种中差异表达，表明低温胁迫下茶树中 SWEET 转运体的功能可能受 AS 途径调控（Yao 等，2020a）。

越来越多证据表明，低温胁迫下 ncRNAs（主要是 lncRNAs 和 microRNAs）在转录后水平介导了靶基因的表达。在茶树中已发现很多与发育、干旱、低温、病菌侵染、营养胁迫和生化组分相关的 miRNAs。从抗寒茶树品种（'迎霜'）和低温敏感茶树品种（'白叶 1 号'）中共鉴定出 215 个低温相关的候选 miRNAs（Zhang 等，2014）。另外，利用降解组测序共检测到 763 个相关的靶基因，这些基因主要编码 C2H2 和 C3HC4 型蛋白、LEA、休眠 / 生长素相关家族蛋白和干旱响应家族蛋白。此外，有研究发现茶树中有 5 个 miRNAs 能调控 3 个 *CsSODs*（*CsCSD4*、*CSD7* 和 *CsFSD2*）的表达。其中，低温胁迫下 csn-miR398a-3p-1 能负调控 *CsCSD4* 的表达（Zhou 等，2019）。尽管目前的研究大多集中在基因鉴定水平，但转录后调控研究也在逐渐开展，相信未来在茶树低温胁迫响应的转录后调控研究方面将会取得很大进展。

2.3.9   低温响应的翻译后调控相关基因

除上述调控机制外，翻译后修饰，如乙酰化、表磷酸化 / 去磷酸化、糖基化、甲基化、乙酰化、泛素化和肉豆蔻酰化等也在植物抗寒响应中发挥着重要作用。研究表明，蛋白激酶和磷酸酶参与了低温胁迫信号转导过程，拟南芥和水稻低温信号中蛋白激酶的调控网络图已得到系统的绘制（Ding 等，2019b）。简言之，在正常温度下，拟南芥中的磷酸酶、CLADE E GROWTH-REGULATING 2（EGR2）和 ABA INSENSITIVE1（ABI1）会抑制 OST1 蛋白激酶活性，从而抑制 *CBF* 表达；低温条件下，EGR2 的肉豆蔻酰化会被抑制，从而阻断了 EGR2 与 OST1 的互作，以提高 OST1 的活性；随后，低温诱导的 OST1 与 ICE1 互作并促进了 ICE1 的磷酸化，从而阻止了由 EXPRESSION OF OSMOTICALLY RESPONSIVE GENE15（HOS1）调控的 ICE1 降解，最终提高了 ICE1 的稳定性和与 *CBF* 启动子结合的能力。另外，低温诱导的 OST1 还能磷酸化 BTF3s，以提高 BTF3s-CBFs 的互作能力。同时，MPK 信号级联途径也已被证实可通过 ICE1-CBF-COR 转录途径调控低温响应，这部分内容已在本节"2.2 低温信号转导相关基因"中有阐述。目前，除了上述涉及 MPK 信号级联和低温信号转导的几个基因外，有关茶树低温响应的翻译后调控研究还很少，且茶树中与其他物种中报道的 *OST1*、*EGR2*、*ABI1*、*HOS1* 和 *BTF3s* 同源的基因尚未见报道。

2.4　展望

随着全球极端气候频发和茶树种植区不断向高纬度和高海拔扩张，开展茶树低温响应机理研究将为茶树抗寒育种提供坚实的理论基础。茶树抗寒性是一个复杂的数量性状，由多基因在不同信号途径和在转录、转录后和翻译后水平共同调控所致。近 10 年来，随着多组学技术的应用以及全基因组测序的完成，大量低温响应基因被克隆，一定程度上丰富了茶树低温响应基因资源库，但大多数研究停留在基因的克隆及表达分析上，少数利用拟南芥、烟草等进行异源转化来进行单基因功能鉴定，基因间的相互作用及上下游调控关系等并不明晰，因此茶树基因功能的精准鉴定技术有待突破，茶树低温响应机理仍需要深入研究。在此，我们列举了一些未来的研究方向，供大家参考：

首先，茶树抗寒性的高通量精准鉴定技术有待建立。目前，茶树抗寒性鉴定主要以田间观察或少数材料经室内低温处理结合相关生理指标测定为主，在鉴定的准确度和有效性上都有所欠缺。建立起高通量精准鉴定的技术体系对茶树抗寒性评价、低温响应机理的研究和新品种选育具有重要作用。

第二，尽管目前已从茶树中鉴定出很多低温响应基因，但这些基因具体发挥什么功能尚不可知。因此，开展茶树抗寒分子机制研究的另一项核心工作是加快从转录、转录后和翻译后水平深入研究茶树低温响应相关基因的功能及其调控网络。将来一旦拥有稳定、成熟的茶树遗传转化体系，便可借助转基因或基因编辑技术实现茶树抗寒分子育种。

第三，分子育种是未来农业发展的趋势，但目前有关茶树抗寒性分子标记的筛选和应用的研究较少。开发高效、实用和茶树抗寒性密切相关的分子标记能有效实现抗寒的早期鉴定，加快抗寒分子育种的步伐。

最后，植物抗寒分子机制研究中还有几个关键的共性问题亟待解决，比如：参与细胞膜固化相关蛋白、钙离子下游调控蛋白激酶和磷酸酶、低温感受器等的鉴定和功能尚未解析；低温响应基因的转录调控网络以及参与低温响应的表观遗传修饰等问题也都需要进一步深入研究。

（王璐，李娜娜，钱文俊，王新超）

参考文献

[1] 曾光辉，周琳，黎星辉.自然越冬期间茶树叶片生理生化指标和解剖结构的变化.植物资源与环境学报，2017（26）：63-68.

[2] 陈荣冰.茶树不同品种叶片的解剖结构观察.茶叶科学简报，1989，3：29-33.

[3] 冯霞，邸太妹，彭靖，等.茶树CsCIPK12与CsKIN10的互作鉴定及其表达分析.茶叶科学，2020（40）：739-750.

[4] 葛菁，庞磊，李叶云，等.茶树可溶性糖含量的HPLC-ELSD检测及其与茶树抗寒性的相关分析，安徽农业大学学报，2013（40）：470-473.

[5] 黄玉婷，钱文俊，王玉春，等.茶树钙调素基因CsCaMs的克隆及其低温胁迫下的表达分析.植物遗传资源学报，2016，906-912.

[6] 李叶云，舒锡婷，周月琴，等.自然越冬过程中3个茶树品种的生理特性变化及抗寒性评价.植物资源与环境学报，2014（23）：52-58.

[7] 林郑和，钟秋生，游小妹，等.低温胁迫对茶树抗氧化酶活性的影响.茶叶科学，2018（38）：363-371.

[8] 刘赛，刘硕谦，龙金花，等.茶树谷胱甘肽过氧化物酶编码基因CsGPX1功能分析.茶叶科学，2019（39）：160-170.

[9] 刘宇鹏，陈芳，胡家敏，等.低温对茶树叶片生理生化指标的影响.浙江农业科学，2018（59）：1120-1122.

[10] 罗军武，唐和平，黄意欢，等.茶树不同抗寒性品种间保护酶类活性的差异.湖南农业大学学报（自然科学版），2001（27）：94-96.

[11] 马宁，王玉，周克福，等.自然降温过程中茶树叶片脂肪酸含量分析.青岛农业大学学报（自然科学版），2012（29）：101-105.

[12] 莫晓丽，周子维，把熠晨，等.茶树光敏色素基因家族成员的生物信息学及其表达量与黄酮含量的相关性分析.南方农业学报，2019（50）：1173-1182.

[13] 孙仲序，刘静，邱治霖，等.山东省茶树抗寒变异特性的研究.茶叶科学，2003（23）：61-65.

[14] 王玉，洪永聪，丁兆堂，等.利用茶树叶片解剖结构指数预测茶树种质材料的抗寒性.中国农学通报，2009（25）：126-130.

[15] 夏兴莉，廖界仁，任太钰，等.低温处理对茶树叶片中γ-氨基丁酸和其他活性成分含量的影响.植物资源与环境学报，2020（29）：75-77.

[16] 杨华，唐茜，黄毅，等.用电导法配合Logistic方程鉴定茶树的抗寒性.福建茶叶，2006（3）：30-32.

[17] 杨亚军，郑雷英，王新超.冷驯化和ABA对茶树抗寒力及其体内脯氨酸含量的影响.茶叶科学，2004（24）：177-182.

[18] 杨亚军，郑雷英，王新超.低温对茶树叶片膜脂脂肪酸和蛋白质的影响.亚热带植物科学，2005（34）：5-9.

[19] 杨跃华，应华军，章志芳.茶树抗寒性与叶片水分状况的关系.蚕桑茶叶通讯，1993（4）：1-3.

[20] 张楠，洪永聪，丁兆堂，等.茶苗叶片低温诱导蛋白提取分离研究.西南农业学报，2011（24）：71-74.

[21] 周琳，申加枝，段玉，等.外源脱落酸对茶树生理指标的影响.江苏农业科学，2020（48）：102-108.

[22] Achard P，Gong F，Cheminant S，et al.The cold-inducible CBF1 factor–dependent signaling pathway modulates the accumulation of the growth-repressing DELLA proteins via its effect on gibberellin metabolism.The Plant cell，2008，20：2117-2129.

[23] Asano T，Hayashi N，Kikuchi S，et al.CDPK-mediated abiotic stress signaling.Plant signaling & behavior，2012，7，817-821.

[24] Ban Q，Wang X，Pan C，et al.Comparative analysis of the response and gene regulation in cold resistant and susceptible tea plants. PloS one，2017，12：e0188514.

[25] Bolt S，Zuther E，Zintl S，et al.ERF105 is a transcription factor gene of Arabidopsis thaliana required for freezing

tolerance and cold acclimation. Plant，cell & environment，2017，40，108-120.

[26] Boudsocq M，Sheen J.CDPKs in immune and stress signaling. Trends in Plant Science，2013，18：30-40.

[27] Cao H，Wang L，Yue C，et al.Isolation and expression analysis of 18 CsbZIP genes implicated in abiotic stress responses in the tea plant（Camellia sinensis）.Plant Physiology and Biochemistry，2015，97：432-442.

[28] Cheng S，Willmann M，Chen H，et al.Calcium signaling through protein kinases.The Arabidopsis calcium-dependent protein kinase gene family.Plant physiology，2002，129，469-485.

[29] Chinnusamy V，Zhu J，Zhu J-K.Cold stress regulation of gene expression in plants.Trends in Plant Science，2007，12：444-451.

[30] Chinnusamy V，Ohta M，Kanrar S，et al.ICE1：a regulator of cold-induced transcriptome and freezing tolerance in Arabidopsis.Genes & development，2003，17，1043-1054.

[31] Colebrook E H，Thomas S G，Phillips A L，et al.The role of gibberellin signalling in plant responses to abiotic stress. The Journal of experimental biology，2014，217：67-75.

[32] Cui X，Wang Y X，Liu Z W，et al.Transcriptome-wide identification and expression profile analysis of the bHLH family genes in Camellia sinensis.Funct Integr Genomics，2018，18，489-503.

[33] Dai X，Xu Y，Ma Q，et al.Overexpression of an R1R2R3 MYB gene，OsMYB3R-2，increases tolerance to freezing，drought，and salt stress in transgenic Arabidopsis.Plant physiology，2007，143：1739-1751.

[34] Daie J，Campbell W F.Response of tomato plants to stressful temperatures.Plant physiology，1981，67：26-29.

[35] Ding C，Ng S，Wang L，et al.Genome-wide identification and characterization of ALTERNATIVE OXIDASE genes and their response under abiotic stresses in Camellia sinensis（L.）O. Kuntze.Planta，2018，248：1231-1247.

[36] Ding C，Lei L，Yao L，et al.The involvements of calcium-dependent protein kinases and catechins in tea plant [Camellia sinensis（L.）O.Kuntze] cold responses.Plant Physiology and Biochemistry，2019a，143：190-202.

[37] Ding Y，Shi Y，Yang S.Advances and challenges in uncovering cold tolerance regulatory mechanisms in plants.New Phytologist，2019b，222：1690-1704.

[38] Ding Z，Li C，Shi H，et al.Pattern of CsICE1 expression under cold or drought treatment and functional verification through analysis of transgenic Arabidopsis.Genetics and molecular research：GMR，2015，14：11259-11270.

[39] Dreyer A，Dietz K J.Reactive oxygen species and the redox-regulatory network in cold stress acclimation. Antioxidants，2018，7：169.

[40] Eremina M，Unterholzner S J，Rathnayake A I，et al.Brassinosteroids participate in the control of basal and acquired freezing tolerance of plants.Proceedings of the National Academy of Sciences of the United States of America 113，2016，e5982-e5991.

[41] Finka A，Cuendet A F，Maathuis，F J，et al.Plasma membrane cyclic nucleotide gated calcium channels control land plant thermal sensing and acquired thermotolerance.The Plant cell 24，2012，3333-3348.

[42] Fujii Y，Tanaka H，Konno N，et al.Phototropin perceives temperature based on the lifetime of its photoactivated state.Proceedings of the National Academy of Sciences of the United States of America 114，2017，9206-9211.

[43] Gao S Q，Chen M，Xu Z S，et al.The soybean GmbZIP1 transcription factor enhances multiple abiotic stress tolerances in transgenic plants. Plant molecular biology，2011，75：537-553.

[44] Gilmour S J，Zarka D G，Stockinger E J，et al.Low temperature regulation of the Arabidopsis CBF family of AP2 transcriptional activators as an early step in cold-induced COR gene expression. The Plant Journal，1998，16：433-442.

[45] Griffith M，Yaish M W F.Antifreeze proteins in overwintering plants：a tale of two activities.Trends in Plant Science，2004，9：399-405.

[46] Hao X，Tang H，Wang B，et al.Integrative transcriptional and metabolic analyses provide insights into cold spell response mechanisms in young shoots of the tea plant.Tree physiology，2018，38：1655-1671.

[47] Hou Y，Wu A，He Y，et al.Genome-wide characterization of the basic leucine zipper transcription factors in Camellia sinensis.Tree Genetics & Genomes，2018，14：27.

[48] Hu Y，Jiang Y，Han X，et al.Jasmonate regulates leaf senescence and tolerance to cold stress：crosstalk with other

phytohormones.Journal of experimental botany，2017，68：1361-1369.

[49] Hu Z，Ban Q，Hao J，et al.Genome-wide characterization of the C-repeat binding factor （CBF） gene family involved in the response to abiotic stresses in tea plant （Camellia sinensis）.Frontiers in plant science，2020，11：921.

[50] Huang C，Ding S，Zhang H，et al.CIPK7 is involved in cold response by interacting with CBL1 in Arabidopsis thaliana.Plant Science，2011，181：57-64.

[51] Jia Y，Ding Y，Shi Y，et al.The cbfs triple mutants reveal the essential functions of CBFs in cold acclimation and allow the definition of CBF regulons in Arabidopsis.New Phytologist，2016，212：345-353.

[52] Jin X，Cao D，Wang Z，et al.Genome-wide identification and expression analyses of the LEA protein gene family in tea plant reveal their involvement in seed development and abiotic stress responses.Sci Rep，2019，9：14123.

[53] Jung J H，Domijan M，Klose C，et al.Phytochromes function as thermosensors in Arabidopsis.Science，2016，354：886-889.

[54] Kagale S，Divi U K，Krochko J E，et al.Brassinosteroid confers tolerance in Arabidopsis thaliana and Brassica napus to a range of abiotic stresses.Planta，2007，225：353-364.

[55] Kim J，Kang J Y，Kim S Y.Over-expression of a transcription factor regulating ABA-responsive gene expression confers multiple stress tolerance. Plant biotechnology journal，2004，2：459-466.

[56] Korn M，Peterek S，Mock H P，et al.Heterosis in the freezing tolerance，and sugar and flavonoid contents of crosses between Arabidopsis thaliana accessions of widely varying freezing tolerance.Plant，Cell & Environment，2008，31：813-827.

[57] Kosová K，Vítámvás P，Prášil I T.Expression of dehydrins in wheat and barley under different temperatures.Plant science，2011，180：46-52.

[58] Kumar V，Yadav S K.Proline and betaine provide protection to antioxidant and methylglyoxal detoxification systems during cold stress in Camellia sinensis （L.） O.Kuntze.Acta Physiol Plant，2009，31：261-269.

[59] Lang V，Mantyla E，Welin B，et al.Alterations in water status，endogenous abscisic acid content，and expression of rab18 gene during the development of freezing tolerance in Arabidopsis thaliana.Plant physiology，1994，104：1341-1349.

[60] Lantzouni O，Alkofer，A，Falter-Braun P，Schwechheimer C.GROWTH-REGULATING FACTORS interact with DELLAs and regulate growth in cold stress.The Plant cell，2020，32：1018-1034.

[61] Lee B，Lee H，Xiong L，Zhu J.A mitochondrial complex I defect impairs cold-regulated nuclear gene expression. The Plant cell，2002，14：1235-1251.

[62] Lee，B.h.，Henderson，D.A.，and Zhu，J.K. The Arabidopsis cold-responsive transcriptome and its regulation by ICE1. The Plant cell，2005，17：3155-3175.

[63] Lee S J，Kang J Y，Park H J，et al.DREB2C interacts with ABF2，a bZIP protein regulating abscisic acid-responsive gene expression，and its overexpression affects abscisic acid sensitivity. Plant physiology，2010，153：716-727.

[64] Legris M，Klose C，Burgie E S，et al.Phytochrome B integrates light and temperature signals in Arabidopsis. Science，2016，354：897-900.

[65] Li H，Huang W，Liu Z W，et al.Transcriptome-Based Analysis of Dof Family Transcription Factors and Their Responses to Abiotic Stress in Tea Plant（Camellia sinensis）.Int J Genomics，2016，5614142.

[66] Li H，Ye K，Shi Y，et al.BZR1 positively regulates freezing tolerance via CBF-dependent and CBF-independent pathways in Arabidopsis.Molecular plant，2017a，10：545-559.

[67] Li H，Ding Y，Shi Y，et al.MPK3- and MPK6-mediated ICE1 phosphorylation negatively regulates ICE1 stability and freezing tolerance in Arabidopsis.Developmental Cell，2017a，43：630-642+e634.

[68] Li H，Liu H，Wang Y，et al.Cytosolic ascorbate peroxidase 1 modulates ascorbic acid metabolism through cooperating with nitrogen regulatory protein P-Ⅱ in tea plant under nitrogen deficiency stress. Genomics，2020a，112：3497-3503.

[69] Li N，Qian W，Wang L，et al.Isolation and expression features of hexose kinase genes under various abiotic

stresses in the tea plant（Camellia sinensis）.Journal of plant physiology，2017c，209：95-104.

[70] Li N，Yue C，Cao H，et al.Transcriptome sequencing dissection of the mechanisms underlying differential cold sensitivity in young and mature leaves of the tea plant（Camellia sinensis）.Journal of plant physiology，2018，224-225：144-155.

[71] Li X，Feng Z，Yang H，et al.A novel cold-regulated gene from Camellia sinensis，CsCOR1，enhances salt- and dehydration-tolerance in tobacco.Biochemical and biophysical research communications，2010，394：354-359.

[72] Li Y，Mi X，Zhao S，et al.Comprehensive profiling of alternative splicing landscape during cold acclimation in tea plant.BMC Genomics，2020b，21：65.

[73] Liao Y，Zou H F，Wei W，et al.Soybean GmbZIP44，GmbZIP62 and GmbZIP78 genes function as negative regulator of ABA signaling and confer salt and freezing tolerance in transgenic Arabidopsis.Planta，2008，228：225-240.

[74] Liu C，Wu Y，Wang X.bZIP transcription factor OsbZIP52/RISBZ5：a potential negative regulator of cold and drought stress response in rice.Planta，2012，235：1157-1169.

[75] Liu C，Ou S，Mao B，et al.Early selection of bZIP73 facilitated adaptation of japonica rice to cold climates.Nature Communications，2018a，9：3302.

[76] Liu J，Shi Y，Yang S.Insights into the regulation of C-repeat binding factors in plant cold signaling.Journal of integrative plant biology，2018b，60：780-795.

[77] Liu Z，Jia Y，Ding Y，et al.Plasma membrane CRPK1-mediated phosphorylation of 14-3-3 proteins induces their nuclear import to fine-tune CBF signaling during cold response.Molecular Cell，2017，66：117-128.

[78] Liu Z W，Wu Z J，Li X H，et al.Identification，classification，and expression profiles of heat shock transcription factors in tea plant（Camellia sinensis）under temperature stress.Gene，2016，576：52-59.

[79] Llorente F，Oliveros J C，Martínez-Zapater J M，et al.A freezing-sensitive mutant of Arabidopsis，frs1，is a new aba3 allele.Planta，2000，211：648-655.

[80] Lu C A，Huang C K，Huang，W S，et al.DEAD-box RNA helicase 42 plays a critical role in pre-mRNA splicing under cold stress.Plant physiology，2020，182：255-271.

[81] Luan S.The CBL–CIPK network in plant calcium signaling.Trends in Plant Science，2009，14：37-42.

[82] Ma Q，Zhou Q，Chen C，et al.Isolation and expression analysis of CsCML genes in response to abiotic stresses in the tea plant（Camellia sinensis）.Scientific reports，2019，9：8211.

[83] Ma Y，Dai X，Xu Y，et al.COLD1 confers chilling tolerance in rice.Cell，2015，160，1209-1221.

[84] Mori K，Renhu N，Naito M，et al.Ca^{2+}-permeable mechanosensitive channels MCA1 and MCA2 mediate cold-induced cytosolic Ca^{2+} increase and cold tolerance in Arabidopsis.Sci Rep，2018，8：550.

[85] Nagele T，Stutz S，Hormiller I I，et al.Identification of a metabolic bottleneck for cold acclimation in Arabidopsis thaliana.Plant Journal，2012，72：102-114.

[86] Nakashima K，Yamaguchi-Shinozaki K.ABA signaling in stress-response and seed development.Plant cell reports，2013，32：959-970.

[87] Pan C，Tian K，Ban Q，et al.Genome-Wide Analysis of the Biosynthesis and Deactivation of Gibberellin-Dioxygenases Gene Family in Camellia sinensis（L.）O.Kuntze，Genes（Basel），2017，8.

[88] Peng J，Li N，Di T，et al.The interaction of CsWRKY4 and CsOCP3 with CsICE1 regulates CsCBF1/3 and mediates stress response in tea plant（Camellia sinensis）.Environmental and Experimental Botany，2022，199：104892.

[89] Puhakainen T，Hess M W，Mäkelä，P，et al.Overexpression of multiple dehydrin genes enhances tolerance to freezing stress in Arabidopsis.Plant molecular biology，2004，54：743-753.

[90] Qian W，Yue C，Wang Y，et al.Identification of the invertase gene family（INVs）in tea plant and their expression analysis under abiotic stress.Plant cell reports，2016，35：2269-2283.

[91] Qian W，Xiao B，Wang L，et al.CsINV5，a tea vacuolar invertase gene enhances cold tolerance in transgenic Arabidopsis.BMC Plant Biol，2018，18：228.

[92] Reddy A S，Ali G S，Celesnik H，et al.Coping with stresses：roles of calcium- and calcium/calmodulin-regulated

gene expression.The Plant cell，2011，23：2010-2032.

[93] Rekarte-Cowie I，Ebshish O S，Mohamed K S，et al.Sucrose helps regulate cold acclimation of Arabidopsis thaliana.Journal of experimental botany，2008，59：4205-4217.

[94] Rolland F，Baena-Gonzalez E，Sheen J.Sugar sensing and signaling in plants：conserved and novel mechanisms. Annual review of plant biology，2006，57：675-709.

[95] Russell R，Jarmoskaite I，Lambowitz A M.Toward a molecular understanding of RNA remodeling by DEAD-box proteins.RNA biology，2013，10：44-55.

[96] Schulz E，Tohge T，Zuther E，et al.Natural variation in flavonol and anthocyanin metabolism during cold acclimation in Arabidopsis thaliana accessions.Plant，Cell & Environment，2015，38：1658-1672.

[97] Shi Y，Ding Y，Yang S.Molecular regulation of CBF signaling in cold acclimation.Trends in Plant Science，2018，23：623-637.

[98] Shi Y，Tian S，Hou L，et al.Ethylene signaling negatively regulates freezing tolerance by repressing expression of CBF and type-A ARR genes in Arabidopsis.The Plant cell，2012，24：2578-2595.

[99] Shi Y，Cai Z，Li D，et al.Effect of freezing on photosystem Ⅱ and assessment of freezing tolerance of tea cultivar. Plants，2019，8：434.

[100] Teige M，Scheikl E，Eulgem T，et al.The MKK2 pathway mediates cold and salt stress signaling in Arabidopsis. Molecular Cell，2004，15：141-152.

[101] Thalhammer A，Bryant G，Sulpice R.et al.Disordered cold regulated15 proteins protect chloroplast membranes during freezing through binding and folding，but do not stabilize chloroplast enzymes in vivo.Plant physiology，2014，166：190-201.

[102] Thomashow M F.Molecular genetics of cold acclimation in higher plants. In Advances in Genetics，J.G. Scandalios. Academic Press，1990，99-131.

[103] Thomashow M F.Plant cold acclimation：freezing tolerance genes and regulatory mechanisms.Annual Review of Plant Physiology and Plant Molecular Biology，1999，50：571-599.

[104] Tian Y，Wang H，Sun P，et al.Response of leaf color and the expression of photoreceptor genes of Camellia sinensis cv. Huangjinya to different light quality conditions.Scientia Horticulturae，2019，251：225-232.

[105] Vannini C，Locatelli F，Bracale M，et al.Overexpression of the rice Osmyb4 gene increases chilling and freezing tolerance of Arabidopsis thaliana plants.Plant Journal，2004，37：115-127.

[106] Venkatachalam，Kartik，Montell，et al.TRP Channels. Annual Review of Biochemistry.2007.

[107] Verma V，Ravindran P，Kumar P P.Plant hormone-mediated regulation of stress responses.BMC plant biology，2016，16：86.

[108] Wang J，Ren Y，Liu X.et al.Transcriptional activation and phosphorylation of OsCNGC9 confer enhanced chilling tolerance in rice.Molecular plant，2020a.

[109] Wang L，Li X，Zhao Q，et al.Identification of genes induced in response to low-temperature treatment in tea leaves.Plant Mol Biol Rep，2009，27：257-265.

[110] Wang L，Cao H，Qian W，et al.Identification of a novel bZIP transcription factor in Camellia sinensis as a negative regulator of freezing tolerance in transgenic arabidopsis.Annals of botany，2017，119：1195-1209.

[111] Wang L，Yao L，Hao X，et al.Tea plant SWEET transporters：expression profiling，sugar transport，and the involvement of CsSWEET16 in modifying cold tolerance in Arabidopsis.Plant molecular biology，2018a，96：577-592.

[112] Wang L，Feng X，Yao L，et al.Characterization of CBL–CIPK signaling complexes and their involvement in cold response in tea plant.Plant Physiology and Biochemistry，2020b，154，195-203.

[113] Wang L，Yao L，Hao X，et al.Transcriptional and physiological analyses reveal the association of ROS metabolism with cold tolerance in tea plant.Environmental and Experimental Botany，2019，160：45-58.

[114] Wang P，Chen D，Zheng Y，et al.Identification and Expression Analyses of SBP-Box Genes Reveal Their Involvement in Abiotic Stress and Hormone Response in Tea Plant（Camellia sinensis）.International journal of molecular sciences，2018b，19.

[115] Wang X，Zhao Q，Ma C，et al.Global transcriptome profiles of Camellia sinensis during cold acclimation.BMC genomics，2013，14：415.

[116] Wang Y，Jiang C J，Li Y Y，et al.CsICE1 and CsCBF1：two transcription factors involved in cold responses in Camellia sinensis.Plant cell reports，2012，31：27-34.

[117] Wang Y X，Liu Z W，Wu Z J，et al.Transcriptome-Wide Identification and Expression Analysis of the NAC Gene Family in Tea Plant[Camellia sinensis （L.）O.Kuntze] .PLoS One 2016，11：e0166727.

[118] Wang Y X，Liu，Z W，Wu Z J，et al.Genome-wide identification and expression analysis of GRAS family transcription factors in tea plant （Camellia sinensis）.Scientific reports，2018c，8：3949.

[119] Xiong L，Ishitani M，Lee H，et al.The Arabidopsis LOS5/ABA3 locus encodes a molybdenum cofactor sulfurase and modulates cold stress–and osmotic stress–responsive gene expression.The Plant cell，2001，13：2063-2083.

[120] Yang T，Shad Ali G，Yang L，et al.Calcium/calmodulin-regulated receptor-like kinase CRLK1 interacts with MEKK1 in plants.Plant signaling & behavior，2010，5：991-994.

[121] Yao L，Ding C，Hao X，et al.CsSWEET1a and CsSWEET17 Mediate Growth and Freezing Tolerance by Promoting Sugar Transport across the Plasma Membrane.Plant Cell Physiol，2020a，61：1669-1682.

[122] Yao L，Ha X，Cao H，et al.ABA-dependent bZIP transcription factor，CsbZIP18，from Camellia sinensis negatively regulates freezing tolerance in Arabidopsis.Plant cell reports，2020b，39：553-565.

[123] Yu C，Song L，Song J，et al.ShCIGT，a Trihelix family gene，mediates cold and drought tolerance by interacting with SnRK1 in tomato. Plant science，2018，270：140-149.

[124] Yue C，Cao H L，Wang L，et al.Effects of cold acclimation on sugar metabolism and sugar-related gene expression in tea plant during the winter season.Plant molecular biology，2015，88：591-608.

[125] Zarka D G，Vogel J T，Cook D，et al.Cold induction of Arabidopsis CBF genes involves multiple ICE （inducer of CBF expression） promoter elements and a cold-regulatory circuit that is desensitized by low temperature.Plant physiology，2003，133：910-918.

[126] Zhang D，Guo X，Xu Y，et al.OsCIPK7 point-mutation leads to conformation and kinase-activity change for sensing cold response.Journal of integrative plant biology，2019，61：1194-1200.

[127] Zhang J，Luo W，Zhao Y，et al.Comparative metabolomic analysis reveals a reactive oxygen species-dominated dynamic model underlying chilling environment adaptation and tolerance in rice.New Phytologist，2016，211：1295-1310.

[128] Zhang X，Xu W，Ni D，et al.Genome-wide characterization of tea plant （Camellia sinensis）Hsf transcription factor family and role of CsHsfA2 in heat tolerance.BMC Plant Biol，2020，20：244.

[129] Zhang Y，Zhu X，Chen X，et al.Identification and characterization of cold-responsive microRNAs in tea plant （Camellia sinensis） and their targets using high-throughput sequencing and degradome analysis.BMC plant biology，2014，14：271.

[130] Zhang Y H，Wan S Q，Wang W D，et al.Genome-wide identification and characterization of the CsSnRK2 family in Camellia sinensis.Plant Physiol Biochem，2018，132：287-296.

[131] Zhao C，Zhang Z，Xie S，et al.Mutational evidence for the critical role of CBF genes in cold acclimation in Arabidopsis.Plant physiology，2016，171：2744-2759.

[132] Zhao H，Mallano A I，Li F，et al.Characterization of CsWRKY29 and CsWRKY37 transcription factors and their functional roles in cold tolerance of tea plant.Beverage Plant Research，2022，2：1-13.

[133] Zhao M，Zhang N，Gao T，et al.Sesquiterpene glucosylation mediated by glucosyltransferase UGT91Q2 is involved in the modulation of cold stress tolerance in tea plants.New Phytologist，2020a，226：362-372.

[134] Zhao M，Wang L，Wang J，et al.Induction of priming by cold stress via inducible volatile cues in neighboring tea plants.Journal of integrative plant biology，2020b，62：1461-1468.

[135] Zheng C，Wang Y，Ding Z，et al.Global Transcriptional Analysis Reveals the Complex Relationship between Tea Quality，Leaf Senescence and the Responses to Cold-Drought Combined Stress in Camellia sinensis.Frontiers in plant science，2016，7：1858.

[136] Zheng C，Zhao L，Wang Y，et al.Integrated RNA-Seq and sRNA-Seq Analysis Identifies Chilling and Freezing

Responsive Key Molecular Players and Pathways in Tea Plant（Camellia sinensis）.PLoS One，2015，10：e0125031.

[137] Zhou C，Zhu C，Fu H，et al.Genome-wide investigation of superoxide dismutase （SOD）gene family and their regulatory miRNAs reveal the involvement in abiotic stress and hormone response in tea plant （Camellia sinensis）.PLoS One，2019，14：e0223609.

[138] Zhu J，Dong C H，Zhu J K.Interplay between cold-responsive gene regulation，metabolism and RNA processing during plant cold acclimation.Curr Opin Plant Biol，2007，10：290-295.

[139] Zhu J，Shi H，Lee B H，et al.An Arabidopsis homeodomain transcription factor gene，HOS9，mediates cold tolerance through a CBF-independent pathway.Proceedings of the National Academy of Sciences of the United States of America，2004，101：9873-9878.

[140] Zhu J K.Abiotic stress signaling and responses in plants.Cell，2016，167：313-324.

[141] Zhu X，Li Q，Hu J，et al.Molecular cloning and characterization of spermine synthesis gene associated with cold tolerance in tea plant （Camellia sinensis）.Applied biochemistry and biotechnology，2015，177：1055-1068.

[142] Zhu X，Liao J，Xia X，et al.Physiological and iTRAQ-based proteomic analyses reveal the function of exogenous γ-aminobutyric acid （GABA）in improving tea plant（Camellia sinensis L.）tolerance at cold temperature.BMC Plant Biology，2019，19：43.

第 3 章

茶树越冬芽休眠机理研究

▲ ▲ ▲ ▲ ▲ ▲ ▲

低温是限制茶树地理分布的最主要环境因子，大部分茶树种植区冬季都会经历一定时期的低温过程。在这些地区，茶树年生长周期中会有"活跃生长"和"冬季休眠"两个明显不同的生长发育过程。冬季休眠阶段茶树生长停止，形成休眠芽，抗寒性增强，是茶树应对长期低温逆境的重要生存策略。茶树冬季休眠的形成和解除主要由温度和光周期触发，秋季光周期变短、温度降低，顶芽生长停止并形成驻芽，随后越冬芽（包括顶芽和腋芽）逐渐进入生理休眠状态（Endodormancy），休眠形成。越冬芽在经历一段时间的冬季低温后休眠被打破，进入生态休眠阶段（Ecodormancy），待春季温度升高，越冬芽开始萌发，进入新的年生长周期。茶树越冬芽休眠的形成和解除伴随着冬季冷驯化和脱驯化过程、芽的分化和发育过程以及茶树感知和响应外界环境变化的过程，有着复杂的调控网络。从生理生化变化到分子机制解析，茶树越冬芽休眠和萌发机理一直是茶学科的重要研究领域。随着其他植物休眠机理研究的不断深入和越来越多现代生物技术在茶树研究中的应用，茶树越冬芽休眠机理研究也取得了很好的进展。

3.1　茶树越冬芽休眠与解除的生理学基础

茶树越冬芽休眠与解除是一个受外界环境因素和内部生理作用等共同调控的综合而复杂的生命现象，其形成和解除受到光照、温度、水分等外界环境因素的影响和调控，在这个过程中，植物体内的激素、糖类、多胺等的合成代谢，Ca^{2+} 等信号分子以及氧化还原途径和能量代谢途径等多种生理过程发生一系列的变化与之相适应。它们构成一个复杂的调控网络，共同调控着茶树越冬芽的休眠与解除。

3.1.1　影响茶树越冬芽休眠与解除的环境因子

3.1.1.1　光照

树木生长的光周期控制依赖于生物钟。大量的研究结果显示，光受体及生物钟在光调控的植物芽休眠与解除过程中发挥着重要功能。光周期信息是由叶片中的光感受器感知的，因此叶片是接收光最重要且最主要的部位。植物通过光敏色素 PHY 来感应光周期的变化。PHYs、红光和远红光光感受器，均在细胞质中合成，并在红光下作为活性 Pfr 形式转移到细胞核。然后，光激活 PHY 触发信号事件，改变靶基因的表达，进而调节植物的生理和发育过程（Shim 等，2014；COOKE 等，2012b）。其中光敏色素 A（*PHYA*）编码红光/远红光受体，该基因的过表达和下调分别导致植株不进入休眠和快速生长停滞反应。在杂交杨树（*Populus tremula*×*Populus tremuloides*）中发现，光敏色素 A 的表达水平强烈影响着杨树的季节性生长调节，并通过其影响生物钟和光信号，进而在体内生物钟调节的节律和外部光/暗周期协调中起核心作用（Kozarewa 等，2010）。下调杂交杨中生物钟基因 LATE ELONGATED HYPOCOTYL1（*PttLHY1*）、*PttLHY2* 和 CAB EXPRESSION 1 TIMING（*PttTOC1*）等，导致生长停止所需的临界昼长缩短，并对冬季耐寒性和萌发产生额外影响（Ibáñez 等，2010）。另外，生物钟基因核心调控模块 CONSTANS（CO）/FLOWERING LOCUS T（FT）通过调控植物光感受器与生物钟的作用来参与植物休眠调控。植物年周期生长见图 3.1

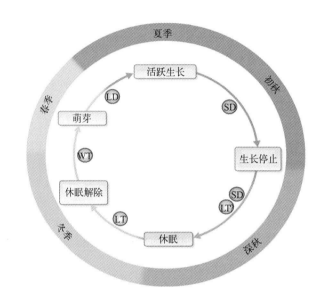

图 3.1　植物年周期生长（Singh 等，2017b）

对于大多数植物而言，光照时间的长短是诱导芽休眠的一种重要环境因子。光照诱导芽休眠的形成与解除与植物的种类和生长的阶段密切相关。此类植物对光照时间长短比较敏感，一定时间的短日照即可诱导芽进入休眠期，而一定时间的长日照则又可以解除休眠。典型的，如杨树在 21～25℃条件下，单一的短日照能够诱导其进入休眠。对桑树的研究发现，日照是诱导芽进入休眠的主要因子，在维持光照时间不变的条件下，即使温度降低，植株也不进入休眠（王新超等，2011a）。在月季枝条上，将一段进行避光处理、一段进行光照处理，结果显示，避光处理显著抑制其叶芽的萌发（Djennane 等，2014）。

秋冬季日照时长与夏季比明显缩短，茶树通过叶片等感知日照时长变化，从而作为诱导茶芽休眠的重要因子之一。在自然界中，冬季严寒到来之前的信号是日照缩短，这一信号比低温更为准确可靠。通常当冬季的白天至少有 6 周短于 11 小时 15 分钟这个临界值时，茶树就会度过一个完全的休眠期。从对杭州地区的观察来看，这个临界值正处于霜降时节（10 月下旬），白天日照时数为 11 小时 13 分钟。在赤道，整年的日照时长都在 12 小时以上，因此热带和近热带地区的茶树出现终年不休眠现象。我国茶区纬度跨度较大，江北茶区的胶东半岛，茶树休眠时长可达 6 个半月，江南茶区的杭州则有近 5 个月的休眠期，而华南茶区的海南省，茶树终年无休眠期。而在早春通过外源光照，可以有效促进茶芽早萌发。

除日照时长外，光质和光强也是影响某些植物芽休眠形成与解除的重要因子，其中光敏色素和 / 或蓝光受体在这种类型的植物中发挥了独特的作用。Linkosalo 和 Lechowicz（2006）通过研究一天内不同时段红光：远红光（R∶FR）值变化对桦树发芽的影响。结果表明，降低黄昏时 R∶FR 值能够促进芽萌发。缩短夜长或增加昼长，或两者同时出现，与春季芽发育具有潜在相关性，而黄昏时段光质对光周期反应有影响。对修剪后的茶树进行不同颜色光照处理，发现不同颜色遮阴网下的茶芽萌发率存在较大差异，表明茶芽的萌发与光质光强等密切相关。进一步研究发现，月季枝条中侧芽的萌发受光照的调控，且这种调节与光照条件下可溶性糖在芽和茎中的转运有关（Girault 等，2010）。然而，茶树作为多年生木本植物，在光对茶叶品质形成影响方面已开展了大量研究，而光对茶芽休眠与解除的调控机制研究几乎处于空白，未来可以借鉴其他植物中的研究对茶树休眠开展深入系统的研究。

3.1.1.2　温度

温度是与休眠有重要关系的另一个环境因子。夏季高温、冬季低温均能诱导茶芽休眠，但它们对休眠形成的影响程度不同，进而导致的休眠类型也存在明显不同。根据 Lang 等的标准，芽休眠可以分为 3 种，即生态休眠、类休眠和生理休眠。夏季高温等诱导形成的芽休眠多属于类休眠，而冬季低温诱导形成的芽休眠多属于生理休眠。温度变化对芽休眠的形成机制研究已获得较大进展。气候变化对物候学影响的研究结果表明，植物的生长停止和芽的形成受到温度的强烈影响，且具有生态型依赖性（Cooke 等，2012a）。大量研究表明，蔷薇科的植物如苹果和梨树等对短日照并不敏感，而低温则是诱导休眠的主要因子（Heide 和 Prestrud 2005；Heide，2011）。在寒冷地区的某些木本植物也可被低温单独诱导进入休眠。如研究发现桦树的休眠形成与解除受温度强烈影响。而一些类型的植物如桃树、葡萄等也必须经过一定限度的低温后才能通过休眠。Ghelardini 等（2010）等发现，长日照对榆树休眠的解除没有效果，温度才是主要的。Heide（2011，2008）研究表明，花楸属植物的生长停止和休眠受温度而非光周期控制。

研究显示，低温诱导下，CBF 转录因子能够与 DAM 基因的启动子元件结合，激活 DAM 基因表达，诱导芽休眠的形成（Saito 等，2015；Niu 等，2016；Zhao 等，2018）。进一步研究发现，DAM 基因能够直接抑制 FT 基因的表达和激活 NCED3 的转录（Niu 等，2016；Hao 等，2015；Tuan 等，2017），表明低温诱导芽休眠主要是通过调节芽的生长抑制和 ABA 的积累。研究发现，冬季低温和 4℃ 的短时处理能够扰乱板栗中生物钟振荡器元件基因 CsTOC1 和 CsLHY 的表达（Ramos 等，2005），低温处理还能够改变杏树中生物钟调控元件 GIGANTEA（GI）的表达模式（Barros 等，2017）。因此，低温诱导芽休眠形成的主要机制之一是低温信号通过生物钟元件与光周期信号结合，进而调控植物的季节性生长停滞。如李属植物，其休眠形成和解除需要温度和光照的共同作用。同时也有大量研究显示，低温条件下植物的碳水化合物代谢和激素信号传导发生改变，诱导了植物的生长停滞。

茶树越冬芽休眠的形成与冬季低温冷驯化密切相关。在自然条件下，越冬芽不得不应对由低温和冰冻导致的不同形式的生理和细胞损伤。植物可以通过在冷驯化过程中的基因表达修饰，来增强其对低温的抵御能力（Lloret 等，2018）。温度对季节性生长停止和冷驯化的影响均可以通过调控相同的冷响应通路完成。在苹果中异源表达桃树中的 *CBF* 基因能够诱导短日照依赖的芽休眠、提高抗冻性、延迟芽休眠解除，而该转基因苹果的芽休眠期延长主要是由于芽中内源 *DAM-like* 基因和 *EBB-like* 基因的表达发生改变引起的（Wisniewski 等，2015；Wisniewski 等，2011；Artlip 等，2014）。同时，冷驯化或低温诱导过程中还涉及多种生理生化变化，如细胞膜脂质组成的改变、糖代谢的改变，以及抗氧化化合物的形成等，而这些生理变化在很大程度上也与越冬芽休眠的形成息息相关。越冬休眠期间，茶树往往具有较强的抗寒抗冻能力。随着春季外界温度的升高，越冬芽休眠被破除。潘铖通过对休眠不同阶段的茶树样品分别进行 25℃ 和 15℃ 打破休眠实验，发现温度处理可以显著缩短茶树越冬休眠芽打破休眠所需的时间，提出温度是影响休眠解除进程的关键外部因子（潘铖，2018）。结合茶树生长地域的气候环境因子来看，冬天温度越高的地区，越冬芽往往发芽愈早。在生产中也发现，暖冬伴随着茶芽的早萌发。因此，茶芽的越冬休眠与解除是茶树在长期进化过程中所形成的一种避逆特性，避免或降低冬季低温冻害的胁迫。

3.1.1.3　水分

植物芽休眠与解除受外界环境的干湿度和内部含水量的影响。休眠程度也与芽内水分状态与扩散能力相关。研究发现，处于休眠期的苹果芽内自由水含量低，低温解除休眠的过程伴随着束缚水向自由水的转变。对桃树芽和葡萄芽的研究结果证明在休眠过程中束缚水含量增加，而随着休眠的解除，细胞内和细胞间的水的流动性增加（Erez 等，1998）。

水的流动性与休眠状态密切相关。水通道蛋白 AQP 是生物体内水分跨膜运输的主要通道。Yue 等（2014）对 20 个茶树中的水通道蛋白基因 *CsAQPs* 在茶树越冬休眠与解除不同阶段的表达水平进行了检测分析。结果发现，有的 *CsAQPs* 基因如 *CsPIP2；3*、*CsPIP2；6*、*CsTIP1；4* 等在深休眠期间维持较低的表达量，而在萌发阶段具有较高的表达水平，而像 *CsTIP1；3* 等基因在休眠阶段具有较高的表达量，在萌发阶段保持较低的表达水平。在桃树等植物中的研究证实，*AQP* 基因在芽休眠不同阶段的表达模式与芽中水分分布状态密切相关，表明由 AQP 介导的水分转运在芽休眠与解除中发挥了重要作用（Yooyongwech 等，2008；Erez 等，1998）。因此，茶树中 *CsAQPs* 基因介导的水分运输在越冬芽休眠与解除过程中也发挥了重要的功能。

3.1.2　茶树越冬芽休眠与解除过程中的主要生理生化变化

3.1.2.1　植物激素

在植物的生长发育中，植物激素发挥了至关重要的作用。目前已确定的植物激素有生长素（IAA）、赤霉素（GA）、细胞分裂素（CK）、脱落酸（ABA）、乙烯（ET）、水杨酸（SA）、茉莉酸（JA）、油菜素内酯（BR）和独角金内酯等九大类，它们几乎参与了植物生长发育的各方面调控。芽休眠作为植物生长发育的重要组成部分，ABA、GA 和 IAA 等植物激素在植物芽休眠中具有重要的调控作用。大量研究表明，在植物进入休眠阶段，一般表现为脱落酸（ABA）含量上升，细胞分裂素、赤霉素和生长素含量下降，而在休眠解除阶段，则表现出相反的趋势。在茶树中的研究结果显示，在休眠芽中，游离态 ABA 含量很高，而游离态的生长素含量很低，在休眠解除后，游离态 ABA 含量降低，游离态的生长素含量则在休眠解除后达到最高峰；而结合态的 ABA 和生长素则相反（Nagar 和 Kumar，2000；Nagar 和 Sood，2006）。研究显示，葡萄芽中的 ABA 含量在休眠开始时最多可增加 3 倍，然后在休眠解除时逐渐减少（Zheng 等，2015）。在桃树、梨树、樱桃等植物中的研究也显示出相似的变化趋势（Liu 和 Sherif，2019）。ABA 在芽休眠中的含量变化往往与植物响应外界环境，如低温、光周期等密切相关。通过人为调控内部 ABA 含量能够调节休眠芽萌发。在月季休眠芽上施用 ABA 合成抑制剂氟啶酮可促进新叶原基的生长（Le Bris 等，1999），利用破眠剂氰胺处理葡萄休眠芽后发现 ABA 代谢加快、含量降低，提早发芽（Ophir 等，2009；Zheng 等，2015）。同时，大量的研究结果显示，通过在芽上喷施外源 ABA 能够促进芽休眠形成或者延迟芽休眠解除，喷施 GA 能够促进休眠解除（Zhuang 等，2015）。图 3.2 为多年生木本植物芽休眠形成及解除过程中激素相互作用的示意图模型。

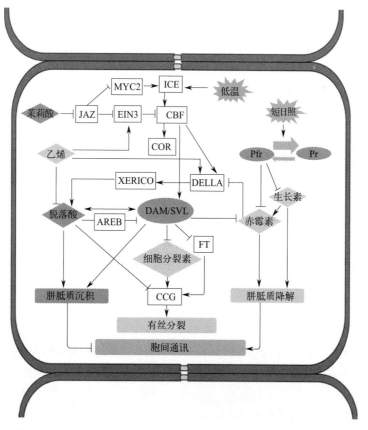

图 3.2　多年生木本植物芽休眠形成及解除过程中激素相互作用的示意图模型（Liu 等 2019）

近年来从分子层面分析了植物激素 ABA、GA 和生长素等合成代谢及信号转导中相关基因在休眠进程中的表达模式，明确了植物激素在茶树越冬芽休眠与解除中起了重要作用（Yue 等，2018；王新超等，2011b；王新超等，2012；王新超，2011；王雷刚，2018；王博等，2016；王博，2016；田坤红，2018；潘铖，2018；郝心愿等，2013；曹红利等，2015）。最近的研究发现，对'乌牛早'和'石佛翠'分别进行连续喷洒 GA 处理，能够提前打破越冬芽休眠，连续喷洒 ABA 则可部分抑制茶树休眠打破进程（潘铖，2018）。在实际生产中，也有部分地区通过采用喷施 GA 的方法来促进越冬芽提早萌发的实践。茶树作为重要的多年生木本常植物，其越冬休眠与解除的激素调控生理与落叶植物存在较大差异。王新超、郝心愿等研究发现茶树越冬休眠及解休眠中生长素相关的基因差异表达显著变化，意味着 IAA 在茶树休眠与解休眠过程中发挥着重要的调控作用（王新超，2011；Hao 等，2017），这也成为当前茶树休眠研究的热点之一。因此，与其他落叶木本植物相比，茶树越冬芽休眠与解除的机制有其特殊性，这也是未来值得深入研究的领域。

3.1.2.2　碳水化合物类

糖作为一类能源物质和生物大分子，既能为生命活动提供能量，又能维持植物体细胞质的稳定，也可能作为一种信号物质参与生物体的发育活动。在猕猴桃中的研究发现，在冬季休眠形成阶段，芽基部形成层分生组织中蔗糖累积到高峰，且在整个冬季维持在高水平，而在春季来临芽休眠解除前，蔗糖含量开始降低，而己糖（如葡萄糖和果糖）含量上升，蔗糖含量与这个过程呈显著负相关关系，可以认为芽形成层中的蔗糖含量可以作为芽的不同状态的标志物 [（Richardson 等，2010；Judd 等，2010）。Ben Mohamed 等（2010）等研究认为，葡萄因为需冷量不够而导致的芽萌发受限是因为体内己糖不足。在芽休眠过程中，糖可能与 ABA 协同作用，作为 GA 合成和反应的抑制物参与芽休眠的调控（Perata 等，1997）。在常绿植物月季中的研究显示，可溶性糖参与光周期调控下的芽休眠与解除过程，同时还作为植物激素信号的上游调控物质，参与 ABA、GA 等植物激素调节芽休眠与解除的进程中（Girault 等，2010；Barbier 等，2015；Rabot 等，2012）。Wahl 等（2013）研究发现海藻糖调控植物的开花。在菜豌豆中的研究显示，海藻糖 -6- 磷酸（Tre6P）参与蔗糖调控的芽休眠解除（Fichtner 等，2017）。Takahashi 等（2014）研究发现，龙胆越冬休眠芽的休眠的解除与体内龙胆二糖的含量密切相关，在休眠解除时龙胆二糖大量积累，外源施用龙胆二糖能够促进龙胆休眠芽提早萌发。蔗糖、葡萄糖、海藻糖等可溶性糖还与植物的抗寒等抗逆性密切相关，通过 SnRK1 的作用，激活下游多种调控路径。因此，可溶性糖在茶树越冬芽休眠与解除中的功能值得深入探究。芽从生长到休眠过渡期间的调控模型见图 3.3。

植物体休眠是含分生组织的结构可见生长的停止，其内部物质的新陈代谢并未停止，而是贯穿休眠始终。淀粉和糖是生命活动的能量来源，淀粉转化为可溶性糖，蔗糖等可溶性糖再分解成单糖，既提高了细胞液浓度和细胞渗透压，为信号转导创造了有利条件，又为新陈代谢提供了物质基础和能量。葡萄中的研究发现，低温、缺氧和氰胺等诱导芽解休眠的过程中能够上调 α 淀粉酶基因 *AMY* 的表达，预示着由 AMY 介导的淀粉水解在芽休眠与解除中具有一定的作用。Fadón 等（2018）研究发现，甜樱桃花芽中淀粉的积累与低温积累具有相同的规律，且在低温完成时达到最大值，在芽萌发前淀粉消失。茶树越冬芽休眠与解除过程中，尽管没有直接研究碳水化合物在此过程中的变化，但从相关冷驯化研究中可以推测可溶性糖、淀粉等碳水化合物在茶树越冬休眠与解除中具有重要的功能。

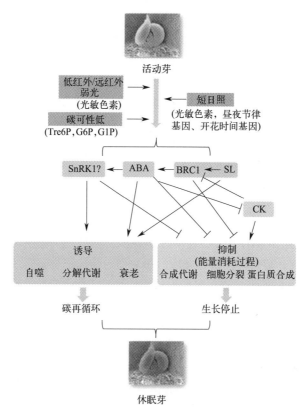

图 3.3　芽从生长到休眠过渡期间的调控模型（Martín-Fontecha 等，2018）

3.1.2.3　多胺类

多胺是具有生物活性的低分子量脂肪族含氮碱，被认为是类似"第二信使"的活性物质，主要包括腐胺、亚精胺和精胺，常以游离态和结合态形式存在，多分布于分生组织，参与植物细胞分裂、芽萌发等生理活动，在芽休眠与解除期间表现出重要的作用。如在椴树上发现，在芽休眠形成时，芽的结合态多胺（腐胺和亚精胺）含量上升，在冬季达到高峰，而在休眠解除阶段，游离态多胺特别是亚精胺的含量上升，结合态多胺下降。在榛树、葡萄上发现，在芽休眠阶段，芽内精胺和亚精胺含量较低，而腐胺的含量上升，在休眠解除后趋势相反，精胺和亚精胺的比例高低决定芽的休眠与萌发（Rey等，1994；Santanen 和 Simola，2007）。目前茶树中关于多胺类的研究主要集中在茶树抗逆响应和茶叶加工品质形成等过程中的作用，其在茶树越冬芽休眠与解除中的功能有待挖掘。

3.1.2.4　Ca²⁺信号

Ca^{2+} 是植物细胞的第二信使，植物对许多外界环境和激素等刺激作出的反应是通过细胞质内自由 Ca^{2+} 浓度变化来传递的，Ca^{2+} 在调控芽休眠中也起着重要的作用。Jian 等（2000）发现，在休眠的发展过程中，杨树和桑树芽细胞内 Ca^{2+} 的亚细胞定位随着日照时间的变化而发生变化。在长日照下，Ca^{2+} 主要分布在液泡、细胞间隙和质体上，以及细胞壁和胞间连丝的入口处。经过一段时间的短日照后，芽休眠开始，细胞间隙中 Ca^{2+} 减少，细胞液和细胞核中 Ca^{2+} 提高，随着短日照天数的增加和休眠的发展，大量 Ca^{2+} 向细胞液和细胞核转移。当进入深休眠以后，Ca^{2+} 重新向细胞壁和细胞间隙中转移。在桃树上也发现类似的现象（王海波等，2008）。Ca^{2+} 起着传递短日照信号的作用。Pang 等（2007）通过系统研究发现，Ca^{2+} 通过 Ca^{2+}-ATPase、钙调素（Calmodulin）、钙调素结合蛋白、钙离子依赖的蛋白激酶（CDPK）等对葡萄的芽休眠进行调控。

3.1.2.5　氧化还原系统

在芽休眠与解除过程中，还涉及一些酶活性的变化，主要是抗氧化酶类和 H$^+$-ATP 酶等。对杏树、油桃、葡萄等的研究发现，在它们的芽休眠与解除过程中，过氧化氢酶（CAT）活性在休眠初期下降，深休眠期保持较低水平，休眠后期又升高；而过氧化物酶（POD）活性的变化趋势与 CAT 相反，超氧化物歧化酶（SOD）活性在初休眠期缓慢升高并一直保持较高水平，在休眠后期下降。这些酶的活性变化是与芽内 H$_2$O$_2$ 的含量变化密切相关的（Pérez 和 Burgos，2004）。而对梨树的研究则发现，SOD 活性在休眠期呈下降趋势，休眠结束活性上升；POD 和 CAT 活性在休眠期上升。抗氧化物质抗坏血酸和谷胱甘肽的含量随休眠进行而下降，休眠解除过程中重新升高。抗坏血酸氧化酶和谷胱甘肽还原酶的活性在休眠期间下降，休眠结束迅速上升。O$_2^-$ 产生速率和 H$_2$O$_2$ 的含量在休眠前期上升，在休眠后期下降。抗坏血酸和谷胱甘肽的含量随休眠进行而下降，休眠解除过程中重新升高。不同物种抗氧化酶类的变化规律虽不尽相同，但总体的活性变化是与休眠过程中产生的一些自由基（如 H$_2$O$_2$、O$_2^-$ 等）的浓度变化密切相关的。Vyas 等（2007）的研究结果认为，茶树芽的休眠时间长短与芽内活性氧分子（Reactive oxygen species，ROS）密切相关，ROS 的积累与休眠时间的长短呈极显著正相关，休眠期短的品种体内抗氧化酶类活性高。

在芽休眠研究中，通常将氰胺（HC）和叠氮化钠（NaN$_3$）用作破眠剂，喷施后能够提早解除芽休眠。研究显示，HC 和 NaN$_3$ 的作用与体内氧化还原系统密切相关，它们可通过介导替代氧化酶（AOX23 和 AOX53）、谷胱甘肽还原酶（GR）、葡萄糖 -6- 磷酸脱氢酶（G6PD）的表达来调控还原性氧化谷胱甘肽（GSH/GSSG）的比例，进而参与芽休眠的调控（Pérez 等，2009；Pérez 和 Lira，2005；Halaly 等，2008；Vergara 等，2016；Vergara 等，2012；Liang 等，2019）。对龙胆草等植物中的研究证实，谷胱甘肽循环（AsA-GSH cycle）在植物芽休眠与解除中发挥了重要的作用（Takahashi 等，2014）。因此，氧化还原系统在茶树越冬芽休眠与解除中可能也扮演着相似的作用。

茶树休眠开始时，茎和叶的生长变得极为缓慢，甚至处于停滞状态。茶芽为了保持在不良条件下的休眠状态，通过各种结构和生理变化来限制和保护自身的活动，如在外部形成不透气的鳞片、组织脱水、原生质的联系中断以及停止相关酶的合成等。休眠中，其芽及相邻成熟叶的光合作用、呼吸作用也降到最低。芽从休眠阶段进入萌动阶段后，组织中的水分含量增加，光合作用、呼吸作用等生理过程加快。

茶树越冬芽休眠与解除受内外部多种因素的综合作用，其内部发生了深刻的生理变化。除以上生理过程调控外，在其他植物中的研究中显示能量代谢变化、线粒体呼吸改变、质膜和细胞壁修饰、膜转运蛋白变化等在芽休眠与解除中具有重要的功能。与葡萄、梨、苹果等落叶植物不同，茶树作为一种多年生常绿木本植物，其越冬芽休眠及其解除的诱导因素相对较为复杂，除了正常的芽接受到外界信号外，通过叶片感受外界休眠信号并传递到芽的过程中仍然有大量的未知领域值得开展研究。然而，尽管其调控生理网络复杂，但芽休眠与解除最终都受 *FT*、*DAM* 等休眠相关基因的调控。

3.2　茶树越冬芽休眠与解除的分子机理研究

多年生植物通过感受日照时长和气温等变化等来决定营养芽何时开始进入或解除休眠，而这种状态的改变是受严格的遗传调控的（Cooke 等，2012）。对于相同茶树品种而言，不同种植区的纬度和海拔高度会显著影响其冬季休眠期的长度；在同一环境下不同的茶树品种（或种质资源）冬季休眠期长短也存在很大差异（Wang 等，2014）。例如，种植在四川名山茶树种质资源圃的'峨眉问春'品种的春季发芽期要比'福鼎大白茶'早 20d 左右，比'铁观音'早 30～40d，这一差异则主要是由于不同品种的遗传背景不同造成的。研究茶树越冬芽休眠与解除的分子机理具有重要的科学意义和育种应用价值。

3.2.1　调控芽休眠的主要分子机制

秋冬季来临，茶树的顶芽和腋芽生长会减缓并停滞，田间表现为茶芽在一段时期内没有明显的膨大、变长或展叶。随后依次经历类休眠（Paradormancy）、生理休眠（Endodormancy）和生态休眠（Ecodormancy）三个阶段。一般来说，在秋季短日照和低温诱导下，茶树越冬芽从类休眠进入生理休眠，此时的休眠芽即使给予合适的外界条件，也需要相当长的时间（约 20d）才能恢复生长。处于生理休眠状态的芽在经历一定时期的低温后，生理休眠会逐渐解除，进入生态休眠，此后只要外界环境条件合适则可以开始萌发。因此，生理休眠状态的进入、解除及其维持的时间长度是茶树适应冬季寒冷气候和决定茶树春季发芽期的关键。随着 RNA-Seq 等技术的广泛应用和茶树染色体水平的基因组序列发布，关于茶树越冬芽生理休眠的分子调控机理的研究取得突出进展。结合茶树最新进展和其他多年生木本植物的研究结果，我们绘制了越冬芽休眠与解除的分子调控示意图（图 3.4）。

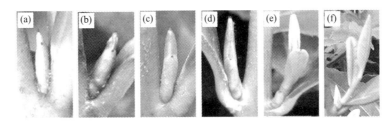

图 3.4 茶树越冬芽物候期图解（Wang 等，2014）
（a）芽休眠起始阶段；（b）深休眠阶段；（c）膨大阶段；（d）萌芽期；（e）鱼叶期；（f）一芽一叶期

当秋冬季来临，日照长度变短，植物中 GA 合成和信号传导被抑制，生长逐渐停止；同时短日照会增加乙烯的积累，促进 ABA 合成酶基因 *NCED* 的表达，芽叶中的 ABA 水平升高，抑制生长。另一方面，秋冬季的低温会迅速提高植物 *CBF*（*C-REPEAT BINDING FACTOR*）和 *DAM*（*DORMANCY-ASSOCIATED MADS-BOXES*）基因的表达水平，而 *DAM* 基因会进一步抑制促进生长的 *FT*（*FLOWERING LOCUS T*）等基因的表达；短日照信号也会通过 PHYA（*PHYTOCHROME*）通路让 *FT* 持续维持在低水平，抑制生长。综上，ABA 积累、*DAM* 基因高表达、GA 和 *FT* 低水平且传导受阻，共同促进越冬芽生理休眠状态的形成。

随着冬季低温时间的延长，前期积累的高水平 *DAM*、ABA 会逐渐降低，解除对生长的抑制作用。当日照时长延长，*PHYA*（*PHYTOCHROMEA*）等感受日照长度变化信号的基因表达量增加，从而提高 *CO*（*CONSTANTS*）、*FT* 等促进萌发或开花的基因表达和信号转导；长日照也会促进 GA 水平的上升。这些因素共同导致了休眠状态解除，一旦温度回升越冬芽则会恢复生长。

此外，生长素、细胞周期调控、DNA 甲基化和组蛋白修饰等代谢途径和信号通路均参与了越冬芽的休眠调控过程。下面就参与休眠调控的关键基因及模块做详细阐述。

3.2.2 *DAM* 基因与休眠调控

DAM 基因在桃树中被首次证明与冬季休眠相关，缺失了 6 个串联的 *DAM* 基因的突变体在秋冬季也会维持生长（Bielenberg，2008）。*DAM* 与拟南芥 *SVP*（*SHORT VEGETATIVE PHASE*）和 *AGL24*（*AGAMOUS-LIKE 24*）高度同源，因此又被称为 SVP 类基因。桃树 *DAM* 基因被发现后，相继在其他多种植物中克隆得到（Cooke 等，2012），在不同植物中的 *DAM* 基因可以整合不同的环境信号（如光周期和 / 或温度），对树木休眠周期的不同阶段进行调节。在杨树中过表达梅的 *PmDAM6* 基因后，即使在长日照下转化株系也会生长停止并进入休眠状态（Sasaki 等，2011）。*DAM* 基因的表达受温度调控，秋季随着环境温度降低，*DAM* 的表达显著升高。多种植物的 *DAM* 基因启动子含有冷响应蛋白 CBF 结合位点，因此在低温条件下 CBF 可直接调控 *DAM* 基因的表达，促进休眠的建立（Zhao 等，2018）。*DAM* 的高表达一方面会直接调控生长点的生长停止，另一方面还可与 *FT* 基因启动子结合限制其表达，从而促使植物及时进入生理休眠状态。因此，Horvath 等（2015）认为 *DAM* 基因可能在植物休眠调控中处于中心地位。

郝心愿（2014）在茶树 cDNA 中克隆得到 *CsMADS-BOX1*（*CsDAM1*）和 *CsMADS-BOX2*（*CsDAM2*）基因，分别编码 218 个和 230 个氨基酸残基，进化分析显示它们与乳浆大戟中的休眠相关蛋白较高的同源性。虽然其他物种基因组中有多个 *DAM* 基因，对基因组数据搜索表明茶树可能仅有这两个 *DAM* 同源基因（张伟富，2019）。*CsDAM1* 和 *CsDAM2* 基因均由 8 个外显子和 7 个内含子组成，启动子序列分析表明 *CsDAMs* 基因可能主要受光信号、激素和胁迫刺激调控；不同物候期品种的基因表达分析发现，*CsDAM1* 在休眠形成和解除过程中表达水平先升至最高后下调，在早生茶树品种越冬芽萌发阶段的表达量下调到低值的时间早于晚生品种；且在不同萌发物候茶树品种间 *CsDAM1* 存在多个位点的单碱基突变和小片段的插入、缺失。结果表明 *CsDAM1* 在不同萌发物候茶树休眠形成和解除调控中可能发挥更重要的作用。另外龚志华等（2019）也有对茶树的 *CsDAM* 基因开展研究，发现转入烟草过表达后能提高烟草的抗寒性。

3.2.3　光敏色素受体基因 *PHYA*

光敏色素受体基因 *PHYA* 是编码光敏色素受体的基因，在感受日照时长变短中起着重要的作用。研究证明，过量表达 *PHYA* 的杨树无法进入休眠；在短日照和低温等的自然诱导下，其表达量上升并稳定表达。在葡萄中的研究也发现，红光 *PHYA* 的过量表达会促进 *CO*、*FT* 等基因的表达，最终阻止短日照下自然休眠的形成（Kuhn 等，2009；Almada 等，2009；Ibanez 等，2008）。在茶树上关于 *PHYA* 的研究相对较少。莫晓丽等（2019）对茶树光敏色素基因家族进行生物学信息研究，共筛选获得 6 个 *CsPHY* 基因，它们与猕猴桃或葡萄相似性较高，其中有两个（*CsPHY1*、*CsPHY4*）属于 *PHYA* 亚族。基因表达量日变化分析表明，*CsPHY4* 在早上 6 点时的表达量显著高于其他时间点（0、12、18 时），而 *CsPHY2* 在 12 点时的表达量达最高。田月月（2020）研究表明 *CsPHYA* 的表达量在红光照射后明显增加，表明其对光照敏感。然而茶树 *CsPHYA* 对冬季休眠的调控作用还缺乏直接的研究证据。

3.2.4　CO/FT 调控模块

秋冬季日照缩短被 *PHYA* 感知后，会继续作用于下游的 *CO* 和 *FT* 基因，使它们的表达下调。其中，*CO* 是光周期开花途径中的关键基因，其通过结合到 *FT* 的启动子上激活 *FT* 的表达，进而调控开花（Song 等，2010）。*FT* 基因是一个保守的开花促进基因，在调节植物花芽的形成过程中起着关键的作用。Böhlenius 等（2006）在杨树中过表达 *PtFT* 基因，发现转基因杨树在短日照条件下不会像对照一样进入休眠状态，而用 RNAi 干扰沉默 *PtFT* 后的植株则对日照时间缩短更加敏感，证实 *FT* 在杨树中调控着由短日照引起的生长休止并形成休眠芽。这一研究还表明 *PtCO*、*PtFT* 的表达具有显著的日变化特征，在长日照条件下能够在天黑之后表达量积累到最高峰，而短日照条件下则会一直处于低水平。另外，有研究表明在短日照条件下，植物关闭胞间连丝通道，也会阻止 FT 传导进而导致休眠（Corbesier 等，2007；Wigge，2011）。

　　茶树上，郝心愿（2015）首先对茶树 *CsFT* 基因进行了克隆、表达分析和异源转化研究，结果表明 *CsFT* 具有两种转录本（*CsFTa*，*CsFTb*，二者相差 1 个碱基），它们同时具有促进开花和调控生长的双重功能。分析 *CsFT* 基因在茶树越冬期间叶片和腋芽中的表达水平，发现秋季进入休眠及春季萌发阶段，*CsFT* 基因在叶片和腋芽中的表达变化明显；在叶片中，*CsFT* 基因在生理休眠阶段的表达量非常低，在生态休眠初期（1 月 11 日）的表达量则急剧升高，接近生理休眠阶段的 500 倍；随后 *CsFT* 基因的表达量迅速下降，在茶树春季萌芽前期又稳步升高到较高水平。在腋芽中，*CsFT* 基因的表达在生理休眠阶段被抑制，进入生态休眠初期，*CsFT* 的表达快速升高，随后逐渐下降。此外，郝心愿（2015）证明了 *CsFT* 在杨树中过表达可以强烈地促进早花现象，且能抑制休眠芽的形成。

3.2.5　植物激素相关基因

　　植物激素的动态变化（见上节）以及相关代谢、信号转导基因在茶树越冬芽中发挥重要作用。但由于涉及的基因较多，同一家族可能有不同的表达模式，且靶向位点众多，因此调控网络复杂。郝心愿（2015）选取 12 个具有代表性的生长素相关基因，并检测了它们在茶树不同休眠和生长阶段，以及在休眠诱导和生长素拮抗剂处理条件下的表达变化。结果显示这些基因在不同条件或处理下都有显著的表达差异，对比发现生长素转运基因 *CsLAX2* 和早期生长素应答基因 *CsGH3.6*、*CsGH3.9*、*CsGH3.10*、*CsIAA26*、*CsIAA33*、*CsSAUR50* 和 *CsSAUR41* 在茶树芽休眠调控中的重要作用（Hao 等，2018）。生长素受体基因 *CsTIR1*、生长素响应因子基因 *CsARF1* 等与生长素有关的基因的表达量与茶树芽休眠的形成与解除时期密切相关，在芽生长活跃期的表达量较高，深休眠阶段表达量较低（郝心愿等，2013；曹红利等，2015）。王博等（2016）克隆了茶树生长素外运载体基因 *CsPIN3*，并发现该基因在茶树越冬芽萌发阶段的表达量高于休眠阶段，在茶芽萌动过程中表达上调的速度明显，进一步证实该基因及生长素与越冬芽休眠、萌发相关。图 3.5 为芽生理休眠过程中 ABA 生物合成、信号和分解代谢主要成分的综合示意。

　　Yue 等（2018）在茶树中克隆并鉴定了 30 个参与 GA 和 ABA 代谢和信号通路的基因。通过对生长 - 休眠 - 发芽过程中活跃基因的表达分析，发现 *CsKAO*、*CsKO*、*CsGA20oxs*、*CsGA3oxs*、*CsGA2oxs*、*CsDELLAs*、*CsZEPs*、*CsNCEDs*、*CsCYP707As*、*CsPP2C*、*CsPYL8* 等基因与茶树芽休眠密切相关。潘城（2018）比较分析了两个物候期差异的茶树品种在腋芽休眠期向萌动期转变过程中 GA 相关酶基因表达动态，结果也显示 GA 合成通路中大部分基因表达模式与休眠解除进程关系密切，如 GA 合成相关的基因 *CsKO*、*CsGA20ox2*、*CsGA20ox4*、*CsGA3ox2* 和 *CsGA3ox3* 等，以及 GA 代谢相关的基因 *CsGA2ox1*、*CsGA2ox2* 和 *CsGA2ox3* 等，其中早芽和晚芽品种发芽差异的基因是 *CsGA20ox1* 和 *CsGA2ox1*。为探究茶树越冬芽休眠解除前 ABA 含量快速降低的分子机制，王雷刚（2018）克隆了茶树中 ABA 分解代谢关键酶 CsCYP707A1a、CsCYP707A1b、CsCYP707A2、CsCYP707A3、CsCYP707A4 和 CsAOG 等，结果发现 CsCYP707A1a 和 CsCYP707A1b 在根中表达量显著高于芽、叶和茎。CsCYP707A3 受外源 GA 和 ABA 诱导显著上调，认为 CsAOG 可能主要参与调节越冬前期 ABA 含量，因为其在越冬前期表达量都较高，随后显著下降。田坤红

（2018）研究表明 25℃热处理可以加快茶树的休眠解除，发现 ABA 合成相关基因 *CsNCED3* 和 *CsAAO* 在两个品种中均呈现出表达下调，可能引起 ABA 的合成减少而使休眠解除。

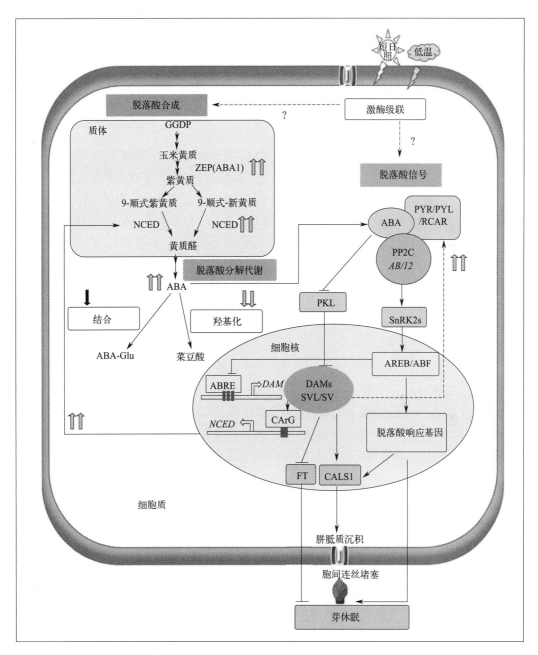

图 3.5　芽生理休眠过程中 ABA 生物合成、信号和分解代谢主要成分的综合示意（Liu 等，2019）
（实线和虚线分别表示直接和间接调节；蓝色箭头和红色条纹表示激活和抑制）

3.2.6　其他基因在休眠诱导中的作用

植物芽休眠的诱导也与细胞周期调控过程密不可分，即芽休眠的开始、结束与细胞分裂的静止、增殖密切相关（Ruttink 等，2007）。王新超等（2011、2012）采用 RACE-PCR 技术从茶树萌动芽获得了茶树细胞周期蛋白基因（*CsCYC1*）和茶树细胞周期蛋白依赖激酶基因（*CsCDK*），并发现两者在茶树越冬芽休眠期的表达量低于恢复生长期，在萌发期表达量最高，说明与芽休眠解除关系密切。张伟富等（2019）在茶树不同休眠状态腋芽转录组中，找到了与多年生植物休眠相关的 *AINTEGUMEN-LIKE*（*AIL*）的同源基因 *CsAIL*。启动子序列分析表明该基因可能受到生理节律、光及激素信号的共同调控，在茶树越冬芽和叶片的生理休眠期，表达量下调并维持在较低水平，在转换到生态休眠及萌动阶段则显著上调。并且 *CsAIL* 与细胞周期蛋白基因 *CsCYD3.2*、*CsCYD6.1* 在表达模式上高度一致，推测其能调控 *CsCYCD* 的表达，从而改变芽的休眠生长状态。

DNA 甲基化、组蛋白修饰等也可能参与了越冬芽的休眠调控。茶树不同休眠状态芽转录组对比研究中发现，涉及 DNA 甲基化和组蛋白修饰相关的基因家族表达差异显著（Hao 等，2017）。茶树在冷驯化阶段，其基因组伴随着 DNA 甲基化水平的变化，表明 DNA 甲基化参与茶树的冷驯化过程，与茶树的抗寒性息息相关（周艳华等，2015）。DNA 去甲基化酶（dMTase）是可催化 DNA 上的甲基化碱基脱去甲基的酶。陈瑶等（2021）对茶树基因组中 4 个 *CsdMTases* 基因进行了研究，发现它们的启动子区域包含大量光信号响应、植物激素响应、胁迫响应和生长发育等相关顺式作用元件。*CsdMTases* 在越冬芽休眠形成阶段表达量最高，深休眠阶段表达量显著降低，而萌发阶段又明显回升；且不同品种成熟叶和越冬芽中的表达模式存在显著差异。因此，该基因家族也参与了芽休眠与解除的调控或响应。

越冬芽与其着生枝条、母叶间物质交流水平影响着芽的生长活跃程度。唐湖等（2018）研究发现，茶树越冬芽休眠形成到解除这段时期，芽与其他器官的物质交流存在"强 - 弱 - 强"的变化规律；并且找到了与之相关的胼胝质水解正向调控的葡聚糖酶基因 *CsGLU1*（*β-1，3-glucanase gene 1*），该基因的启动子区有多个与激素信号以及低温和休眠响应相关转录因子结合的原件，在休眠期其表达量显著低于萌发生长期，且发芽更晚的茶树品种其低表达持续时间更长。

3.2.7　茶树物候期性状 QTL 定位研究

前述茶树上的研究结果大部分都是从候选基因出发去探究它们表达量、多态性与越冬芽休眠性状的关系。从茶树遗传群体物候期表型差异出发，采用数量性状定位（QTL）的方式去探究休眠调控的分子机理也有少量报道。谭礼强等（2016）在'龙井 43'×'白毫早'的 F1 代群体中观察到春季发芽期性状出现明显分离，基于两年的观测数据，定位到与茶树发芽期相关的两个 QTL，均在 LG01 号连锁群上，可解释该群体发芽期总变异的 30%；并进一步验证了这两个 QTL 在不同树龄（3 ～ 6 年生）、不同种植环境和不同杂交组合中的稳定性（Tan 等，2016，2018）。根据该定位结果，可基于 SSR 标记 *CsFM1390* 和 *CsFM1875* 的基因型筛选早生子代，不同基因型间平均发芽期相差可达 4 ～ 8d。王让剑等（2019）观测了 151 份茶树半同胞群体的物候期，结合简化基因组测序技术进行了全基因组关联分析（GWAS），结果鉴定到 26 个 SNP 位点与发芽期相关联，其中一个最显著的

SNP 在不同年份和其他茶树材料中得到了较好的验证，可用于标记辅助选择育种。

3.3　茶树越冬芽休眠的功能基因鉴定

芽休眠的形成和解除是一个复杂的生物学过程，涉及植物对环境信号的感知以及细胞和分子水平的响应，大量基因参与其中（Tanino 等，2010）。随着转录组学、蛋白组学、代谢组学等技术的广泛应用，调控芽休眠的分子信号和代谢途径在越来越多的植物中被揭示，鉴定到的关键基因数量快速增长。但是受困于休眠研究的长周期和多年生植物遗传转化体系的不成熟，多数鉴定基因的功能未能得到有效验证。上一节对芽休眠调控的分子机制进行了详细阐述，本节重点讨论参与芽休眠调控的功能基因鉴定的相关进展。

3.3.1　其他植物中参与芽休眠调控的主要功能基因

目前，功能得到鉴定的休眠相关基因数量仍非常有限。Rodriguez 实验室在果园中发现了一株不经历休眠的自然桃树突变株，在短日照和低温等休眠诱导条件下，该突变株顶端分生组织继续生长，不能形成顶芽。通过正向遗传学、图位克隆的方法证实了该突变株基因组中缺失 6 个串联的 MADS-box 基因。因这 6 个 MADS-box 基因与休眠的形成相关而被命名为 DAM（DORMANCY ASSOCIATED MADS-BOX），这是较早被鉴定的与休眠调控相关的候选基因（Bielenberg 等，2008）。与野生型相比，拟南芥中过表达乳浆大戟 DAM 基因将导致晚花表型（Horvath 等，2010）。在杨树中过表达梅树 PmDAM6 基因后，长日照下转化株系生长停止并进入休眠状态（Sasaki 等，2011）。过表达 MdDAMb 和 MdSVPa 基因导致苹果树出现强烈的顶端优势，它们形成一个主要直立茎的同时侧枝生长被抑制；去除顶端和茎弯曲能够诱导腋芽生长，但春季的萌芽时间却被显著推迟（Wu 等，2017）。

多年生植物通常有着更加复杂的形态建成和季节适应性，性成熟后茎尖分生组织存在营养生长与生殖生长交替循环。研究证实 FLOWERING LOCUS T（FT）在调控杨树等多年生植物生殖生长和营养生长中有着双重功能（Hsu 等，2011）。其中 FT1 是生殖生长的关键信号，而 FT2 则调控营养生长。FT2 与 FT1 的表达模式不同，在春季和夏季的营养生长阶段存在高表达，杨树中诱导表达 FT2 后在休眠诱导条件下仍继续生长，野生型和诱导表达 FT1 的杨树材料则分别在休眠诱导后的 35d 和 105d 停止生长。在日本龙胆研究中同样证实 GtFT2 在生理休眠解除阶段存在上调表达，基因敲除后的龙胆越冬芽萌发延迟且萌发率显著降低（Ponnu，2022）。自然条件下，FT 的上游调控因子 CONSTANS（CO）通过感受光周期变化以 CO/FT 模块的形式调控下游 Like-AP1（LAP1）和 AINTEGUMENTA-like1（AIL1），形成 CO/FT-LAP1-AIL1 的信号通路，进而介导细胞周期调控因子表达，形成持续生长或生长停止的表型。也有研究表明 FRUITFUL（FUL）、SHORT VEGETATIVEPHASE-LIKE 1（SVP-L1）等也是 FT 下游调控基因，还与 GA、ABA 等激素信号以及糖信号等产生互作，共同调控芽的发育和环境适应（Maurya 和 Bhalerao，

2017；Singh 等，2017a）。

越冬芽解除休眠开始萌发的时机与休眠建立同样重要，是多年生植物免受低温伤害的重要生存技能，因此调控这一过程的功能基因也备受关注。通过在杨树基因组中随机插入激活标签的方法，筛选鉴定到一自然条件下早萌发的杨树突变株，经鉴定，发生转录改变的基因为 AP2/ERF 家族成员，命名为 Early Bud-Break 1（EBB1），是近来鉴定到的调控芽萌发早晚的关键基因（Yordanov 等，2014）。过表达 EBB1 的杨树表现为早萌发特性，而表达沉默后表现为晚萌发。与表型变化相一致，过表达 EBB1 的杨树顶芽中多种代谢、分生组织生长、激素水平调控相关的基因存在差异表达。随后在杨树中又鉴定到另一个促进越冬芽萌发的 EBB3，研究表明 EBB1 可以直接调控 SVL 基因，进而通过与 ABA 信号途径相互作用精准调控 EBB3 以及下游的细胞周期蛋白（Azeez 等，2021）。EBB1 还可以通过直接结合 GCC-box 调控生长素合成相关基因，进而激活生长素信号途径中的相关基因，调控越冬芽萌发（Zhao 等，2021）。在桃树越冬芽中瞬时表达 PpEBB1 可以促进提早萌发，在杨树中过表达该基因同样具有促进萌发的作用，表明 EBB1 在多年生木本植物中的功能可能是保守的（Zhao 等，2020）。由此可见，多年生植物越冬芽休眠的调控存在多样且相互关联的信号途径，这些功能基因的鉴定对全面揭示越冬芽休眠调控信号网络和推动其他植物休眠机理研究有重要作用。图 3.6 为参与越冬芽休眠调控的主要功能基因及其调控网络。

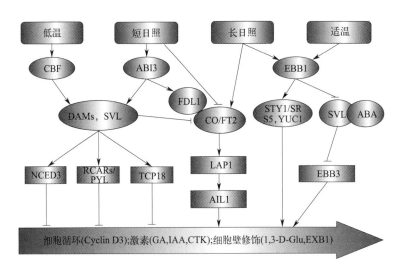

图 3.6　参与越冬芽休眠调控的主要功能基因及其调控网络
（Azeez 等，2021；Singh 等，2018；Singh 等，2017a；Zhao 等，2020）

3.3.2　茶树越冬芽休眠调控相关基因的筛选鉴定及功能研究

茶树休眠很早就被关注，但与杨树、桃树、梨树等木本植物相比，越冬芽休眠调控相关基因的筛选鉴定仍有待深入。Krishnaraj 等在 2011 年（Krishnaraj 等，2011）利用消减杂交法（SSH）鉴定了茶树夏季休眠芽与生长芽之间的差异表达基因，聚类分析显示大量差异基因富集在代谢、激素调节和细胞周期相关途径中。利用同样的方法，在对比分析茶树冬季休眠芽和活动生长芽转录差异后，结果发现差异基因除与激素和温度响应有关，还主要参与细胞分裂调控、能量代谢、水代谢等过程，相关基因如 Histone3、LEA、DHN、AQU、CYC、SAUR、GH3、AUX/IAA、ARF、CBP、MADS、MYC 等被初步鉴定（Paul和 Kumar，2011；Wang 等，2014）。RNA-Seq 技术在茶树研究中的应用为全面鉴定越冬芽休眠调控相关基因提供了更有效的方法，更多参与茶树越冬芽休眠调控的分子机制被揭示（Paul 等，2014；Hao 等，2017）。在鉴定到的重要转录因子中，主要与表观遗传调控、激素信号途径和胼胝质相关的胞内通讯调控有关，如 GI、CAL、SVP、PHYB、SRF6、LHY、ZTL、PIF4/6、ABI4、EIN3、ETR1、CCA1、PIN3、CDK 和 CO 等，是调控网络中的关键节点（Hao 等，2017）。与落叶木本植物杨树相比，参与茶树休眠调控的主要分子途径在一定程度上与杨树一致；然而，基因表达模式却不尽相同。

　　近期，位于广东地区的冬季无休眠茶树品种 'Dongcha 11' 的发现为我们提供了很好的研究材料。对比该品种冬季新梢和春季新梢在蛋白水平的变化，发现光合相关蛋白、代谢相关蛋白和细胞骨架相关蛋白存在差异表达，可能与冬季新梢对低温胁迫的响应有关（Liu 等，2017）。研究还指出，组蛋白含量差异也可能是参与冬季新梢生长调控的重要成员。进一步对冬春嫩枝进行转录组学、蛋白质组学、代谢组学和激素定量分析发现，赤霉素水平和赤霉素生物合成及信号转导途径的关键酶水平升高，导致 ABA/GA 值降低，这可能在维持冬季正常生长中起关键调控作用。与能量代谢有关的蛋白质、基因和代谢物的丰度均有所增加，说明在相对弱光和低温环境下，能量对冬芽的持续生长至关重要。非生物抗性相关蛋白和游离氨基酸在冬芽中也大量增加，这可能是对冬季条件的适应反应（Dai等，2021）。在茶树越冬芽休眠和生长不同阶段，对赤霉素和脱落酸相关基因的表达谱进行全面分析显示，二者基因表达模式整体上呈相反趋势，与茶树越冬芽的休眠状态变化密切相关，进一步证实植物激素如 GA、IAA 和 ABA 是参与茶树休眠调控的主要信号，相关基因功能研究值得深入（Yue 等，2018）。

　　MicroRNAs 是近年来在动植物中发现的一类非蛋白编码的小分子调控 RNA，通过对靶向 mRNA 转录物的切割或翻译抑制，在转录后水平调控基因表达。Anburaj 等发现了 15 个茶树 microRNA（cs-miR164，cs-miR169，cs-miR397，cs-miR408，cs-miR414，cs-miR472，cs-miR782，cs-miR828，cs-miR852，cs-miR1134，cs-miR1846，cs-miR1863，cs-miR1864，cs-miR1886 和 cs-miR1425）参与了茶树越冬芽的休眠过程（Jeyaraj 等，2014）。分析其表达规律发现，当越冬芽处于休眠阶段时，cs-miR414、cs-miR408、cs-miR782、cs-miR169、cs-miR1846、cs-miR397、cs-miR164、cs-miR1886、cs-miR1863、cs-miR1134 和 cs-miR472这 11 个基因上调表达；cs-miR828、cs-miR1864、cs-miR852 和 cs-miR1425 这 4 个基因则下调表达，其中茶树 cs-miR169 的表达规律与白杨树休眠芽中 ptr-miR169 一致（Potkar 等，2013）。这 15 个 miRNAs 调控的靶基因包含了 101 个功能蛋白和 31 个未知蛋白（图 3.7）。包括 miRNA 在内的多种调控机制的全面研究将为筛选鉴定茶树关键调控基因提供重要依据。

　　微管蛋白和组蛋白编码基因 *CsTUA* 和 *CsH3* 是早期鉴定与越冬芽休眠相关的功能基因（Paul 等，2012；Singh 等，2009），随着组学在休眠研究中的应用，越来越多的基因被鉴定（Hao 等，2018）。包括生长素相关基因 *CsARF1*、胼胝质水解活性相关基因 *CsGLU1* 和FT 信号途径中的 *CsAIL* 基因等被不断鉴定和深入表达研究，但由于茶树缺乏成熟的遗传

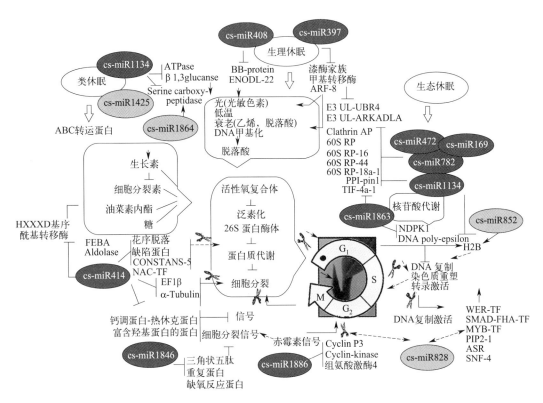

图 3.7　从芽休眠期间差异表达的茶树 cs-miRNAs 的靶转录物预测功能网络（Jeyaraj 等，2014）

（上调和下调的 cs-miRNAs 分别用黑色和灰色圆圈表示，功能促进和抑制则分别用箭头线和垂直线表示，
实线表示直接关系，虚线表示间接关系）

转化体系，基因功能很难通过基因超表达或敲除进行同源验证，制约鉴定的休眠相关基因功能研究。目前茶树休眠相关基因的功能研究主要借助拟南芥、杨树等模式植物的遗传转化体系进行异源验证。已知 *DAM* 和 *FT* 基因是参与芽休眠调控的关键基因，目前在茶树中共鉴定到两个与 *DAM* 基因有较低同源性的 MADS-box 家族基因，命名为 *CsDAM1* 和 *CsDAM2*，在杨树过表达这两个基因后，正常培养条件下过表达杨树植株均未表现出明显的表型差异。而在短日照休眠诱导下，*CsDAM1* 过表达杨树较难进入休眠且休眠解除较早。茶树基因组中并未出现 *FT* 基因的加倍，但是遗传背景的高度杂合使得 *FT* 基因碱基多态性丰富。前期在茶树中克隆鉴定到两个存在单碱基差异的 *FT* 转录本（*CsFTa* 和 *CsFTb*），杨树中过表达 *CsFTa* 后表现出早花，而过表达 *CsFTb* 的材料则表现出休眠诱导条件下的休眠延迟。可见对茶树休眠相关基因的功能研究对深入揭示茶树休眠机理有重要意义，也将是未来研究的热点领域。

（郝心愿，岳川，谭礼强，张可欣，陈瑶，王新超）

参考文献

[1] 曹红利，岳川，周艳华，等. 茶树生长素受体基因 CsTIR1 的克隆与表达分析. 茶叶科学，2015，35（1）：45-54.

[2] 潘铖 . 茶树赤霉素合成和代谢相关酶的基因表达与春芽休眠解除关系研究 . 安徽农业大学博士论文，2018.

[3] 王博茶树生长素转运载体基因家族的克隆及在越冬芽不同休眠阶段的表达分析 . 中国农业科学院硕士论文，2016.

[4] 王博，曹红利，黄玉婷，等 . 茶树生长素外运载体基因 CsPIN3 的克隆与表达分析 . 作物学报，2016，42（1）：58-69.

[5] 王新超 . 茶树越冬芽休眠与萌发相关基因的分离与表达分析 . 中国农业科学院博士论文，2011.

[6] 王新超，马春雷，杨亚军 . 多年生植物的芽休眠及调控机理研究进展 . 应用与环境生物学报，2011a，17（4）：589-595.

[7] 王新超，马春雷，杨亚军，等 . 茶树生长素抑制蛋白基因 CsARP1 的克隆与表达分析 . 核农学报，2011b，25（5）：910-915+921.

[8] 王新超，马春雷，杨亚军，等 . 生长素相关基因在茶树腋芽冬季休眠不同生长阶段的表达分析 . 茶叶科学，2012，32（6）：509-516.

[9] 王海波，王孝娣，程存刚，等 . 桃芽休眠的自然诱导因子及钙在休眠诱导中的作用 . 应用生态学，2008（11）：2333-2338.

[10] 王雷刚 . 茶树中脱落酸分解代谢基因对休眠解除的影响 . 安徽农业大学硕士论文，2018.

[11] 田坤红 . 茶树春季休眠解除期 ABA 生物合成关键基因表达模式 . 安徽农业大学硕士论文，2018.

[12] 郝心愿，曹红利，杨亚，等 . 茶树生长素响应因子基因 CsARF1 的克隆与表达分析 . 作物学报，2013，39（3）：389-397.

[13] Artlip T S，Wisniewski M E，Norelli J L.Field evaluation of apple overexpressing a peach CBF gene confirms its effect on cold hardiness，dormancy，and growth.Environ Exp Bot，2014，106：79-86.

[14] Azeez A，Zhao Y C，Singh R K，et al.EARLY BUD-BREAK 1 and EARLY BUD-BREAK 3 control resumption of poplar growth after winter dormancy. Nat Commun，2021，12（1）：1123.

[15] Barbier F，Peron T，Lecerf M，et al.Sucrose is an early modulator of the key hormonal mechanisms controlling bud outgrowth in Rosa hybrida.J Exp Bot，2015，66（9）：2569-2582.

[16] Barros P M，Cherian S，Costa M，et al.The identification of almond GIGANTEA gene and its expression under cold stress，variable photoperiod，and seasonal dormancy.Biol Plantarum，2017，61（4）：631-640.

[17] Ben Mohamed H，Vadel A M，Geuns J M C，et al.Biochemical changes in dormant grapevine shoot tissues in response to chilling：Possible role in dormancy release.Sci Hortic，2010，124（4）：440-447.

[18] Bielenberg D G，Wang Y，Li Z，et al.Sequencing and annotation of the evergrowing locus in peach[Prunus persica（L.）Batsch] reveals a cluster of six MADS-box transcription factors as candidate genes for regulation of terminal bud formation.Tree Genet Genomes，2008，4（3）：495-507.

[19] Cooke J E，Eriksson M E，Junttila O.The dynamic nature of bud dormancy in trees：environmental control and molecular mechanisms.Plant Cell Environ，2012a，35（10）：1707-1728.

[20] Cooke J E，Eriksson M E，Junttila O.The dynamic nature of bud dormancy in trees：environmental control and molecular mechanisms.Plant Cell Environ，2012b，35（10）：1707-1728.

[21] Dai Z，Huang H，Zhang Q，et al.Comparative multi-omics of tender shoots from a novel evergrowing tea cultivar provide insight into the winter adaptation mechanism.Plant Cell Physiol，2021，62（2）：366-377.

[22] Djennane S，Hibrand-Saint Oyant L，Kawamura K，et al.Impacts of light and temperature on shoot branching gradient and expression of strigolactone synthesis and signalling genes in rose.Plant Cell Environ，2014，37（3）：742-757.

[23] Erez A，Faust M，Line M J.Changes in water status in peach buds on induction，development and release from dormancy.Sci Hortic，1998，73（2）：111-123.

[24] Fadón E，Herrero M，Rodrigo J.Dormant flower buds actively accumulate starch over winter in sweet cherry.Front Plant Sci，2018，9：171.

[25] Fichtner F，Barbier F F，Feil R，et al.Trehalose 6-phosphate is involved in triggering axillary bud outgrowth in garden pea（Pisum sativum L.）.Plant J，2017，92（4）：611-623.

[26] Ghelardini L，Santini A，Black-Samuelsson S，et al.Bud dormancy release in elm（Ulmus spp.）clones-a case

study of photoperiod and temperature responses.Tree physiol，2010，30（2）：264-274.

[27] Girault T，Abidi F，Sigogne M，et al.Sugars are under light control during bud burst in Rosa sp.Plant Cell Environ，2010，33（8）：1339-1350.

[28] Halaly T，Pang X，Batikoff T，et al.Similar mechanisms might be triggered by alternative external stimuli that induce dormancy release in grape buds.Planta，2008，228（1）：79-88.

[29] Hao X，Chao W，Yang Y，et al.Coordinated expression of flowering locus t and dormancy associated MADS-BOX-Like genes in leafy spurge.Plos one，2015，10（5）：e0126030.

[30] Hao X，Yang Y，Yue C，et al.Comprehensive transcriptome analyses reveal differential gene expression profiles of Camellia sinensis axillary buds at para-，endo-，ecodormancy，and bud flush stages.Front Plant Sci，2017，8：553.

[31] Heide O.MInteraction of photoperiod and temperature in the control of growth and dormancy of Prunus species.Sci Hortic，2008，115（3）：309-314.

[32] Heide O M.Temperature rather than photoperiod controls growth cessation and dormancy in Sorbus species.J Exp Bot，2011，62（15）：5397-5404.

[33] Heide O M，Prestrud A K.Low temperature，but not photoperiod，controls growth cessation and dormancy induction and release in apple and pear.Tree Physiol，2005，25（1）：109-114

[34] Hsu C Y，Adams J P，Kim H，et al.Flowering Locus T duplication coordinates reproductive and vegetative growth in perennial poplar.Proc Natl Acad Sci USA，2011，108（26）：10756-10761.

[35] Ibáñez C，Kozarewa I，Johansson M，et al.Circadian clock components regulate entry and affect exit of seasonal dormancy as well as winter hardiness in Populus trees.Plant Physiol，2010，153（4）：1823-1833.

[36] Jeyaraj A，Chandran V，Gajjeraman P.Differential expression of microRNAs in dormant bud of tea[Camellia sinensis（L.）O.Kuntze] .Plant Cell Rep，2014，33（7）：1053-1069.

[37] Jian L C，Li J H，Li P H.Seasonal alteration in amount of Ca（2+）in apical bud cells of mulberry（Morus bombciz Koidz）：an electron microscopy-cytochemical study.Tree Physiol，2000，20（9）：623-628.

[38] Judd M J，Meyer D H，Meekings J S，et al.An FTIR study of the induction and release of kiwifruit buds from dormancy.J Sci food Agr，2010，90（6）：1071-1080.

[39] Kozarewa I，Ibáñez C，Johansson M，et al.Alteration of PHYA expression change circadian rhythms and timing of bud set in Populus.Plant Mol. Biol，2010，73（1-2）：143-156.

[40] Krishnaraj T，Gajjeraman P，Palanisamy S，et al.Identification of differentially expressed genes in dormant（banjhi）bud of tea（Camellia sinensis（L.）O. Kuntze）using subtractive hybridization approach.Plant Physiol Biochem，2011，49（6）：565-571.

[41] Le Bris M，Michaux-Ferri，Jacob Y，et al.Regulation of bud dormancy by manipulation of ABA in isolated buds of Rosa hybrid cultured in vitro.Funct Plant Biol，1999，26（3）：273-281.

[42] Liang D，Huang X，Shen Y，et al.Hydrogen cyanamide induces grape bud endodormancy release through carbohydrate metabolism and plant hormone signaling.BMC genom，2019，20（1）：1034.

[43] Linkosalo T，Lechowicz M J.Twilight far-red treatment advances leaf bud burst of silver birch（Betula pendula）.Tree Physiol，2006，26（10）：1249-1256

[44] Liu J，Sherif S M.Hormonal orchestration of bud dormancy cycle in deciduous woody perennials.Front Plant Sci，2019，10：1136.

[45] Liu S，Gao J，Chen Z，et al.Comparative proteomics reveals the physiological differences between winter tender shoots and spring tender shoots of a novel tea（Camellia sinensis L.）cultivar evergrowing in winter.BMC Plant biol，2017，17（1）：206.

[46] Lloret A，Badenes M L，Ríos G.Modulation of ormancy and growth responses in reproductive buds of temperate trees.Front Plant SCI，2018，9：1368.

[47] Martín-Fontecha E S，Tarancón C，Cubas P.To grow or not to grow，a power-saving program induced in dormant buds.Curr Opi Plant Biol，2018，41：102-109.

[48] Maurya J P，Bhalerao R P.Photoperiod-and temperature-mediated control of growth cessation and dormancy in trees：a molecular perspective.Ann Bot，2017，120（3）：351-360.

[49] Nagar P K，Kumar A.Changes in endogenous gibberellin activity during winter dormancy in tea （Camellia sinensis （L.） O. Kuntze）. Acta Physiol Plant，2000，22（4）：439-443.

[50] Nagar P K，Sood S.Changes in endogenous auxins during winter dormancy in tea （Camellia sinensis L.） O. Kuntze. Acta Physiol Plant，2006，28（2）：165-169.

[51] Niu Q，Li J，Cai D，et al.Dormancy-associated MADS-box genes and microRNAs jointly control dormancy transition in pear（Pyrus pyrifolia white pear group）flower bud.J Exp Bot.2016，67（1）：239-257.

[52] Ophir R，Pang X，Halaly T，et al.Gene-expression profiling of grape bud response to two alternative dormancy-release stimuli expose possible links between impaired mitochondrial activity，hypoxia，ethylene-ABA interplay and cell enlargement. Plant Mol Biol，2009，71（4-5）：403-423.

[53] Pang X，Halaly T，Crane O，et al.Involvement of calcium signalling in dormancy release of grape buds.J Exp Bo，2007，58（12）：3249-3262.

[54] Paul A，Jha A，Bhardwaj S，et al.RNA-seq-mediated transcriptome analysis of actively growing and winter dormant shoots identifies non-deciduous habit of evergreen tree tea during winters.Sci Rep，2014，4：5932.

[55] Paul A，Kumar S.Responses to winter dormancy，temperature，and plant hormones share gene networks.Funct & integr genomic，2011，11（4）：659-664.

[56] Paul A，Lal L，Ahuja PnS，et al.Alpha-tubulin （CsTUA） up-regulated during winter dormancy is a low temperature inducible gene in tea[Camellia sinensis （L.） O.Kuntze] .Mol Biol Rep，2012，39（4）：3485-3490.

[57] Perata P，Matsukura C，Vernieri P，et al.Sugar Repression of a gibberellin-dependent signaling pathway in barley embryos.Plant cell，1997，9（12）：2197-2208.

[58] Pérez F J，Burgos B.Alterations in the pattern of peroxidase isoenzymes and transient increases in its activity and in H_2O_2 levels take place during the dormancy cycle of grapevine buds：the effect of hydrogen cyanamide.J Plant Growth Regul，2004，43（3）：213-220.

[59] Pérez F J，Lira W.Possible role of catalase in post-dormancy bud break in grapevines.J Plant physiol，2005，162（3）：301-308.

[60] Pérez F J，Vergara R，Or E.On the mechanism of dormancy release in grapevine buds：a comparative study between hydrogen cyanamide and sodium azide.J Plant Growth Regul，2009，59（2）：145-152.

[61] Ponnu J.Breaking bud：a gentian Flowering Locus T controls budbreak and dormancy.Plant Physiol doi，2022，10：1093

[62] Potkar R，Recla J，Busov V.ptr-MIR169 is a posttranscriptional repressor of PtrHAP2 during vegetative bud dormancy period of aspen（Populus tremuloides）trees.Biochem Biophys Res Commun，2013，431（3）：512-518.

[63] Rabot A，Henry C，Ben Baaziz K，et al.Insight into the role of sugars in bud burst under light in the rose.Plant Cell Physiol，2012，53（6）：1068-1082.

[64] Ramos A，Pérez-Solís E，Ibáñez C，et al.Winter disruption of the circadian clock in chestnut.Proc Natl Acad Sci USA，2005，102（19）：7037-7042.

[65] Rey M，Díaz-Sala C，Rodríguez R.Comparison of endogenous polyamine content in hazel leaves and buds between the annual dormancy and flowering phases of growth.Physiol Plant，1994，91（1）：45-50.

[66] Richardson A C，Walton E F，Meekings J S，et al.Carbohydrate changes in kiwifruit buds during the onset and release from dormancy.Sci Hortic，2010，124（4）：463-468.

[67] Saito T，Bai S，Imai T，et al.Histone modification and signalling cascade of the dormancy-associated MADS-box gene，PpMADS13-1，in Japanese pear（Pyrus pyrifolia）during endodormancy.Plant Cell Environ，2015，38（6）：1157-1166.

[68] Santanen A，Simola L K.Polyamine levels in buds and twigs of Tilia cordata from dormancy onset to bud break. Trees，2007，21（3）：337-344.

[69] Shim D，Ko J H，Kim W C，et al.A molecular framework for seasonal growth-dormancy regulation in perennial plants.Hort Res，2014，1：14059.

[70] Singh K，Kumar S，Ahuja P S.Differential expression of Histone H3 gene in tea（Camellia sinensis （L.） O. Kuntze） suggests its role in growing tissue.Mol Biol Rep，2009，36（3）：537-542.

[71] Singh R K，Maurya J P，Azeez A，et al.A genetic network mediating the control of bud break in hybrid aspen.Nat Commun，2018，9（1）：4173.

[72] Singh R K，Svystun T，AlDahmash B，et al.Photoperiod- and temperature-mediated control of phenology in trees - a molecular perspective.New Phytol，2017a，213（2）：511-524.

[73] Singh R K，Svystun T，AlDahmash B，et al.Photoperiod- and temperature-mediated control of phenology in trees- a molecular perspective.New Phytol，2017b，213（2）：511-524.

[74] Takahashi H，Imamura T，Konno N，et al.The gentio-oligosaccharide gentiobiose functions in the modulation of bud dormancy in the herbaceous perennial Gentiana.Plant cell，2014，26（10）：3949-3963.

[75] Tanino K K，Kalcsits L，Silim S，et al.Temperature-driven plasticity in growth cessation and dormancy development in deciduous woody plants：a working hypothesis suggesting how molecular and cellular function is affected by temperature during dormancy induction.Plant Mol Biol，2010，7（1-2）：49-65.

[76] Tuan P A，Bai S，Saito T，et al.Dormancy-Associated MADS-Box（DAM）and the abscisic acid pathway regulate pear endodormancy through a feedback mechanism.Plant Cell Physiol，2017，58（8）：1378-1390.

[77] Vergara R，Noriega X，Parada F，et al.Relationship between endodormancy，FLOWERING LOCUS T and cell cycle genes in Vitis vinifera.Planta，2016，243（2）：411-419.

[78] Vergara R，Rubio S，Perez F J.Hypoxia and hydrogen cyanamide induce bud-break and up-regulate hypoxic responsive genes（HRG）and VvFT in grapevine-buds.Plant Mol Biol，2012，79（1-2）：171-178.

[79] Vyas D，Kumar S，Ahuja P S.Tea（Camellia sinensis）clones with shorter periods of winter dormancy exhibit lower accumulation of reactive oxygen species.Tree Physiol，2007，27（9）：1253-1259

[80] Wahl V，Ponnu J，Schlereth A，et al.Regulation of flowering by trehalose-6-phosphate signaling in Arabidopsis thaliana.Science，2013，339，6120：704-707.

[81] Wang X，Hao X，Ma C，et al.Identification of differential gene expression profiles between winter dormant and sprouting axillary buds in tea plant（Camellia sinensis）by suppression subtractive hybridization.Tree Genet Genomes，2014，10（5）：1149-1159.

[82] Wisniewski M，Norelli J，Artlip T.Overexpression of a peach CBF gene in apple：a model for understanding the integration of growth，dormancy，and cold hardiness in woody plants.Front Plant Sci，2015，6：85.

[83] Wisniewski M，Norelli J，Bassett C，et al.Ectopic expression of a novel peach（Prunus persica）CBF transcription factor in apple（Malus x domestica）results in short-day induced dormancy and increased cold hardiness.Planta，2011，233（5）：971-983.

[84] Yooyongwech S，Horigane A K，Yoshida M，et al.Changes in aquaporin gene expression and magnetic resonance imaging of water status in peach tree flower buds during dormancy.Physiol Plant，2008，134（3）：522-533.

[85] Yordanov Y S，Ma C，Strauss S H，et al.EARLY BUD-BREAK 1（EBB1）is a regulator of release from seasonal dormancy in poplar trees.Proc Natl Acad Sci USA，2014，111（27）：10001-10006.

[86] Yue C，Cao H，Hao X，et al.Differential expression of gibberellin-and abscisic acid-related genes implies their roles in the bud activity-dormancy transition of tea plants.Plant Cell Rep，2018，37（3）：425-441.

[87] Yue C，Cao H，Wang L，et al.Molecular cloning and expression analysis of tea plant aquaporin（AQP）gene family.Plant Physiol Biochem，2014，83（0）：65-76.

[88] Zhao K，Zhou Y，Ahmad S，et al.PmCBFs synthetically affect PmDAM6 by alternative promoter binding and protein complexes towards the dormancy of bud for Prunus mume.Sci Rep，2018，8（1）：4527.

[89] Zhao X，Han X，Wang Q，et al.EARLY BUD BREAK 1 triggers bud break in peach trees by regulating hormone metabolism，the cell cycle，and cell wall modifications.J Exp Bot，2020，71（12）：3512-3523.

[90] Zhao X，Wen B，Li C，et al.PpEBB1 directly binds to the GCC box-like element of auxin biosynthesis related genes.Plant science，2021，306：110874.

[91] Zheng C，Halaly T，Acheampong A K，et al.Abscisic acid（ABA）regulates grape bud dormancy，and dormancy release stimuli may act through modification of ABA metabolism.J Exp Bot，2015，66（5）：1527-1542.

[92] Zhuang W，Gao Z，Wen L，et al.Metabolic changes upon flower bud break in Japanese apricot are enhanced by exogenous GA4.Hort Res，2015，2：15046.

第4章

茶树氮素高效利用机理研究

氮素是植物生长和发育的基本营养元素，在农业土壤中主要以硝酸盐和铵盐的形式存在。近年来，农业中氮肥等无机化肥的使用对环境造成的污染越来越严重，而如何提高作物的氮素利用效率，减少氮肥的施用量，一直都是当代农业亟需解决的问题。茶树是氮肥需求量较高的作物，其产量和品质特性与氮肥的供应密切相关，但茶园无机氮肥的长期施加，会使茶树根系释放大量 H^+，造成茶园土壤急速酸化。目前，我国茶园氮肥农学效率普遍较低，且随着施氮量的增加呈不断下降的趋势。研究茶树对氮素的吸收和利用机理，对于选育氮高效利用的茶树品种、减少茶园氮肥施用量、提升氮素利用率等具有重要意义。

4.1　茶树氮素高效利用的生理学基础

茶树主要以新梢采摘，一年有多次采摘和修剪，需要消耗大量营养物质。氮、磷、钾作为茶树的生长所必需的营养三要素，对茶树的生长发育具有重要作用。其中茶树对氮肥的需求量最高，一般茶树新梢中氮素含量为 40 ～ 50g/kg，最高可达 60 ～ 70g/kg，且氮素供应还会影响茶树体内氨基酸、多酚类物质和生物碱等化合物的代谢，进而影响茶叶的产量和品质特性。

4.1.1　茶树对氮素的需求特性

根据茶树的需肥特征，一般成龄茶园每年需要 300 ～ 450kg 氮肥才可满足茶树生长的需要，且不同氮肥投入水平会显著影响茶树的产量及品质。在缺氮情况下，茶树生长减缓，新梢萌发轮次减少，叶片变小而薄，叶色变黄，枝条驻芽提早出现，长期缺氮会造成叶片脱落，产量显著下降。但若施肥过量，也会造成茶园土壤酸化、板结、微生物群落下降，最终造成茶树生长不良、茶园减产等问题。因此，关于氮肥的合理利用及减肥增效技术的研究已受到普遍关注。

适量施用氮肥可以改善土壤微生物群落多样性，提高茶树根际土壤碱解氮、速效磷、速效钾及有机质含量，低氮及正常氮素施加可以增加茶树根际土壤细菌、真菌、放线菌的数量，调节土壤中有效态养分含量，且明显优于高氮处理。对不同茶树品种进行减半施肥的处理，发现与正常施肥水平下茶叶产量和品质整体差异不明显，说明茶园中减施化肥不会显著影响茶园效益，结合茶园的养分状况，适当对茶园进行减肥，有助于稳定茶园效益。此外，茶树对肥料的利用存在季节性差异，^{15}N 追踪技术研究发现，大多数氮素在冬天被茶树吸收，其中很大一部分储存在根、茎、成熟叶中，当来年新梢萌发时，有 70% 的氮素来自于根、茎、叶等器官的转运，所以春季追施的氮肥并未显著影响后期茶树新梢的产量与品质代谢物，为兼顾茶叶产量和品质，应防止过量施肥，适当提高追肥次数，以提高氮素利用效率，改善后期茶树新梢品质代谢物。

茶树对氮素的需求存在品种间的差异。我国茶树种质资源丰富，不同茶树品种间存在遗传差异性，对于氮素的需求量和适应能力也不同。因此，在田间管理和施肥模式上需根据茶树的品种特性进行差异化管理，以利于达到茶树所适制茶类的品质最优化。

4.1.2　茶树对不同氮素处理的生理响应

外界环境的不同氮素水平，会影响茶树体内的碳氮分配比例和氨基酸、咖啡碱和多酚类物质在茶树体内的代谢，导致茶叶的产量和品质差异。缺氮条件下茶树叶片中蛋白质、核酸和叶绿素的生物合成受到阻碍，导致嫩芽生长缓慢、顶侧芽萌芽稀疏且生长轮次减少，对夹叶增多，严重影响茶叶的品质及产量；若过多施用氮肥，茶氨酸含量基本不会再增加，却导致更多的精氨酸被合成，使茶叶苦涩味增加，致使茶叶品质下降。适量施氮促进茶芽萌发和新梢生长，增加发芽密度，有效提高茶叶产量；同时还可以增加茶叶中茶氨酸、咖啡碱等的含量，降低茶多酚含量，提高茶叶品质。

研究表明，根据目前的施氮水平，减氮 30% 左右的施肥能提高茶树的叶绿素含量、净光合速率、气孔导度、蒸腾速率等光合特性，从而使茶树净光合速率增加，提升氮肥的利用率，最大程度地降低肥料的浪费。盆栽实验也表明，叶片中全氮和可溶性蛋白会随着氮素的增加而变化，但是中氮水平下比高氮的效益更高。施肥方式也会影响茶树的产量和品质特性，其中在同等氮素含量条件下，施用有机肥比复合肥和无机肥能更好地促进茶树的生长萌芽、提高茶芽密度，增加茶叶中水浸出物、茶多酚、游离氨基酸和咖啡碱含量，降低茶叶的酚氨比。合理施肥会增加茶树叶片中的全氮、可溶性蛋白和可溶性糖含量，影响碳氮比，增加游离氨基酸的含量，会使茶叶的品质更优。

不同的氮素形式对于茶树的影响也不同，由于茶树喜酸性土壤，对 NH_4^+-N 有明显的偏好性。相对于 NO_3^--N 的处理条件，NH_4^+-N 能显著提高茶叶产量和光合作用效率，增加 NH_4^+ 的施肥比率，会增加茶叶中游离氨基酸含量，特别是茶氨酸和谷氨酰胺含量，进而提升绿茶品质。植物对 NH_4^+-N / NO_3^--N 的吸收会伴随着内 H^+/OH^- 的累积，改变质子电子势和细胞稳定的电中性环境，从而造成有机酸和阴阳离子吸收的差异。NH_4^+-N 可提高茶树成熟叶中 N、Fe、Cl^- 的含量以及根中 N、SO_4^{2-} 含量，而 NO_3^--N 处理提高了成熟叶中苹果酸、草酸、柠檬酸浓度，说明不同的氮素形态会影响茶树体内的离子和细胞的渗透压。

不同的茶树品种对外界氮素处理的响应不同。氮素差异处理对各茶树品种的光合及荧光特性影变化不同，水分利用率亦具有品种特异性。一般认为，在同等氮素水平下，氮同化关键酶 GS、GOGAT 酶活性较高，根系活力较强，氮代谢产物显著增加的茶树品种，具有较高的氮同化速率。因此，茶树氮代谢关键酶活性及非结构性化合物含量的研究，对茶树的品质以及氮素利用效率的评价具有重要作用。此外，茶树的根系干重、根系体积、根系活跃吸收面积、根系活力和叶片 GS 活性等与氮素利用效率之间存在着显著的正相关关系，因此，可以将以上指标作为选育高氮素利用效率茶树品种的指标。根据茶树对氮素的吸收和利用效率差距，可将茶树分为氮高效型和氮低效型品种。其中氮高效型茶树品种在低氮处理条件下其鲜叶产量，茶叶中茶氨酸、茶多酚、儿茶素等内含物含量的变化明显优于氮素利用低效的品种。对不同茶树品种的肥料利用率进行比较，发现茶树的肥料效率在品种间存在显著差异，其中肥料吸收效率是决定不同品种茶树肥料效率差异的主要因素，且存在差异的主要原因是根系吸收能力。

4.1.3　茶树对氮素的吸收特性

根系的氮素吸收特性是影响茶树氮素利用效率的主要因素之一，且为氮代谢的第一步，在整个氮代谢的过程中发挥重要的作用，植物获取氮素的第一步是通过根系表皮和皮层上质膜的主动吸收。茶树从土壤中吸收的氮素形态主要是铵态氮（NH_4^+-N）和硝态氮（NO_3^--N），以及小分子的有机氮。

茶树喜酸性土壤，就氮肥的供应形式而言，茶树对 NH_4^+-N 的吸收要优于 NO_3^--N，为喜铵植物。在氮供应量相同情况下，纯 NH_4^+-N 处理茶树根系释放 H^+ 的量最多，其次为 NH_4^+-N/NO_3^--N 比为 1∶1 处理，在纯 NO_3^--N 处理下，茶树根系释放 OH^-，因此，茶树对 NH_4^+-N 的偏好吸收导致其根系释放质，从而引起根际土壤酸化。但高等植物利用有机氮、NH_4^+ 和 NO_3^- 作为氮源的选择与土壤溶液中氮素形态的相对比例有关，不同氮素形态处理会使茶树对 NH_4^+-N 和 NO_3^--N 的吸收特性发生改变；适中的硝铵比施肥会大幅改变茶树根系对无机氮的吸收动力学特性和叶片氮素代谢，而高铵比例明显不利于茶树根系及植株的生长。适度增加 NH_4^+ 可以促进 NO_3^- 的吸收，而 NO_3^- 的存在会对 NH_4^+ 的吸收有一定的竞争抑制作用。综合评价认为，在土壤中 NH_4^+-N 和 NO_3^--N 的比例为 1∶1 时，茶树对无机氮素的吸收利用效率最高。施用甘氨酸态有机氮处理的茶苗地下部、地上部和整株的 ^{15}N 增量均显著低于施用铵态氮和硝态氮处理，表明茶树虽然可以直接吸收利用甘氨酸态有机氮，但吸收量明显低于 NH_4^+-N 和 NO_3^--N。适当的 pH 值也会促进茶树对氮素的吸收，pH 值为 5.0 时，不论是什么氮源，茶树的生物量都达到最大，且茶树对氮素的吸收效率也达到最高。茶苗对不同形态氮素的喜好性及其在植株体内的运转能力均表现出以下规律：NH_4^+-N ＞ NO_3^--N ＞有机态氮。对于茶树不同氮素吸收类型的划分标准，茶树根系对氮素吸收的动力学参数可作为筛选高氮素效率茶树品种的辅助指标。

4.1.4　茶树对氮素的同化特性

不同形态的氮素通过根系或叶片吸收并转运至各个组织后，进行下一步的代谢。茶树吸收的 NH_4^+-N 主要通过谷氨酸脱氢酶系统（GDH）和谷酰胺合成酶 - 谷酰胺 -α- 酮戊二酸氨基转移酶系统（GS-GOGAT）的同化作用合成谷氨酸，其中 GS-GOGAT 是影响氨基酸合成的关键酶系统，GDH 可以辅助 GS-GOGAT 发挥作用。在茶树会进一步将谷氨酸转化为茶氨酸、谷氨酰胺和精氨酸，最后合成的谷氨酰胺和精氨酸转移到茶树各器官中，通过转氨作用形成茶树所需的各种氨基酸。茶树吸收 NO_3^--N 后必须还原成 NH_4^+-N 才能被茶树利用。首先，NO_3^--N 经过硝酸还原酶（NR）还原成 NO_2^-，NO_2^- 再经过亚硝酸还原酶（NiR）

还原成 NH_3，且亚硝酸的还原过程更快，NO_2^- 会被迅速还原成 NH_3，基本不会在茶树体内积累，NH_3 再经 GS/GOGAT 循环转化为谷氨酸，进一步合成茶氨酸等各类氨基酸（图4.1）。在对茶树根系对 NO_3^--N 和 NH_4^+-N 的吸收特征的研究中，发现 NO_3^--N 可以使茶树更快地合成茶氨酸，但其机理还有待进一步解析。除此之外，微量元素的施用、外界 N 和 K 的浓度等都会影响茶树同化过程中硝酸还原酶的活性，进而影响茶树茶氨酸等代谢产物的形成。植物中氮素同化是对内部和外部因素的一种响应，包括氮代谢产物（如氨基酸）、铵根和硝酸根等也会对体内的氮素代谢存在反馈调节的作用。

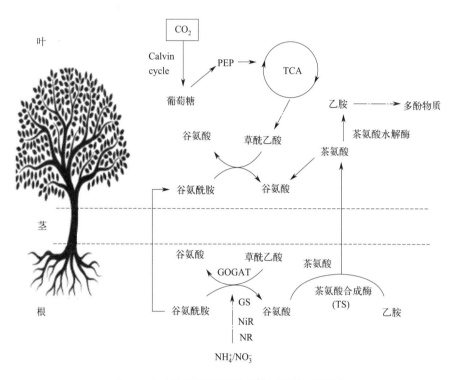

图 4.1　氮素的吸收及同化过程（刘建伟等，2018）

4.2　茶树氮素利用的分子机制

植物的氮代谢包括植物对氮源的吸收、转运、酶催化反应以及不同氮素离子的转化过程。氮素离子及小分子经根系相应转运蛋白转运进入体内，通过还原酶及合成酶类合成核酸、蛋白质、氨基酸等代谢产物。氮素的吸收和同化过程中，参与代谢的蛋白和酶的调控可以发生在转录水平、翻译水平以及翻译后修饰水平中，植物可通过基因的表达特性和功能变化，来调控自身的代谢过程，以适应复杂的环境变化。

4.2.1　氮素吸收及转运的分子机制

茶树对氮素的吸收主要通过根系转运蛋白进行。目前已发现两大转运蛋白家族，其中铵根转运蛋白家族（Ammonium transporter family，AMTs）主要负责 NH_4^+ 的转运，硝酸根转运蛋白家族（Nitrate transporter family，NRTs），主要参与 NO_3^- 的转运。根据转运蛋白对离子的亲和特性，将其划分为不同的亚家族，促进了对氮素吸收的复杂分子机理的研究。亲和性不同的转运蛋白可以相互作用，来应对土壤中氮素水平的波动，保证植物对氮素的高效吸收。

NH_4^+ 是在根部吸收再运送到地上部位，这一过程主要通过 AMTs 进行。AMTs 蛋白的基因表达模式、翻译后调控和定位等，能够指导 NH_4^+ 从表皮到导管组织的运输，以及适应土壤中不同铵根浓度条件。植物根系对 NH_4^+-N 吸收存在两个不同的转运体系，即低氮条件下主要由高亲和转运体系（High-affinity transport system，HATS）发挥作用，低亲和转运体系（Low-affinity transport system，LATS）只有在氮素水平达到一定浓度时才会发挥作用，一般认为当外界 NH_4^+ 浓度大于 1mmol/L 时才会启用 LATS。根际 NH_4^+-N 的吸收主要依赖于质膜上 AMTs 的转运作用，且生物体内具有 NH_4^+ 的反馈作用，可以通过抑制 AMTs 蛋白的活性来避免细胞摄入过量 NH_4^+ 而造成毒害。在植物中，不同的铵根转运蛋白（AMTs）的吸收动力学性质及调控机制均存在有差异，AMTs 可以根据其氨基酸序列及亲和特性划分为 3 个亚家族，即 AMT1 亚家族和两个附加的亚家族（AMT2 和 AMT3），其中 AMT1 亚家族多为高亲和性转运蛋白，AMT2 和 AMT3 多为低亲和，主要负责低、高浓度下 NH_4^+ 的吸收和转运。AMT 属于 AMT/MEP（Ammonium transporter/methylamine permease）蛋白家族，是由 3 个亚基组成的同源三聚体，一般具有 10 ～ 12 个跨膜螺旋结构，为典型的跨膜蛋白。关于 NH_4^+-N 的跨膜运输，目前认为在 HATS 系统吸收中主要依靠质膜上 H^+-ATPase，顺电化学势梯度由 AMT 转运蛋白介导完成，而在 LATS 吸收系统中可能也会与质膜上 K^+ 通道有关，会一定程度上借助 K^+ 通道进行转运，但具体吸收机制还需进一步研究。

NO_3^- 在根中被吸收后，可以储存在液泡中或者通过根系的木质部导管被转运到植株的地上部位进行代谢，且在枝条中的分布依赖于蒸腾作用，参与这一过程的转运蛋白主要包括低亲和硝酸根转运蛋白家族 1/ 多肽转运蛋白（NPF，NRT1/PTR）、高亲和硝酸根转运蛋白家族（NRT2/NRT3）、氯离子通道蛋白（CLC）以及与慢阴离子通道蛋白（SLAC1/SLAH）。NPF 家族一般具有 12 个跨膜螺旋，在质子偶联和主动运输中起重要作用，具有转运多种物质的功能，包括硝酸盐、寡肽、氨基酸以及植物激素（生长素、脱落酸、葡萄糖酸和赤霉素），但具体机制还需进一步研究。NRT2 家族蛋白包括 10 ～ 12 个跨膜螺旋，为典型的跨膜转运蛋白，主要负责 NO_3^- 的转运。植物根系对 NO_3^--N 的吸收主要包括组成型高亲和转运体系（Constitutively HATS，cHATS）、诱导型高亲和转运体系（Inducible HATS，iHATS）和低亲和转运体系（LATS）3 个转运体系。高亲和转运体系（iHATS、cHATS）主要在外界 NO_3^--N 浓度为 1μmol/L ～ 1mmol/L 时起主导作用，当外界土壤 NO_3^--N 的浓度低于一定阈值时，cHATS 发挥主要吸收作用，而施加少量 NO_3^--N 时便会激活 iHATS 转运体系。这一过程主要有高亲和性转运蛋白 NRT2 参与转运，而部分 NRT2 转运蛋白成员并不能单独转运，需要辅助蛋白 NAR2（NRT3）的参与才能完成 NO_3^- 的转运功能。当环境 NO_3^--N 浓度大于 1mmol/L 时，LATS 主导 NO_3^--N 的吸收，且主要由 NPF 蛋白家族参与转运，但也存在因蛋白氨基酸磷酸化的作用使部分 NRT1 转运蛋白具有双亲和的转运特征，在低浓度 NO_3^- 的情况下也可以参与转运过程。

4.2.2　氮素同化的分子机制

茶树根系从土壤中吸收氮素之后，主要经过 GS-GOGAT 循环途径催化合成 Glu 和 Gln，进而参与核酸、蛋白质和茶氨酸等其他氨基酸的生物合成。因此，GS-GOGAT 途径是调控茶树氮素同化的关键调控因素。高等植物中 GS 有两种同工酶 GS1 和 GS2，其中 GS1 由多基因家族编码，主要分布在根系细胞的细胞质中，其生理功能和代谢调控相对复杂；GS2 为单基因编码，主要在叶肉细胞叶绿体中表达，且会受到光照的调控。GOGAT 也存在 Fd-GOGAT 和 NADH-GOGAT 两种类型，分别以 Ferredoxin 和 NADH 为质子供体，其中 Fd-GOGAT 主要存在于叶片的叶绿体内参与光呼吸过程，合成及活性受到光的调节，而 NADH-GOGAT 主要位于根系等非光合组织中参与 NH_4^+ 的同化。因此，GS1 和 NADH-GOGAT 在植物根细胞 NH_4^+-N 同化中起关键酶作用，而 GS2 和 Fd-GOGAT 主要在光呼吸的氮代谢中发挥作用。同时，在茶树根系中茶氨酸合成酶（TS）将 Glu 转化为茶氨酸，之后再被转运至地上组织部位。

NO_3^- 进入植物体后需还原为 NH_4^+ 才能参与氨基酸合成蛋白质，其中 NR 和 NiR 在 NO_3^- 的还原过程中发挥了重要作用。NR 被认为是 NO_3^- 无机同化的限速酶，主要在细胞质中将 NO_3^- 还原为 NO_2^-，NiR 是关键控制酶，主要在叶绿体将 NO_2^- 还原成 NH_4^+，二者偶联完成 NO_3^- 的无机同化。NR 酶促反应的一个副产物是 NO，其通过 NR 经 S- 亚硝基化的途径，来调整 NO_3^- 的同化进而控制自身的合成，NO 可以作为一个信号分子调控植株的生长及胁迫应答。此外，NO_3^- 也是植物氮代谢的重要信号物质，会在短时间内引起植株体内大量的基因发生变化。在拟南芥等其他物种中的研究发现，NO_3^- 信号的转运者 / 接收者 AtNPF6.3，钙调素相互作用蛋白激酶 AtCIPK8 和 AtCIPK23，转录因子 AtSPL9、AtTGA1/4 和 NIN-like protein 6/7（AtNLP6/7）均受到 NO_3^- 的诱导而发生变化。其中，AtNLP7 转录因子被认为是 NO_3^- 初级反应的主要调控因子，在拟南芥中所有 NLP 家族的成员，被叫做硝酸盐调控元件（NRE），并激活转录后结合。在茶树中，关于氮代谢调控中转录因子的作用，目前还没有明确的发现，还需要进一步研究。

除了氮素的直接吸收代谢外，植物可以捕获经光呼吸作用、衰老或者种子萌发过程中的蛋白降解转换而产生大量氨，进行氮素的再同化过程，GS1 及其异构体也会参与再同化过程。在种子萌发中 N 的再活化过程中，拟南芥的 5 个 GS1 的异构体中，只有 *AtGS1.2* 参与了铵根的再同化，而 *AtGS1.1* 只影响种子萌发过程中初根的发生。在谷类植物中 GS1 的同工酶在植株生长和种子的产量形成过程中发挥着同等重要的作用。叶绿体中的 3 个酶（NiR、GS 和 GOGAT），在氮的初级代谢过程中发挥重要的酶促作用。谷氨酸代谢过程中的谷氨酸脱氢酶（GDH），可以催化谷氨酸和 α- 酮戊二酸之间的转换。其他氨基酸合成酶，例如天冬氨酸合成酶 2（ASN2）对于植物的 N 素的同化、分配以及再活化也具有重要作用。

4.3　茶树氮素利用功能基因鉴定

茶树氮素的吸收和转运蛋白基因，氮素同化过程中的主要调控酶基因及氨基酸的转运蛋白基因等，是参与茶树氮代谢的主要基因类型。近些年，随着生物技术在茶树研究中的应用，采用转录组、代谢组、基因克隆、基因表达特性，以及转基因功能鉴定等围绕氮素代谢过程的转运蛋白及代谢酶类进行了大量的研究，主要集中在代谢途径中部分基因的克隆、表达模式及功能验证的研究，为氮素的分子机制的进一步探索提供了重要的理论基础。但相对于其他物种，茶树氮代谢研究的整体水平相对滞后，对于其吸收和同化的影响因素，以及代谢过程中相关基因的功能及相互作用还需要进一步验证。

4.3.1　氮素转运相关基因鉴定及功能验证

茶树对氮素离子的吸收和转运离不开氮素转运蛋白的作用，其中 AMT 和 NRT 转运蛋白发挥了重要作用，研究编码此蛋白家族的关键基因的功能和分子机制，对减少茶园氮肥施用量、提升氮素利用率等都有重要的指导意义。

目前通过转录组、代谢组等研究方法，相继筛选和鉴定了茶树氮素转运过程中的关键转运蛋白基因。Li 等（2017）分析了不同 NH_4^+ 处理下，茶树根和叶中氮代谢关键基因的表达差异及与氨基酸含量的相关性，发现 AMT、NRT 和 AQP（水通道蛋白）基因，为氮素吸收和转运过程中的关键基因，在茶树的氮代谢过程中发挥了重要作用。Zhang 等（2020）在低氮处理下，在转录组水平，通过 WGCNA 分析方法构建了茶树氮代谢网络，分析发现铵根转运蛋白 CsAMT1.2 和硝酸根转运蛋白 CsNRT2.4 在低氮条件下的氮素代谢过程中，发挥了核心作用（图 4.2）。

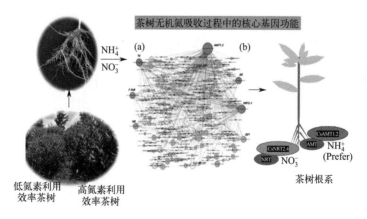

图 4.2　低氮条件下茶树氮素吸收关键调控基因

（1）CsAMTs 基因的鉴定及关键基因功能验证　目前在茶树基因组中共鉴定出 16 个 AMT 家族成员，分属于两个亚家族 *AMT1*（高亲和性铵根转运蛋白）和 *AMT2*（低亲和性铵根转运蛋白）。*CsAMTs* 主要表达在嫩叶和根尖，且氮胁迫、干旱、盐胁迫、茉莉酸甲酯等因素均会影响 *CsAMTs* 的表达。目前已分离得到茶树 *CsAMT1s* 家族基因 *CsAMT1.1-1.5* 和 CsAMT2s 家族基因 *CsAMT2-CsAMT4*。

Zhang 等（2020）通过铵根吸收缺陷型酵母的实验发现，*CsAMT1.2* 可以使酵母突变体重新恢复对低浓度 NH_4^+ 的吸收能力，且可以增加酵母细胞对 NH_4^+ 的瞬时吸收速率；而

CsAMT1.1 和 *CsAMT3.1* 目前还未发现在酵母细胞中的铵根吸收特性。因此，推测茶树 *CsAMT1.2* 基因是茶树根系中负责 NH_4^+ 吸收和转运的关键功能基因。王羽（2022）通过酵母转化验证了 CsAMT1.3 为高亲和性 NH_4^+ 转运蛋白，同时还可以转运铵的同系物甲基铵，且茶树 *CsAMT1.3* 基因过表达可促进转基因拟南芥植株的生长，因此，*CsAMT1.3* 可能受铵诱导表达，促进氮代谢，加快铵的同化。张文婧（2021）同样通过酵母也验证了 *CsAMT2.2* 和 *CsAMT2.3* 是茶树根部参与 NH_4^+ 吸收的高效功能基因。Wang 等（2022）通过缺陷酵母验证了 16 条筛选得到的 *CsAMTs* 基因均具有转运能力。

（2）CsNRTs 基因的鉴定及关键基因功能验证　目前结合转录组及基因组序列已分离和鉴定的茶树 *NRT* 家族基因包括 NRT1/NPF 亚家族的 *CsNRT1.1*、*CsNRT1.2*、*CsNRT1.5*、*CsNRT1.7*，NRT2 亚家族的 *CsNRT2.1*、*CsNRT2.2*、*CsNRT2.3*、*CsNRT2.4*、*CsNRT2.5*、*CsNRT2.6*，NRT3 亚家族的 *CsNRT3.1* 和 *CsNRT3.2*。CsNRT1 家族基因所编码蛋白均含有 12 个跨膜螺旋，属于质子依赖的多肽转运蛋白家族（PTR2，PF00854）；CsNRT2 家族中的两个硝酸根转运蛋白分别具有 10 ～ 11 个跨膜螺旋，属于膜转运蛋白超基因家族的成员（MFS，PF07690）；CsNRT3 为具有信号肽的分泌蛋白，分别含有 1 ～ 2 个跨膜螺旋，属于高亲和硝酸根转运蛋白的附属功能蛋白（NAR2，PF16974）。*NRT2* 基因家族在植物硝酸盐吸收、转运过程中发挥着重要作用。顺式元件分析表明，*CsNRT2s* 启动子中含有光、逆境、激素以及植物生长调控等响应元件。低氮处理条件下，*CsNRT2s* 在茶树根部和新梢中的表达呈现不同的变化趋势，其中，*CsNRT2.1* 在茶树根部和新梢中的表达量显著上升。对茶树 *CsNRT2s* 和 *CsNRT3s* 基因的表达模式研究表明，*CsNRT2.4* 在根系中特异表达，*CsNRT3.1* 在根系中的表达量较高；而 *CsNRT2.5* 和 *CsNRT3.2* 在成熟叶片中的表达量最高。且 *CsNRT2.4* 和 *CsNRT3.2* 在根系中受到氮素的显著诱导，推测 *CsNRT2.4* 主要负责茶树根系中在低氮浓度下硝酸根的吸收，*CsNRT3.2* 为主要的协助 *CsNRT2s* 基因进行硝酸根转运的功能基因，包括根系的 NO_3^- 吸收及 NO_3^- 往地上部位的转运。

目前，只有 *CsNRT2.4* 通过转基因拟南芥实验进行了功能验证，结果表明 *CsNRT2.4* 定位在细胞膜上，为质膜转运蛋白，*CsNRT2.4* 基因超表达提高了拟南芥对低浓度 NO_3^- 的吸收速率，并可以促进拟南芥的侧根发育，增加拟南芥植株的生物量积累。推测 CsNRT2.4 为高亲和性硝酸根转运蛋白，是茶树根系 NO_3^- 吸收的关键基因。

4.3.2　氮素同化过程相关基因鉴定及功能验证

细胞质中的硝酸盐是初级氮同化的起点，*NR* 和 *NIR* 基因的表达和酶活性的调控直接影响着初级氮同化的过程。目前茶树中 *CsNR* 和 *CsF-NiR* 基因均已得到克隆，分析推测茶树 NR 蛋白属于亲水性蛋白，在不同茶树品种叶片中 NR 表达水平差异明显，可用于评价茶树品种间氮素吸收利用能力的差异。*CsF-NiR* 基因在茶树一芽二叶、成熟叶和根中均有表达，其中在成熟叶中的表达量明显高于根系，且在根系和叶片中的表达均受到氮素的诱导而表达上调，在茶树品种表达中表现为氮高效品种的诱导变化高于其他品种。通过转基因手段鉴定了 CsF-NiR 定位在细胞膜及叶绿体中，*CsF-NiR* 超表达可以提高拟南芥 *AtNiR1* 基因缺失突变体的叶绿素含量，说明 *CsF-NiR* 对于茶树叶片中氮素利用及叶绿素的合成过程具有一定的作用，推测其在茶树根及叶片的亚硝酸还原过程中均发挥了重要作用。

茶氨酸和谷氨酰胺等是茶树氮同化的主要产物，在茶氨酸的合成和转运过程中的关键酶及氨基酸转运蛋白等发挥了重要作用。目前，相关基因已逐渐被克隆和进行进一步的验证。谷氨酰胺合成酶（glutamine synthetase，GS）是植物氮素同化过程中的限速酶，目前已有 *CsGS1.1*、*CsGS1.2* 和 *CsGS1.3* 基因被成功克隆，其中 *CsGS1.1* 和 *CsGS1.3* 在根部表达量最高，而 *CsGS1.2* 主要在叶中表达；且其表达规律受到不同氮素形态的影响，*CsGS1.1* 的表达量主要在 NO_3^- 处理后期才显著提高，而 *CsGS1.2* 和 *CsGS1.3* 的表达量则主要受 NH_4^+ 处理的影响，体现了其功能可能随氮素形态存在差异。系统进化分析结果显示，茶氨酸合成酶基因（*CsTS*）应为谷氨酰胺合成酶基因家族成员，尽管茶树 TS 与 GS 序列高度同源，但是原核表达后的融合蛋白仍然显示了不同的催化能力，经同源建模的蛋白三级结构分析显示，CsTS 与 CsGS 存在 3 个催化位点上的差异，这可能是导致其酶活性差异的关键。但 TS 和部分 GS 家族成员都具有催化乙胺和谷氨酸合成茶氨酸的活性。

茶氨酸主要在根中由谷氨酸（Glu）和乙胺（Ethylamine，EA）合成，茶氨酸的积累依赖于乙胺的可得性，乙胺是由丙氨酸脱羧酶（AlaDC）催化丙氨酸脱羧产生的。Bai 等（2019）通过基因原核表达及蛋白纯化验证了茶树中一个 *AlaDC* 可以催化 Ala 的脱羧反应，因此，该新基因被鉴定为 *AlaDC*，命名为 *CsAlaDC*。对其表达模式的研究表明，*CsAlaDC* 在根组织中的转录水平显著高于叶组织，且受到氮素的诱导而表达上调，表明茶氨酸的生物合成受氮素供应的调控，并与氮代谢密切相关。此外，丙氨酸氨基转移酶（Alanine Aminotransferase，AlaAT）是与碳氮代谢相关的一种重要酶类，AlaAT 催化丙氨酸和 α- 酮戊二酸形成丙酮酸和谷氨酸。目前茶树 *CsAlaAT1* 基因也已克隆，且表达规律受到氮素的诱导，但关于其功能的验证还需要进一步研究。

4.3.3　氨基酸转运过程相关基因鉴定及功能验证

氮素在茶树根部被同化为谷氨酰胺和茶氨酸等氨基酸，之后被运送到地上部进行进一步代谢，这一过程均离不开氨基酸转运蛋白的功能。氨基酸转运蛋白家族基因庞大，具有多样的转运功能，目前在茶树中已经克隆得到 5 个氨基酸通透酶亚家族 *CsAAPs* 基因和 4 个赖氨酸 / 组氨酸转运蛋白亚家族 *CsLHTs* 基因（郭玲玲等，2019，2020）。研究其随氮素变化的表达规律发现，*CsAAP3* 和 *CsAAP8* 在茶树茎中的表达量较高，可以快速对低氮条件做出响应，*CsLHT8.1* 受到氮素的长时间诱导且存在品种间的差异，推测它们可能参与茶树中氨基酸由源到库的运输。通过酵母突变体的功能互补实验已证实有 6 个茶树氨基酸通透酶 CsAAP1、CsAAP2、CsAAP4、CsAAP5、CsAAP6 和 CsAAP8 具有转运茶氨酸的能力，结合其表达特性推测 CsAAP1 可能主要介导了茶氨酸从根部到茎部的转运。

黄玮（2022）基于转录组测序技术，鉴定了 N 网络调控模块中的 7 个候选基因，包括 4 个 *Cs LHTs*（Lysine and histidine transporter，赖氨酸 - 组氨酸转运基因）亚家族成员与 3 个 *Cs ATGs*（Autophagy-related genes，自噬相关基因）家族成员。解析了 7 个候选基因响应氮的表达模式及其在氮素响应中的作用，并通过对转基因拟南芥超表达株系的分析表明，*CsATG8a* 具有提高氮利用的潜能。刘红玲（2020）研究了茶树 *CsVAT1.3*、*CsLHT8L*、

CsCAT9.1、*CsAAP3.1* 4 个茶树氨基酸转运基因，通过遗传转化获得了各基因拟南芥转基因株系。明确 CsVAT1.3 特异性转运高浓度（1mmol/L）Arg，CsLHT8L 介导高浓度 Gly、Pro 及低浓度（＜1mmol/L）Lys 转运，其中特别探讨了 CsAAP3.1 在不同氮条件下如何介导的氮分配及利用效率。CsCAT9.1 转运底物广泛，可转运包括 Leu、Phe、Glu 和 Thea 在内的共 11 种氨基酸。*CsAAP3.1* 定位于细胞质膜和内质网，可广谱转运 Thea、Arg、His 及 Glu 等 13 种氨基酸，且通过 HPLC-MS 测定证实了 *CsAAP3.1* 超表达拟南芥株系对茶氨酸存在过量吸收，说明其对改善茶叶品质具有重要作用。关于茶树氨基酸转运及代谢的其他关键基因的功能还需进一步验证。

（王丽鸳　白培贤）

参考文献

[1] 白培贤，王丽鸳，韦康，等.茶树丙氨酸氨基转移酶基因的克隆与表达分析.茶叶科学，2016，36（4）：405-413.

[2] 陈琪，江雪梅，孟祥宇，等.茶树茶氨酸合成酶基因的酶活性验证与蛋白三维结构分析.广西植物，2015，35（3）：384-392，377.

[3] 杜旭华，彭方仁.无机氮素形态对茶树氮素吸收动力学特性及个体生长的影响.作物学报，2010，36（2）：327-334.

[4] 杜旭华.氮素形态对茶树的生长及氮素吸收利用的影响.南京林业大学，2009.

[5] 郭玲玲，张芬，成浩，等.茶树 *CsAAPs* 亚家族基因的克隆与表达分析.茶叶科学，2020，40（4）：454-464.

[6] 郭玲玲，张芬，张亚真，等.茶树 *CsLHTs* 亚家族基因的克隆与表达分析.茶叶科学，2019，39（3）：280-288.

[7] 黄玮.茶树氨基酸转运基因 *CsLHTs* 及自噬相关基因 *CsATGs* 氮素利用功能解析.华中农业大学，2022.

[8] 李海琳，王丽鸳，成浩，等.氮素水平对茶树重要农艺性状和化学成分含量的影响.茶叶科学，2017，37（4）：383-391.

[9] 李金婷，黄少欣，韦持章，等.不同氮素营养水平对茶树根际土壤微生物的影响及其在养分调控中的作用.华北农学报，2019，34（S1）：281-288.

[10] 李婧，左欣欣，赵培伶，等.茶树高亲和硝酸盐转运蛋白家族基因 *NRT2* 的鉴定与表达.应用与环境生物学报，2022，28（1）：50-56.

[11] 李维，向芬，周凌云，等.氮素减施对茶树光合作用和氮肥利用率的影响.生态学杂志，2020，39（1）：93-98.

[12] 刘红玲.茶树氨基酸转运基因 *CsVAT1.3*、*CsLHT8L*、*CsCAT9.1*、*CsAAP3.1* 功能鉴定.华中农业大学，2020.

[13] 刘健伟，方寒寒，马立峰，等.不同氮肥水平下春季茶树新梢代谢组学变化.浙江农业科学，2019，60（2）：189-192.

[14] 刘健伟，方寒寒，袁新跃，等.氮素对茶树生理及品质成分影响的研究进展.茶叶学报，2018，59（3）：155-161.

[15] 刘健伟.基于组学技术研究氮素对于茶树碳氮代谢及主要品质成分生物合成的影响.中国农业科学院，2016.

[16] 刘圆.不同氮效率茶树品种氮素吸收利用相关基因表达模式探究.中国农业科学院茶叶研究所，2015.

[17] 毛鹏，王丽鸳，白培贤，等.类茶氨酸合成酶基因家族在番茄中的鉴定及表达研究.茶叶科学，2021，41（2）：173-183.

[18] 阮建云，马立峰，伊晓云，等.茶树养分综合管理与减肥增效技术研究.茶叶科学，2020，40（1）：85-95.

[19] 阮建云，王晓萍，崔思真，等.茶树品种间氮素营养的差异及其机制的研究.中国茶叶，1993，3：35-37.

[20] 阮建云.中国茶树栽培 40 年.中国茶叶，2019，41（7）：1-7.

[21] 苏有健，廖万有，丁勇，等.不同氮营养水平对茶叶产量和品质的影响.植物营养与肥料学报，2011，17（6）：

1430-1436.

[22] 汤丹丹，刘美雅，张群峰，等. 不同氮素形态, pH 对茶树元素吸收及有机酸含量影响. 茶叶科学, 2019, 39（2）：49-60.

[23] 汤丹丹，刘美雅，张群峰，等. 茶树胞质型谷氨酰胺合成酶基因 *CsGS1s* 的克隆及表达分析. 植物生理学报, 2018, 54（1）：71-80.

[24] 万青，徐仁扣，黎星辉. 氮素形态对茶树根系释放质子的影响. 土壤学报, 2013, 50（4）：720-725.

[25] 王丽鸳，陈常颂，林郑和，等. 不同品种茶树生长对氮素浓度的响应差异. 茶叶科学, 2015, 35（5）：423-428.

[26] 王涛. 茶树铵转运蛋白 *CsAMT2.2* 转录调控研究. 福建农林大学, 2022.

[27] 王新超，杨亚军，陈亮，等. 不同品种茶树氮素效率差异研究. 茶叶科学, 2004（2）：93-98.

[28] 王新超，杨亚军，陈亮，等. 茶树氮素利用效率相关生理生化指标初探. 作物学报, 2005（7）：926-931.

[29] 王羽. 茶树铵转运蛋白 *CsAMT1.3* 基因的功能分析. 浙江大学, 2022.

[30] 韦智获，苏敏，张凌云，等. 不同有机肥对茶叶生长和土壤物理性质的影响. 安徽农业科学, 2020, 48（13）：159-161，178.

[31] 向芬，李维，刘红艳，等. 氮素水平对不同品种茶树光合及叶绿素荧光特性的影响. 西北植物学报, 2018, 38（6）：1138-1145.

[32] 向芬，李维，刘红艳，等. 氮素水平对茶树叶片氮代谢关键酶活性及非结构性碳水化合物的影响. 生态学报, 2019, 39（24）：9052-9057.

[33] 杨亦扬，胡雲飞，万青，等. 茶树硝态氮转运蛋白 *NRT1.1* 基因的克隆及表达分析. 茶叶科学, 2016, 36（5）：505-512.

[34] 杨亦扬，马立锋，黎星辉，等. 氮素水平对茶树新梢叶片代谢谱及其昼夜变化的影响. 茶叶科学, 2013（6）：491-499.

[35] 张芬，王丽鸳，成浩，等. 茶树亚硝酸还原酶基因 *CsNiR* 的克隆及表达分析. 园艺学报, 2016, 43（7）：1348-1356.

[36] 张文婧，林琳，陈明杰等. 茶树 *CsAMT1s* 亚家族基因的克隆与表达. 应用与环境生物学报, 2022, 28（1）：57-66.

[37] 张文婧. 不同氮素吸收效率茶树品种 *AMT* 基因表达差异研究. 福建农林大学, 2021.

[38] 周碧青，陈成榕，杨文浩，等. 茶树对可溶性有机和无机态氮的吸收与运转特性. 植物营养与肥料学报, 2017, 23（1）：189-195.

[39] 周月琴，庞磊，李叶云，等. 茶树硝酸还原酶基因克隆及表达分析. 西北植物学报, 2013（7）：1292-1297.

[40] 周志，刘扬，张黎明，等. 武夷茶区茶园土壤养分状况及其对茶叶品质成分的影响. 中国农业科学, 2019, 52（8）：1425-1434.

[41] 邹振浩，沈晨，李鑫，等. 我国茶园氮肥利用和损失现状分析. 植物营养与肥料学报, 2021, 27（1）：153-160.

[42] Andrews M.The partitioning of nitrate assimilation between root and shoot of higher plants[J].Plant Cell and Environment, 1986, 9（7）：511-519.

[43] Bai P, Wei K, Wang L, et al.Identification of a Novel Gene Encoding the Specialized Alanine Decarboxylase in Tea（*Camellia sinensis*）Plants[J].Molecules, 2019, 24（3）, 240

[44] Bao A, Zhao Z, Ding G, et al.Accumulated expression level of cytosolic glutamine synthetase 1 gene （*OsGS1；1*or *OsGS1；2*）alter plant development and the carbon-nitrogen metabolic status in rice[J].PloS One, 2014, 9（4）：e95581.

[45] Britto D, Kronzucker H.Ecological significance and complexity of N-source preference in plants[J].Annals of Botany, 2013, 112（6）：957-963.

[46] Couturier J, Montanini B, Martin F, et al.The expanded family of ammonium transporters in the perennial poplar plant[J].New Phytologist, 2007, 174：137-150.

[47] Dong C, Li F, Yang T, et al.Theanine transporters identified in tea plants（*Camellia sinensis* L.）[J].The Plant Journal, 2020, 101（1）：57-70.

[48] Du X，Peng F，Jiang J，et al.Inorganic nitrogen fertilizers induce changes in ammonium assimilation and gas exchange in *Camellia sinensis* L.[J].Turkish Journal of Agriculture and Forestry，2015，39（1）：28-38.

[49] Forde B.Nitrate transporters in plants：structure，function and regulation[J].Biochim Biophys Acta-Biomembr，2000，1465（1-2）：219-235.

[50] Gaufichon L，Masclaux-Daubresse C，Tcherkez G，et al.*Arabidopsis thaliana ASN2* encoding asparagine synthetase is involved in the control of nitrogen assimilation and export during vegetative growth[J].Plant Cell and Environment，2013，36（2）：328-342.

[51] Jorgensen M E，Olsen C E，Geiger D，et al.A Functional EXXEK motif is essential for proton coupling and active glucosinolate transport by NPF2.11[J].Plant and Cell Physiology，2015，56（12）：2340-2350.

[52] Kojima S，Konishi N，Beier M，et al.NADH-dependent glutamate synthase participated in ammonium assimilation in *Arabidopsis* root[J].Plant Signaling and Behavior，2014，9（8）：e29402.

[53] Krapp A.Plant nitrogen assimilation and its regulation：a complex puzzle with missing pieces[J].Current Opinion in Plant Biology，2015，25：115-122.

[54] Krapp A，David L C，Chardin C，et al.Nitrate transport and signalling in *Arabidopsis*[J].Journal of Experimental Botany，2014，65（3）：789-798.

[55] Léran S，Varala K，Boyer J C，et al.A unified nomenclature of NITRATE TRANSPORTER 1/PEPTIDE TRANSPORTER family members in plants[J].Trends in Plant Science，2014，19（1）：5-9.

[56] Liu K，Tsay Y.Switching between the two action modes of the dual‐affinity nitrate transporter chl1 by phosphorylation[J].Embo Journal，2003，22（5）：1005-1013.

[57] Ludewig U.Ion transport versus gas conduction：function of AMT/Rh-type proteins[J].Transfusion Clinique Et Biologique，2006，13（1-2）：111-116.

[58] Miller A J，Fan X R，Orsel M，et al.Nitrate transport and signalling[J].Journal of experimental botany，2007，58（9）：2297-2306.

[59] Okamoto M，Vidmar J J，Glass A D.Regulation of *NRT1* and *NRT2* gene families of *Arabidopsis thaliana*：responses to nitrate provision[J].Plant and Cell Physiology，2003，44（3）：304-317.

[60] Rana N，Mohanpuria P，Yadav S.Cloning and characterization of a cytosolic glutamine synthetase from *Camellia sinensis*（L.）O.Kuntze that is upregulated by ABA，SA，and H_2O_2[J].Molecular Biotechnology，2008，39（1）：49-56.

[61] Rawat S R，Silim S N，Kronzucker H J，et al.*AtAMT1* gene expression and NH_4^+ uptake in roots of *Arabidopsis thaliana*：evidence for regulation by root glutamine levels[J].The Plant journal：for cell and molecular biology，1999，19（2）：143-152.

[62] Ruan J，Gerendas J，Hardter R，et al.Effect of nitrogen form and root-zone pH on growth and nitrogen uptake of tea（*Camellia sinensis*）plants[J].Annals of Botany，2007，99（2）：301-310.

[63] Ruan L，Wei K，Wang L Y，et al.Characteristics of NH_4^+ and NO_3^- fluxes in tea（*Camellia sinensis*）roots measured by scanning ion-selective electrode technique [J].Scientific Reports，2016，6（1）：38370.

[64] Sun J，Bankston J R，Payandeh J，et al.Crystal structure of a plant dual-affinity nitrate transporter[J].Nature，2014，507（7490）：73-77.

[65] Tabuchi M，Abiko T，Yamaya T.Assimilation of ammonium ions and reutilization of nitrogen in rice（*Oryza sativa L.*）[J].Journal of experimental botany，2007，58（9）：2319-2327.

[66] Venkatesan1 S，Ganapathy M N K.Nitrate reductase activity in tea as influenced by various levels of nitrogen and potassium fertilizers[J].Communications in Soil Science and Plant Analysis，2004，35（9-10）：1283-1292.

[67] von Wirén N，Gazzarrini S，Gojon A，et al.The molecular physiology of ammonium uptake and retrieval[J].Current Opinion in Plant Biology，2000a，3：254-261.

[68] von Wittgenstein N J，Le C H，Hawkins B J，et al.Evolutionary classification of ammonium，nitrate，and peptide transporters in land plants[J].BMC Evolutionary Biology，2014，14（1）：1-17.

[69] Wang J，Huner N，Tian L.Identification and molecular characterization of the *Brachypodium distachyon NRT2* Family，with a major role of *BdNRT2.1*[J].Physiologia Plantarum，2019，165：498-510.

[70] Wang Y，Cheng X，Yang T，et al.Nitrogen-regulated theanine and flavonoid biosynthesis in tea plant roots：protein-level regulation revealed by multiomics analyses[J].Journal of Agricultural and Food Chemistry，2021，69（34）：10002-10016.

[71] Wang Y Y，Hsu P K，Tsay Y F.Uptake，allocation and signaling of nitrate[J].Trends in Plant Science，2012，17（8）：458-467.

[72] Wang Y，Xuan M，Wang M，et al.Genome-wide identification，characterization，and expression analysis of the ammonium transporter gene family in tea plants（*Camellia sinensis* L.）.Physiologia Plantarum，2022，174（1）：e13646.

[73] Xu G，Fan X，Miller A J.Plant nitrogen assimilation and use efficiency[J].Annual Review of Plant Biology，2012，63（3）：153-182.

[74] Yang Y Y，Li X H，Ratcliffe R G，et al.Characterization of ammonium and nitrate uptake and assimilation in roots of tea plants[J].Russian Journal of Plant Physiology，2013，60（1）：91-99.

[75] Yuan L，Gu R，Xuan Y，et al.Allosteric regulation of transport activity by heterotrimerization of *arabidopsis* ammonium transporter complexes in vivo[J].Plant Cell，2013，25：974-984.

[76] Yuan L，Loque D，Kojima S，et al.The organization of high-affinity ammonium uptake in *Arabidopsis* roots depends on the spatial arrangement and biochemical properties of AMT1-type transporters[J].Plant Cell，2007，19（8）：2636-2652.

[77] Zhang F，Liu Y，Wang L，et al.Molecular cloning and expression analysis of ammonium transporters in different tea（*Camellia sinensis*（L.）O.Kuntze）cultivars under different nitrogen treatments[J].Gene，2018，658：136-145.

[78] Zhang F，Wang L，Bai P，et al.Identification of regulatory networks and hub genes controlling nitrogen uptake in tea plants[*Camellia sinensis*（L.）O.Kuntze] [J].Journal of Agricultural and Food Chemistry，2020，68（8）：2445-2456.

[79] Zheng L，Kostrewa D，Berneche S，et al.The mechanism of ammonia transport based on the crystal structure of AmtB of *Escherichia coli*[J].Proceedings of the National Academy of Sciences of the United States of America，2004，101（49）：17090-17095.

第 5 章

茶树抗旱机理研究

▲▲▲▲▲▲▲

　　茶树是一种重要的经济作物，其新梢是制作茶叶的原材料。茶树喜温暖湿润的气候环境，对种植环境的降雨量要求较高，通常认为适宜的年降雨量为 1000mm 以上，适宜的月降水量为 100mm。近年来因全球温室效应的影响，春季降水量逐渐减少。我国茶园分布地理位置阔度较大，茶区多分布在高山、丘陵等地，四季降雨分布不均匀，导致茶园干旱胁迫频发。此外，我国茶叶主要产区夏秋季气温高、空气湿度较低且水分蒸发强烈，容易造成秋旱，不利于来年春茶的产量和品质。因此，干旱成为制约我国茶叶产量和品质的重要因素之一。2021 年云南遭遇大旱导致 26.67 万公顷茶园受灾，春茶减产 50% 左右，直接经济损失高达 10 亿元。印度是世界第二大茶叶生产国，近年来茶树生长也受到干旱气候条件的威胁，茶叶产量减少了 14% ～ 33%，茶树死亡率高达 6% ～ 19%。在干旱条件下，茶树的叶面积和叶片厚度都会减少，从而阻止了侧芽和顶芽的生长，甚至导致茶树树皮裂开、枯萎，叶片枯萎 / 脱落，光合作用和代谢能力减弱。长时间且重度干旱导致茶叶中多种品质相关成分（总儿茶素、茶多酚、总游离氨基酸和水浸出物等）含量下降。因此，本章结合近些年的研究成果阐述了茶树在干旱胁迫下的防御机制，主要涉及表型、生理（光合作用、气孔）、生化（植物激素、丙二醛等渗透调节物质和活性氧清除剂）及分子水平（抗旱基因的表达谱），为全面了解茶树抗旱机制和选育抗旱品种提供参考。

5.1　茶树抗旱的生理学基础

　　干旱是一种使植物产生水分亏缺（或水分胁迫）的环境因子。一方面，引发植物细胞膜的物理状态发生改变，进而使其透性增加或丧失，细胞渗透平衡被破坏。另一方面，导致植物膜内脂和膜蛋白变性，从而导致细胞膜透性增加，细胞液外渗，具体表现为电导率增大和丙二醛（MDA）含量增加。轻度和中度干旱下，MDA 含量随干旱时间延长呈现增加趋势，但增加幅度不大；重度干旱下，MDA 含量增加较为显著，且在胁迫后期 MDA 增幅明显，具有持续、快速累加的效应。

　　在长期的生物进化过程中，植物逐渐形成一系列复杂的干旱胁迫响应机制以避免或降低干旱对植物体的损害，主要包括信号感应和转导、生理生化响应和分子调控机制。茶树抵御干旱的方式与其他高等植物类似，通过形成特殊的叶片结构调节机体代谢，如渗透调节、逆境蛋白合成、抗氧化防御系统增强等。本节主要介绍茶树抗旱方面的生理学基础，包括形态特征、渗透调节物质、抗氧化系统、内源激素和光合作用与呼吸作用五个方面。

5.1.1 形态特征

茶树在受到干旱胁迫时，细胞内水分外渗，引起细胞收缩，体内代谢发生变化，并引发一系列形态变化，包括新叶生长和叶片扩增受到抑制，叶片加速衰老，叶面积系数减少，同时叶表面气孔关闭、CO_2 导度降低、根系活力降低，生长受到抑制。随着干旱时间延长，幼叶逐渐萎蔫，新稍形成驻芽，停止生长。而后叶片开始泛红并出现焦斑，继而整叶枯焦，同时老叶叶色变为黄绿、淡红，茎轻折易断，直至整个植株干枯死亡。

不同抗旱品种茶树在干旱胁迫下的形态表现不同。抗旱性强的品种，其叶片卷曲、枯黄指数较低，叶片可维持一定的角度和形态，叶表皮结构特化，栅栏组织与海绵组织比值高，光能利用率增强，叶片保持相对较高含水量，气孔导度下降，水分向大气散失减少。此外，耐旱茶树品种还具有角质层厚、栅栏组织厚且发达、叶层厚、叶片革质、叶被茸毛多、叶色深绿、单位叶面积叶片气孔多而小、根深和根系发达等形态特征。富含蜡质的角质层可降低水分散失、延缓萎蔫、反射太阳光、降低叶温；厚且发达的栅栏组织富含叶绿体，可增强光合作用，减少水分散失；叶肉和叶脉中富含晶细胞，起机械支撑作用，维持细胞渗透势；叶背多茸毛可避免叶温剧变、减少水分蒸腾。干旱胁迫下，茶树部分形态特征具有向着耐旱演化的趋势，即根长增加，根冠比增大，叶片、角质层和栅栏组织均增厚，逐渐减小株高、生长速率、根直径和生物量等，减弱同化作用，减少能量消耗。此外，茶树的干旱损伤与叶片水势也密切相关。茶树叶片水势随土壤水分亏缺的增大而减少，并与蒸腾损耗呈负相关，与水的利用率呈正相关。Handique 等（2013）发现，在水分胁迫条件下抗旱性品种叶片具有较高的水势、气孔扩散阻力、相对膨压和叶片表皮蜡质含量以及较低的蒸腾速率和水分饱和亏值。

5.1.2 渗透调节物质

植物通过渗透调节，累积细胞溶质，保持一定的细胞膨压，继而维持细胞持续生长、提高细胞保水力、维持一定的气孔导度和光合作用、延迟卷叶等，抵御干旱胁迫。复水后，植物细胞渗透平衡得到重建，轻度、中度干旱胁迫后复水，多数生理参数快速部分或完全恢复到正常生长水平，而重度和极端干旱胁迫后复水，其生理参数短期内不能恢复到正常水平。

在水分胁迫下，茶树体内主要通过积累各种有机物质和无机物质来提高细胞液浓度，降低渗透势，提高细胞保水能力，维持细胞膨压，使细胞生长、气孔运动、光合作用等生理过程正常进行，增强其抗旱性。不同干旱敏感性茶树品种的细胞超微结构显示差异，从干旱耐受的茶树品种中发现膜完整性和较轻的结构损伤，反之在干旱敏感型茶树品种中则表现出更强的结构损伤。

目前发现渗透调节的机理主要有两种：一种以脯氨酸、甜菜碱等有机物为渗透调节物质，主要调节细胞质的渗透势，并对酶、蛋白质及生物膜起保护作用；另一类以 K^+、Na^+ 和其它无机离子为渗透调节物质，主要功能是调节液泡渗透势，以维持细胞膨压。

目前关于茶树在逆境条件下渗透调节物质变化的研究较多，并且多集中在干旱等逆境引起植物体内可溶性糖、游离脯氨酸含量的变化等方面。虽然早期有观点认为脯氨酸的积累与作物耐旱性之间没有规律性，但至今为止大量的研究结果都证实了在干旱胁迫条件下，绝大部分植物体内都会积累脯氨酸，且耐旱性强的品种中的脯氨酸含量显著高于耐旱性弱的品种，所以脯氨酸也是衡量农作物耐旱性的重要指标之一。干旱胁迫所导致的植物体脯氨酸积累是各类胁迫中最多的，可达正常含量的几十至几百倍。脯氨酸的溶解度很大，具有良好的水合性，因此在植物遭受干旱逆境时脯氨酸可作为渗透保护剂，有助于提高原生质的渗透压，帮助细胞和组织保水，减少植物体内水分散失，增强植物体的抗脱水能力。脯氨酸在保护膜蛋白结构的完整性及增强膜的柔韧性方面也发挥着重要作用。

　　游离氨基酸的含量变化也和水分胁迫相关联。缺水时，茶树叶片中可溶性蛋白质含量减少，而游离氨基酸的含量增加。水分胁迫下可溶性蛋白降解加快或合成受阻，从而加速了叶片的衰老。特别是对干旱比较敏感的品种，如 '龙井 43'，该品种叶片中可溶性蛋白质的含量下降 21.7%。抗旱品种，如大叶云峰，叶片中可溶性蛋白质的含量变化较小，而细胞内游离氨基酸含量却有所增高，例如，'龙井 43' 和竹枝春叶片中游离氨基酸含量分别比对照提高了 53.2% 和 77.1%。苹云和大叶云峰也分别提高了 30.9% 和 37.8%。魏鹏和杨华发现在干旱胁迫下，茶树叶片中可溶性糖、游离脯氨酸含量均随胁迫时间的延长而增加，整体呈现 "先降后升" 的趋势。Netto（2021）等发现，干旱胁迫下叶片脯氨酸、丙二醛及其他一些渗透物质含量显著增加。在干旱复水后，大量有机渗透调节物质也会产生相应的变化。Upadhyaya（2004）等研究发现，茶树在干旱复水后的第 10、第 20 和 30d，叶片鲜重、干重、相对含水量、脯氨酸、可溶性糖以及总多酚含量均不断增加，但是脯氨酸含量增加幅度较小。因此，在干旱胁迫下，茶树叶片中的可溶性蛋白、可溶性糖、脯氨酸含量均增加，含水量下降，相对电导率逐渐增大。

　　一些无机离子也参与渗透调节以响应植物的干旱胁迫。魏永胜等（2001）发现细胞液中 K^+ 的积累是提高细胞液浓度、降低渗透势、保持膨压、维持细胞正常代谢的有效途径。Ca^{2+} 对提高植物耐旱性也具有重要意义，经 Ca^{2+} 预处理后的甘蓝型油菜叶片中的脯氨酸及可溶性糖的含量明显高于仅用双蒸水处理的材料，而丙二醛含量则低于用双蒸水处理的材料。

5.1.3　抗氧化系统

　　茶树在遭受逆境胁迫时，会产生比正常代谢水平更大量的活性氧。干旱胁迫会干扰茶树体内细胞中活性氧产生与清除的平衡，导致细胞遭受氧化胁迫，特别是膜系统首先受到影响，导致膜脂过氧化、膜镶嵌多种酶结构改变、膜透性加大、离子大量泄漏、叶绿素结构破坏，严重时会导致作物死亡。

　　近年来，人们对水分胁迫下作物体内活性氧的产生、伤害及其保护系统的作用进行了大量的研究。植物体内存在抗氧化防御系统，它们能清除胁迫下产生的 O_2^-、H_2O_2 和过氧化物等活性氧，并阻止或减少羟基自由基形成，从而保持膜系统免受损伤。当茶树受到干旱等胁迫时，会产生过量活性氧及其衍生物，氧化细胞质膜的结构，使细胞膜系统受到损伤，从而使茶树衰老甚至死亡。在长期进化过程中，茶树形成了相应的活性氧清除物质以保护自身免受伤害。

现已明确，茶树活性氧的清除是由两类物质协同参与的。一类为酶促保护系统，主要有超氧歧化酶（SOD）、过氧化物酶（POD）、过氧化氢酶（CAT）、抗坏血酸过氧化物酶（APX）和谷胱甘肽还原酶（GR）等；另一类是抗氧化物质，主要包括还原型谷胱甘肽（GSH）、抗坏血酸（AsA）、维生素 E 和类胡萝卜素等。耐旱茶树在干旱条件下，保护酶活力维持在一个较高水平，有利于清除自由基，降低膜脂过氧化水平，减轻膜伤害程度，因此常将 SOD、CAT 和 MDA 活性及膜透性常作为评价茶树抗旱性的重要指标。其中抗氧化酶促系统中的 SOD 是目前作物抗逆性研究中研究最多、最深入，同时也是最重要的一种酶。目前公认的观点是 SOD 活性与作物的抗氧化能力呈现显著正相关。轻度或中度干旱胁迫下 SOD 活性迅速升高，且耐旱性强的品种的 SOD 活性及上升幅度明显高于耐旱性弱的品种。但重度干旱胁迫，茶树濒临死亡，SOD 活性随之下降，下降速率也是耐旱性强的品种比耐旱性弱的品种慢。CAT 和 SOD 一样，在干旱胁迫下与作物的耐旱性呈正相关，并且其活性变化模式也与 SOD 类似。但 POD 的活性变化模式比前两者复杂。此外，不同的研究材料，其变化模式也不同。抗旱性强的品种在非胁迫环境下其体内有较高的 CAT 活性，且能在干旱胁迫中使 SOD、CAT 活性维持在较高水平上或提高到较高水平，而耐旱性弱的品种表现反之。茶树叶片的过氧化物酶活性在干旱胁迫条件下的变化可能与所使用的茶树品种和胁迫程度不同所致。刘玉英等以 7 个茶树品种为试验材料，研究它们在干旱胁迫下叶片 SOD、POD 活性以及体内羟自由基含量的对比试验和动态分析，结果表明上述 3 个生理指标的变化在干旱胁迫 5d 时与对照形成极显著差异，其中 SOD 和 POD 活性随着干旱胁迫的进行呈现出"先升后降"的变化趋势，体内羟自由基含量则随着干旱胁迫进程而增加。

干旱胁迫下，不同品种茶树叶片 SOD 和 POD 活性以及类胡萝卜素含量呈现先升后降的趋势，维生素 C 含量、活性氧含量和脂质过氧化增加，脂质氧化产物丙二醛（Malondialdehyde，MDA）含量增加，耐旱性强弱的品种间存在差异。魏鹏等（2003）通过研究 3 个茶树品种'福鼎大白茶''梅占'和'蒙山 131'的 2 年生苗在干旱胁迫下部分生理指标的变化，发现 CAT、SOD 和 POD 的酶活性在干旱胁迫中均表现出了"先升后降"的变化趋势，这与杨华等的研究结果一致；而多酚氧化酶（PPO）活性则随着干旱胁迫的进程逐渐下降。Upadhyaya（2008）对 4 个茶树栽培品种材料进行干旱胁迫，结果表明在干旱胁迫 20d 后，叶片抗坏血酸（ASA）与还原型谷胱甘肽（GSH）含量比对照降低，脂过氧化程度、O_2^- 和 H_2O_2 含量增加。郭春芳等发现干旱胁迫下，茶树体内活性氧积累增多，细胞膜透性增大；SOD、POD、CAT、APX 和 GR 活性以及 ASA 和 GSH 含量的变化在不同品种中则表现不同，其中'铁观音'在轻度、中度干旱胁迫时上升，在重度干旱胁迫下降，而'福鼎大白茶'在轻度干旱胁迫时上升，在中度、重度干旱胁迫时下降。干旱后复水茶树活性氧（O_2^-、H_2O_2 和 $\cdot OH^-$）含量减少，GR、GPX、SOD 和 CAT 活性减弱，POX 活性增强，抗坏血酸、谷胱甘肽及 MDA 含量减少。

5.1.4　植物内源激素

植物激素是指存在于植物体内、数量微小的一类生物活性物质，并且对植物生长发育的各阶段包括逆境胁迫条件下，具有重要的调控作用。当植物遭受逆境胁迫时，内源激素迅速诱导并启动下游的转录因子，调控相关的抗逆基因的表达，引起一系列生理生化进程，从而抵御干旱等逆境胁迫对植物的侵害。因此，植物激素与抗旱性密切相关。

脱落酸、生长素、乙烯、赤霉素、细胞分裂素等是参与植物抗逆过程的重要内源激素，其中脱落酸是目前为止研究最多的一种，它可以提高作物对干旱逆境的耐受能力。其他研究也表明，利用某类或某几类混合激素处理可改善作物的抗旱性，如用 ABA 和 GA 处理可改善作物光合色素的稳定性，减轻对光系统 II 的破坏，维持作物较高抗旱性；喷施适宜浓度的多效唑可提高玉米幼苗抗旱性等。利用转基因手段激活水稻 *GH3-13* 基因，调节叶片、茎、结节等部位的 IAA 含量，使该部位的组织结构发生变化也可以增强其对干旱的适应性。

干旱逆境下，植物可以通过调节内源激素的增加或者减少来传递干旱信息，进而调节植物的生长发育。潘根生等发现茶树在干旱胁迫过程中，随着胁迫持续，叶片含水量和玉米素（ZT）含量不断降低，叶片吲哚乙酸（IAA）和脱落酸（ABA）含量则不断增加，两者呈线性正相关；并且可将 IAA/ABA、ABA/ZT 作为判断品种耐旱性强弱的依据，其中耐旱性强的品种 IAA/ABA 值较小，ABA/ZT 值较大，这与茶树品种的实际耐旱强弱相一致。林金科表明，在干旱胁迫条件下茶树的内源 ABA 含量逐渐提高。周琳（2014）等研究了外源 ABA 对干旱胁迫下茶树叶片生理生化特性的影响。结果表明，外源 ABA 通过提高茶树体内脯氨酸、可溶性糖、可溶性蛋白质含量以及增强抗氧化酶活性，降低干旱胁迫对茶树的伤害。

内源激素对干旱胁迫响应灵敏，多种内源激素协调茶树耐旱，总体变化趋势为促进生长的激素减少，延缓或抑制生长的激素增加。这些激素的生物合成受水分胁迫影响，可能充当水分胁迫信号物质。茶树可能以内源激素为正负信号，对细胞内各种代谢进行有效调控。在此过程中，脱落酸（ABA）可能为正信号，而吲哚乙酸（IAA）、赤霉素（GA）、玉米素（ZT）等为负信号。土壤干旱时，根系细胞感知干旱胁迫，引起 ABA 大量合成。ABA 作为胞间信使被运至叶片，经信号转导引起气孔关闭，同时造成与茶树正常生长有关的代谢活动减弱，如 IAA、GA 及多胺（PA）等物质合成减少。潘根生（2001）等发现干旱胁迫下茶树 IAA 和 ABA 迅速积累，ZT 含量下降。但在干旱胁迫下苹果（*Malus domestica*）、烟草（*Nicotiana tabacum*）等其他植物 IAA 含量减少，茶树干旱胁迫下的 IAA 代谢规律有待进一步验证。

5.1.5　光合作用和呼吸作用

茶树受到干旱胁迫后，所有的生理过程都将受到不同程度的影响，其中受影响最显著的生理过程就是光合作用。干旱逆境会抑制茶树的光合作用，导致光合速率下降，是茶树减产的一个主要原因。

水分胁迫条件下，茶树的各部分光合性能逐渐减弱甚至安全丧失。干旱胁迫下茶树叶片的净光合速率（Net photosynthetic rate，Pn）、蒸腾速率（Transpiration rate，Tr）、气孔导度（Stomatal conductance，Gs）、水分利用率（Water use efficiency，WUE）及相对含水量（Relative water content，RWC）均下降，日变化明显；Tr 呈单峰曲线，Pn、Gs 和 WUE 呈双峰曲线。茶树 PS Ⅱ 反应中心受到伤害、光化学反应速率降低、天线色素热耗散速率升高，其品种间光合性能存在差异。干旱胁迫下，茶树总叶绿素及叶绿素 a、叶绿素 b 含量均下降。在胁迫前 3d，茶树净光合速率下降最大，以后逐渐缓慢。随着水分胁迫的持续，叶片气孔导度和蒸腾速率都逐渐下降。在胁迫前 3d 内下降最大，随后下降缓慢。在干旱条件下茶树叶片气孔开张度减少，气孔开放时间缩短，水分蒸腾损失减少，导致光合作用受阻，光合积累降低。随着干旱胁迫程度的加剧，茶树叶片及叶绿体的光系统 Ⅱ（PS Ⅱ）、原初光能转换效率（Fv/Fm）以及 PS Ⅱ 潜在活性（Fv/Fo）明显降低。林金科（1998）等研究了'铁观音'茶树品种离体叶片的光合作用在干旱胁迫过程中的变化情况，发现在轻度干旱胁迫下，引起净光合速率和蒸腾速率下降的主要原因是气孔导度下降，而在重度胁迫下则是叶肉细胞光合能力的下降。郭春芳等利用盆栽试验研究不同干旱胁迫条件下茶树'铁观音'和'福鼎大白茶'2 年生幼苗的光合作用 - 光响应特性，结果表明干旱使茶树品种最大光合速率（Pn_{max}）、表观量子效率（AQY）、光饱和点（LSP）显著降低，而光补偿点（LCP）及暗呼吸速率（Rd）提高。其中抗旱性较强的"铁观音"具有更高的光合活性，其 Pn_{max}、AQY、LSP 均高于'福鼎大白茶'，而 LCP、Rd 比'福鼎大白茶'低。同时，郭春芳等还研究了干旱胁迫对茶树叶片叶绿素荧光特性的影响。结果发现，干旱胁迫下茶树 PS Ⅱ 反应中心受到伤害导致基础荧光（Fo）显著升高，最大荧光（Fm）、可变荧光（Fv）、PS Ⅱ 原初光能转换效率（Fv/Fm）、PS Ⅱ 潜在活性（Fv/Fo）等则显著下降；同时干旱还导致茶树光化学反应速率降低、荧光上升时间缩短，抑制 PS Ⅱ 反应中心电子的传递，导致天然色素热耗散速率、非光化学淬灭（qN）、光合功能相对限制值（LPFD）显著下降，其中'铁观音'PS Ⅱ 反应中心的胁迫耐性较强、叶片光化学效率较高，表明'铁观音'抗旱性较'福鼎大白茶'强。同时 Netto 等（2010）研究了干旱胁迫下茶树叶片叶绿素及类胡萝卜素含量、Fv/Fm 的变化，结果显示均显著低于正常供水。同时，干旱胁迫后复水的第 15d，茶树的 Tr、WUE、RWC 会显著提高，但均低于干旱胁迫前，并且耐旱强弱品种间存在差异。

叶绿体是对高温干旱胁迫最敏感的细胞器，其次是线粒体。目前认为干旱胁迫能导致茶树呼吸作用下降，重度干旱可导致其代谢机能受到损害，但存在明显的种间差异，即耐旱性强的品种在干旱条件下可维持较强的呼吸作用且呼吸作用下降幅度比耐旱性弱的品种小。茶树耐旱品种较非耐旱品种具有较高的 CAT 活性、较低的光呼吸速率，并且从老叶中转移了更多的光合产物到嫩叶。因此，呼吸作用也是一个有力的耐旱性鉴定评价指标。

5.2　茶树抗旱的分子机理研究

在干旱胁迫条件下，茶树首先由感受细胞接收干旱刺激，再通过信号转导和一系列反应来适应干旱环境。5.1 已经较为全面地介绍了茶树抗旱的生理机理，接下来将从分子水平上阐述茶树对干旱胁迫的响应情况。

5.2.1 植物抗旱的分子机理研究

植物受体细胞接收胞间信号，诱导耐旱相关基因表达和蛋白合成，优化组合受体组织中的生理生化代谢，以此适应或抵御干旱胁迫（图 5.1）。

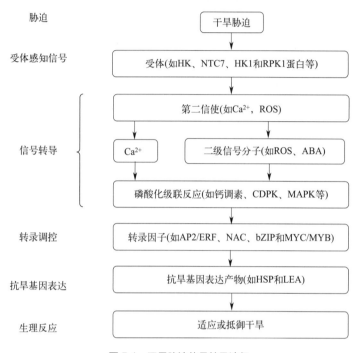

图 5.1 干旱胁迫信号转导途径

干旱胁迫诱导下，植物产生大量特异蛋白，大致分为两大类。一类为耐旱调节蛋白，它们在干旱胁迫信号的感受、信号转导以及耐旱基因表达调控等核心过程中扮演着重要角色。这其中包括各类蛋白激酶，负责在不同环节上调节响应；各种转录因子，调控着多种耐旱基因的表达水平；磷脂酶，参与信号转导过程中第二信使的生成；还有钙调素，在 Ca^{2+} 信号转导系统中发挥着至关重要的作用。另一类则是耐旱功能蛋白，如膜蛋白、代谢酶类、通道蛋白、分子伴侣和运输蛋白。在这些蛋白质中，尤以胚胎发育晚期丰富蛋白、水孔蛋白和热激蛋白抗旱功效较明显且研究较多。耐旱基因主要分为耐旱功能基因和耐旱调控基因两大类。前者主要包括耐旱功能蛋白的编码基因；后者主要包括直接调控功能基因表达和参与信号转导调控的两类基因：直接调控功能基因表达的主要有 MYB（Myeloblastosis，MYB）/MYC（Myelocytomatosis，MYC）、bZIP（Basic region/leucine zipper motif，bZIP）、AP2/ERF（APETALA type2/ethylene responsive factors，AP2/ERF）和 NAC（NAM/ATAF/CUC transcription factor，NAC）4 类耐旱相关转录因子基因家族，促进或抑制耐旱相关基因表达；参与信号转导调控基因主要包括 WRKY（WRKY Transcription Factors）、钙结合蛋白基因（CaM、CBL 和 CDPK 等）、蛋白激酶基因（如 PPK、MAPK、MAPKKK）及磷脂酶基因等。

植物对干旱胁迫响应的基因表达调控主要分转录水平的调控和转录后调控。转录水平的调控主要指转录因子依赖 ABA 和不依赖 ABA 的两条调控途径，转录后水平调控则主要指耐旱功能基因的拼接加工及其编码产物的修饰等调控。在干旱胁迫信号响应和基因表达的转录因子调控网络中，至少存在 5 条干旱响应调控途径，其中 2 条不依赖 ABA、3 条依赖 ABA（图 5.2）。在 ABA 依赖途径中，ABRE 是依赖 ABA 途径响应的主要元件，bZIP 转录因子参与了这一过程。在一些不依赖 ABA 途径中，对干旱和寒冷胁迫都起调控作用。如 DREB1/CBF 主要参与寒冷胁迫响应基因表达，而 DREB2 主要参与干旱和高盐胁迫响应基因表达。另一条不依赖 ABA 途径调控干旱和高盐等胁迫响应基因表达，但不调控寒冷胁迫响应基因表达，转录因子 NAC 和 HD-ZIP 是这一途径的关键调控因子，可调控具有顺式作用元件 ERD1 的基因的表达。

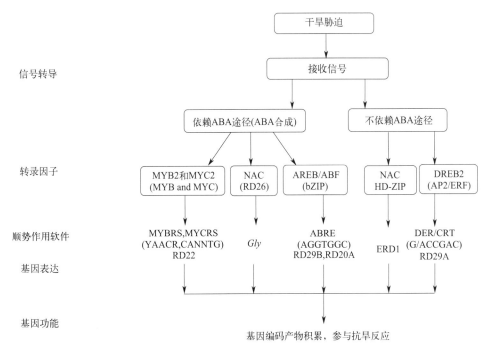

图 5.2　植物干旱胁迫信号响应和基因表达的转录因子调控网络

5.2.2　茶树抗旱的分子机理研究

在干旱胁迫下的分子机理研究方面，国内外不少研究者利用 mRNA 差异显示（Differential display of mRNA，DDRT）、cDNA 扩增片段长度多态性（cDNA-amplified fragment length polymorphism，cDNA-AFLP）、抑制性消减杂交（Suppression subtractive hybridization，SSH）等技术，研究茶树干旱胁迫前后基因差异表达，分离、测序差异片段，BLAST 比对分析，初步预测、分析这些差异表达片段的类型和功能。孙云南和 Gupta 等利用 cDNA-AFLP 分别获得 27 和 108 个差异片段，Krishnaraj、Das 和 Gupta 利用 SSH 分别获得 62、572 和 418 个差异片段。但陈盛相等利用 DDRT 只获得 1 个差异片段。他们分别对这些片段测序，预测编码产物，从茶树响应干旱信号、基因表达调控等方面对茶树耐旱分子机制进行了初步研究。这些差异片段类型大体可分为转录因子、代谢相关蛋白、信号转导蛋白、抗逆蛋白、未知蛋白和无比对的基因片段。关于茶树抗旱分子机理的研究还有待跟进。

5.3　茶树抗旱功能基因鉴定

茶树抗旱基因主要分为功能基因和调控基因两大类，功能基因可直接保护细胞免受胁迫，主要表达为渗透保护调节物质合成过程中所需要的各种酶类、钙调蛋白、气孔蛋白和植物激素调节蛋白等；调控基因是调控基因表达和信号转导的基因，包括转录因子和蛋白激酶基因。转录因子（TFs）是一种 DNA 结合蛋白，通过与转录起始复合物相互作用，导致 ENA 聚合酶被激活或者抑制，从而调控基因表达。TFs 是具有一个或者多个DNA结合域、能根据结构特异性结合到基因启动子区域的顺式调控元件。因此，TFs 作为植物中一个关键的调控开关，控制多种生物过程的基因表达，从而参与代谢过程。

5.3.1　已鉴定的抗旱功能基因

在植物的整个生长发育过程，乙烯（ETH）作为一种重要的植物激素，参与调控了各种重要的生理代谢过程。ACC 合成酶（ACS）和 ACC 氧化酶（ACO）是植物 ETH 合成过程中的关键酶。张亚丽（2007）利用 RACE、RT-PCR 技术克隆获得茶树编码这 2 个酶的全长基因序列，并且研究发现在高 / 低温以及干旱等逆境胁迫下，*ACS* 及 *ACO* 基因的表达量与品种的抗逆性强弱相关。近年来，转录因子的研究成为茶树抗性研究的重点。吴致君等（2014）以'安吉白茶'和'迎霜'2 个茶树品种为试验材料，克隆获得了茶树 *CsRAV2* 及茶树 *CsAP2/ERF-B3* 转录因子的基因序列，并且通过实时荧光定量 PCR 分析发现，2 个基因在茶树根系中表达量最高，并且能快速响应高 / 低温、干旱以及高盐等非生物逆境胁迫。PYL（Pyrabactin resistance 1-like）蛋白是脱落酸（ABA）的受体，在 ABA 信号传导中起重要作用，影响植物生长发育和胁迫反应。Yanlin An 等鉴定出 20 条 *PYL* 基因，其中CSS0047272.1 在干旱胁迫下与未受到干旱胁迫的茶树相比，上调了 5.4 倍。Knotted1-like Homeobox（KNOX）蛋白在植物叶片形态形成和发育中起重要作用，Dai Weihong 等克隆了 11 个来自茶树的 *CsKNOX* 基因，发现大多数 *CsKNOX* 基因对干旱、盐分、寒冷以及外源 MeJA 和 GA3 均有响应。*CsKNAT3* 和 *CsKNAT5* 在干旱胁迫下表达上调，并在 PEG 处理 48h 时表达量最高，而 *CsKNAT1*、*CsKNAT1.1*、*CsKNAT8* 在干旱胁迫下表达下调；干旱处理 24h 抑制了 *CsKNAT4* 和 *CsKNAT7* 表达，并在 48h 后开始恢复原来的表达水平。

VQ 蛋白构成一类植物特异性蛋白，具有高度保守的单个短 FxxhVQxhTG（h 为疏水氨基酸；x 为任何氨基酸）氨基酸序列基序，包括五个保守氨基酸，并通过保守的 V 和 Q 残基与 WRKY 转录因子相互作用。茶叶 *CsVQ* 基因响应干旱胁迫的表达谱，发现大多数 *CsVQ* 基因在干旱胁迫后表达上调，少数 *CsVQ* 基因的表达水平在24h 和48h 呈现下降趋势。

钙调蛋白（CML）蛋白是一类重要的植物中 Ca^{2+} 传感器，在调节植物生长发育和对非生物胁迫的反应中起着至关重要的作用。从茶树中分离出了 5 个 *CsCML* 基因（*CsCML 16*、*CsCML 18-1*、*CsCML 18-2*、*CsCML 38* 和 *CsCML42*），并对茶树进行功能鉴定。结果发现干旱胁迫显著上调 *CsCML38* 的表达水平。此外，钙调蛋白结合转录激活因子（CAMTAs）是进化上保守的转录因子，在植物发育和胁迫响应中具有多种功能。在寒冷与干旱胁迫条件下，从茶树中共鉴定出 3401 个与 CsCAMTAs 存在共表达关系的调控基因。通过对 CsCAMTAs 及其共表达基因进行 KEGG 富集分析，结果显示，在干旱处理条件下，这些基因主要富集于激素代谢、脂质代谢以及碳代谢等生物途径。此外，钙调磷酸酶 B 样蛋白（CBL）及其相互作用蛋白激酶（CIPK）家族基因在植物生长发育及抗逆性方面扮演着不可或缺的角色。越来越多的 *CBL-CIPK* 基因被鉴定出来，在茶树中鉴定出了 7 个 *CsBLs* 和 18 个 *CsICPCKs*。在干旱处理下，与对照组相比，茶树 *CsCIPK7*、*CsCIPK11*、*CsCCIPK15* 和 *CsCIPK17* 基因继续增加。相反，*CsCIPK1* 和 *CsCIPK6* 的表达水平持续下降。

细胞色素 P450（细胞色素 P450s）基因参与植物各种反应的催化，包括生长、发育和次级代谢产物生物合成途径。为探究 P450 基因家族对茶树干旱和低温胁迫的响应，对 PEG 处理（24h、48h 和 72h）和低温胁迫（6h 和 7d）茶树的转录组测序数据进行了分析。结果表明，*CsP450* 基因在干旱胁迫下的表达遵循以下 3 种趋势之一：初始上调后下调、持续上调或持续下降。qTR-PCR 结果再次印证了转录组分析结果。在干旱胁迫下，茶树 *CsP450139*、*CsP450197* 和 *CsP450252* 均呈持续上调趋势，分别增长了 8 倍、5 倍和 3 倍，而 CsP450219 则呈持续下降趋势。此外，*CsP45080*、*CsP450157* 和 *CsP450181* 呈上调趋势。

异戊烯基转移酶（IPT）是细胞分裂素（CK）信号传导的第一个限速酶，在植物发育和非生物胁迫中起关键作用。与对照相比，干旱和复水后的茶树 *CsIPT3.2* 转录水平均显著升高，且复水后转录水平更高。相反，*CsIPT5.1* 和 *CsIPT6.3* 表达量在茶树胁迫后显著降低，甚至到了复水后检测不到 *CsIPT5.1* 的表达。

另一种防御机制是 microRNA（miRNA）通过切割或翻译抑制其靶 mRNA 来重编程基因表达。miRNA 形成一类广泛的内源性、单链、非编码小 RNA 调节分子，其长度约为 20 ～ 24 个核苷酸（nt），广泛参与植物对干旱等非生物胁迫响应的调节。干旱胁迫相关 miRNAs（MicroRNAs，miRNAs）及其靶基因的克隆和功能已成为茶树耐旱研究的新热点。Mohanpuria 等（2012）获得了 6 个茶树 miRNAs，其中有 1 个 miRNA 可调控耐旱功能蛋白、Trihelix 转录因子和 MYB 耐旱相关转录因子表达。Liu Shengchuan 等（2016）在干旱胁迫条件下对 miRNA 及其降解组进行了深入研究，结果鉴定出 199 个 miRNA，这些 miRNA 可能通过靶向抑制一系列关键蛋白质来发挥作用，这些蛋白质涉及 miRNA 效应子、干旱信号传导相关受体和酶、转录因子、细胞壁修饰酶及氧化酶、细胞骨架结构蛋白，以及与渗透调节物质合成、植物激素响应、抗性蛋白功能和气孔运动调控等代谢途径密切相关的蛋白质。此外，Guo 等（2017）通过比较不同干旱程度处理（正常供水、轻度干旱、中度干旱和重度干旱）的 '铁观音'，鉴定出 299 个已知 miRNA 和 49 个新 miRNA，并富集到了 D- 丙氨酸代谢、硫代谢和矿质吸收途径。

在茶树抗旱功能蛋白编码基因研究方面，Sharma 等（2005）克隆和鉴定了 dr1、dr2 和 dr3 茶树耐旱相关蛋白；Muoki 等（2012）克隆了 *LEA3* 基因；Li 等（2010）通过转基因烟草实验，证实了茶树中的 *CsCOR1* 基因参与耐旱调控过程；Paul 等（2012）克隆并研究了 1 个 *NAC* 基因编码产物的细胞及组织定位。庄重光（2008）通过差异蛋白质组学研究，发现干旱导致茶树光合作用关键酶活性降低。Jeyaramraja 等（2003）认为茶树 1,5- 二磷酸核酮糖羧化酶、氧化酶与耐旱性无显著相关性。郭永春（2019）经过分析和验证，获得了 9 个 SRO 家族成员。基因结构分析表明，*CsSROs* 基因含有 4 ～ 9 个外显子。茶树 8 个组织的转录组数据分析表明，大多数 *CsSROs* 基因在根和成熟叶中较高表达。对其上游启动子区域分析，发现大量与植物发育、激素及胁迫响应密切相关的顺式作用元件，进一步对 *CsSROs* 基因在干旱和脱落酸处理下的表达模式进行分析发现，9 个 *CsSROs* 基因均被诱导表达，*CsSROs* 基因可能与茶树抗旱密切相关。

通过对盆栽茶苗进行自然干旱及复水实验表明，2 条水通道蛋白基因均在根部受到干旱胁迫的诱导上调表达，停灌 24d 时达到最大值，其中 *CsPIP2*;7 和 *CsPIP2*;8 分别上调 7.13 倍和 3.68 倍；停灌 29d 时两个基因又下调，复水后下调或保持稳定。叶部表达模式与之不同，*CsPIP2*;7 在缓慢干旱的过程中缓慢下调，复水后又显著上调；*CsPIP2*;8 波动变化，与 PEG 处理时的表达模式相同，复水后下调。

植物 *U-box* 基因对植物的生存至关重要，它们广泛地参与调控植物的生长、繁殖和发育，以及应对胁迫等过程。茶树在干旱处理下，7 个 *CsU-box* 基因（27/28/39/46/63/70/91）在不同干旱处理时间点中均有显著上调表达。这与 Hong-Ze Liao 等的研究是一致的，进一步说明了 *U-box* 基因在茶树抵御干旱胁迫中发挥重要功能。与其他物种没有同源序列的基因称为谱系特异性基因（*LSGs*），在生物体中很常见，在物种新功能的产生、适应性进化和表型改变中具有重要作用。从茶树中共鉴定出 1701 个茶花特异性基因（*CSGs*），占所有蛋白编码基因的 3.37%。在 24h 干旱胁迫下，CSS0002298、CSS0023764、CSS0046868、CSS0005736 和 CSS0027450 均下调。CSS0030246 与 CSS0030939 分别在 48h 与 72h 干旱胁迫下调。

此外，*CsBES1s* 基因在茶树不同胁迫处理下的表达模式不同，在低温和脱落酸处理下，*CsBES1-1*、*CsBES1-7*、*CsBES1-8* 和 *CsBES1-9* 基因的表达量显著提高，而在干旱处理下，*CsBES1-2*、*CsBES1-4*、*CsBES1-5*、*CsBES1-6*、*CsBES1-7*、*CsBES1-8* 和 *CsBES1-9* 基因的表达量显著提高。

漆酶（LAC）是参与了植物中单木质醇聚合和胁迫反应的关键酶。基于 RNA-seq 数据，分析了干旱处理下 *CsLACs* 的表达模式，共鉴定出 39 个 *CsLAC* 基因。这些 *CsLAC* 基因在茶树干旱处理后和恢复条件下与正常茶树叶片相比差异显著。

超氧化物歧化酶（SODs）为与去除活性氧（ROS）相关的金属酶家族。在茶树中，与耐旱品种相比，干旱胁迫下 ROS 含量较高，SOD 活性较低，叶片损伤更严重。为了模拟干旱胁迫环境，采用 15g/100mL 聚乙二醇 4000（PEG 4000）对 '铁观音' 茶树幼苗进行灌溉处理。发现 *CsFSD1* 和 *CsCSD1* 随着干旱时间的延长，其表达趋势正好相反，分别在 0h 到 48h 期间呈现出 "上 - 下 - 上" 和 "下 - 上 - 下" 的趋势。此外，*CsCSD2*、*CsCSD3*、*CsCSD6* 和 *CsCSD7* 的表达趋势相似，24h 的表达水平低于 12h、36h 和 48h，但仍高于 0h。而 *CsFSD2* 和 *CsMSD1* 的表达相对稳定。

谷胱甘肽 S- 转移酶（GST）是参与调节植物生长、发育和胁迫反应的酶。在干旱胁迫条件下，茶树中 74 个 *CsGSTs* 表现出差异表达。随着干旱处理时间的延长，大多数 *CsGSTUs* 的表达水平降低。茶树中的 *GST* 基因（*CsGSTU8*）在干旱响应中被明显诱导，表明该基因在干旱胁迫响应中起着关键作用。研究通过使用定量实时 PCR（qRT-PCR）分

析 *GST* 基因表达谱，结果显示 *CsGSTU8* 在遭遇干旱胁迫及外源脱落酸（ABA）处理后均呈现上调表达。*CsGSTU8* 在拟南芥中的过表达导致耐旱性增强，这可以通过在干旱条件下清除过量活性氧（ROS）来表明。此外，笔者发现 *CsWRKY48* 作为转录激活因子，其表达是响应干旱胁迫和 ABA 处理的。电泳迁移率变化分析（EMSA）、双荧光素酶（LUC）分析和茶叶中的瞬时表达分析表明，*CsWRKY48* 直接与 *CsGSTU8* 启动子中的 W-box 元件结合并激活其表达。

利用茶树基因组数据库，共鉴定出 8 条茶树 *SnRK2* 基因，依次命名为 *CsSnRK2.1* ～ *CsSnRK2.8*。在 Col-0 野生型拟南芥中过表达茶树 *CsSnRK2.5* 后，能够提高拟南芥植株的抗旱能力。主要表现为：干旱胁迫下，转基因拟南芥植株的萎蔫程度、体内超氧阴离子的积累量以及丙二醛含量均明显低于野生型；转基因拟南芥离体叶片的失水速率明显低于野生型，具有更强的保水能力。同时，另一个蛋白激酶 MAPKs 受到干旱、低温和盐胁迫下 ROS 积累的触发反应，进而激活下游的级联反应信号。

基于基因结构、基序组成及进化关系的综合分析，Zhang 等在茶树中共鉴定出 104 个 NAC 基因家族成员。其中，CsNAC28 在各个茶树组织中均表现出显著的表达水平，并且对脱落酸（ABA）处理及干旱胁迫展现出明显的响应特性。通过分析 *CsNAC28* 在植物适应干旱胁迫中的作用结果表明，*CsNAC28* 在拟南芥中的过表达导致了对 ABA 处理的超敏反应，并减少了活性氧（ROS）的积累，从而提高了脱水耐受性。在干旱条件下，与拟南芥野生型相比，*CsNAC28* 过表达系中 ABA 途径相关基因和干旱胁迫诱导基因的表达水平更高。

磷脂酶根据不同的结构、底物、结合位点和激活条件分为四组，包括磷脂酶 D、磷脂酶 C、磷脂酶 A1 和磷脂酶 A2。磷脂酶 D（PLD，EC 3.1.4.4）是磷脂酶的主要基因家族，可产生磷脂酸（PA）和游离头基［指磷脂分子在特定酶（如磷脂酶 D）的作用下发生水解反应后，从磷脂分子上脱落下来的头部基团。这些头部基团如胆碱、乙醇胺等通常是亲水性的，并且在磷脂分子中起到与细胞膜内外水相相互作用的关键作用］，如胆碱和乙醇胺，它们参与许多生理过程，包括植物生长、发育和对各种胁迫的反应。通过模拟干旱胁迫，对茶树叶片喷施 PEG 处理 24h 后，茶树中除了 *CsPLDα2* 和 *CsPLDα3* 的转录水平降低，所有 *CsPLDs* 的表达均上调。PEG 处理 48h 后，*CsPLDβ1-3*、*CsPLDζ1*、*CsPLDδ1*、*CsPLDα5* 和 *CsPLDε1* 呈下调趋势。

钾（K）是一种必需的常量营养素，对植物的生长发育有很大影响，但对茶树根系钾吸收和转运的分子机制，特别是在有限的钾条件下，仍然知之甚少。在植物中，HAK/KUP/KT 家族成员在钾的获取和易位、生长发育以及对胁迫的响应中起至关重要的作用。从茶树中共鉴定出 21 个茶树非冗余 HAK/KUP/KT 基因（*CsHAKs*）。为了揭示 *CsHAKs* 在脱水响应中的潜在作用，通过在培养液中施用 20% 的 PEG6000 来模拟干旱胁迫。随着茶树受到干旱胁迫时间的延长，大多数 *CsHAKs* 的表达在不同时间点表达上调。其中，*CsHAK7* 和 *CsHAK12* 表达模式相似，在处理后 48h 达到最大值。相反，*CsHAK5*、*CsHAK18* 和 *CsHAK20* 的表达对干旱胁迫没有显著影响。此外，*CsHAK17* 的表达水平在干旱胁迫的 24h 内持续下调，然后在 48h 时适度上调。

多胺氧化酶（PAO）是维持多胺稳态的关键酶，影响植物生理活性。从茶树基因组鉴定出 6 个 *CsPAO* 基因，其中 *CsPAO2* 的表达水平显著受到了干旱胁迫的诱导。

植物通常使用富含核苷酸的亮氨酸重复序列（NLR）来识别特定的毒力蛋白并激活超敏反应，从而抵御入侵者。在茶树中，*CsNLRs* 的表达受生物胁迫和非生物胁迫的共同调控，从 5 个茶树转录组中鉴定出 21 个共有的 *CsCNLs* 基因，发现中茶 108 *CsCNLs* 基因在寒冷、干旱和盐胁迫以及外源 MeJA 处理等条件下被显著诱导。

近年来，随着分子生物学技术的不断完善和发展，茶树基因组数据的公布以及高通量测序技术的盛行，对茶树抗旱机制的研究逐步从生理水平深入到了分子水平，使得茶树相关转录组及基因组学等多组学的结合运用成为可能，能够从分子水平乃至多组学层面探索茶树抗旱胁迫相关机制，更全面地获得茶树抗旱相关的调控网络，极大地推进茶树抗旱机理研究。在此基础上，对茶树在正常条件、干旱胁迫时期以及复水后叶片的转录组进行了分析，发现参与干旱响应的差异表达基因（*NCED1*、*PAL*、*SOD* 和 *CAT*）在脱落酸（ABA）、乙烯和茉莉酸的生物合成及信号转导途径中显著上调，特别是 ABA 信号在干旱条件下对气孔运动的调节作用得到了凸显。

研究使用 Illumina RNA-seq 和 Pac-Bio 基因组重测序技术，注释基因并分析茶树在长期低温、冷冻和干旱条件下的转录组动态。通过共表达分析和网络重建显示，有 19 个基因具有最高的共表达连接性：7 个是细胞壁重塑相关基因（*GATL7*、*UXS4*、*PRP-F1*、*4CL*、*UEL-1*、*UDP-Arap* 和 *TBL32*），4 个钙信号相关基因（*PXL1*、*Strap*、*CRT* 和 *CIPK6*），3 个光感应相关基因（*GIL1*、*CHUP1* 和 *DnaJ11*），2 个激素信号相关基因（*TTL3* 和 *GID1C-like*），2 个参与 ROS 信号基因（*ERO1* 和 *CXE11*）中，以及 1 个苯丙氨酸代谢途径相关基因（*GALT6*）。

此外，从茶树次生代谢，特别是挥发物质和类黄酮类物质的角度研究茶树抗干旱胁迫的报道也颇多。靳洁阳等研究发现在干旱条件下，茶树会释放大量挥发性物质，其中，水杨酸甲酯（MeSA）、苯甲醇和苯乙醇在干旱胁迫下显著增加。进一步实验表明，干旱诱导的 MeSA 可降低相邻茶树早期耐旱性，主要是通过降低 9- 顺式 - 环氧类胡萝卜素双加氧酶（*NCE*）基因表达，进而降低相邻植物中的脱落酸（ABA）含量，从而抑制气孔关闭实现的。同时，借助外源 ABA 的施用可回补由 MeSA 诱导的茶树萎蔫。这也为优化茶树密度和间距提供了新的理论基础。此外，还发现低温诱导的挥发性物质可诱导干旱条件下茶树中 ABA 及可溶性糖的积累，尤其是顺 -3- 己烯醇。通过抑制茶树中顺 -3- 己烯醇合成基因的表达，抑制逆境条件下顺 -3- 己烯醇的产生，显著降低茶树低温条件下的抗旱能力。耐旱型茶树种质通常展现出较高的总多酚含量、抗氧化活性以及更为强大的除氧系统，这与多酚类物质，特别是类黄酮物质的积累能够增强茶树对干旱胁迫耐受性的观点相吻合。

丁香酚是茶树重要的苯丙烷类香气之一，已有研究表明其具有抗菌、抗病毒等作用。为了证明丁香酚在茶树低温和干旱中的生理功能，首先利用丁香酚外源暴露实验证明丁香酚在茶树的低温与干旱胁迫中均具有重要生理功能；随后，通过代谢分析发现体外暴露的丁香酚可被茶树吸收，并在体内转化为糖苷，推测其糖苷化过程在茶树的抗寒与耐旱中发挥重要作用。接着通过茶树低温和干旱转录组，筛选到 UDP- 糖基转移酶 *UGT71A59*，其表达受到低温和干旱两种胁迫的强烈诱导。体外酶学分析表明 UGT71A59 具有较强的转移性，可催化丁香酚糖苷化并合成对应的糖苷。茶树 *UGT71A59* 表达的抑制降低了茶树丁香酚糖苷的积累，降低茶树 ROS 清除能力，并最终削弱茶树的耐寒性和耐旱性。进一步研究表明，暴露于空气中的丁香酚可通过调节茶树 ROS 积累和 CBFs 的表达，进而参与茶树耐寒能力调控。同时还可通过改变茶树 ABA 的稳态和气孔关闭来提高耐旱性。

丁兆堂等对两个不同抗旱性茶树品种龙井长叶（LJCY，抗旱品种）和中茶 108（ZC108，不抗旱品种）在干旱胁迫下的生理、蛋白质组学和磷酸化蛋白质组学特征进行了比较研究。结果表明，顺 -3- 己烯乙酸酯通过果糖代谢增强了 LJCY 的抗旱性，而通过促进葡聚糖生物合成和半乳糖代谢增强了 ZC108 的抗旱性。差异丰度磷蛋白（DAPPs）分析揭示，与细胞内蛋白质跨膜转运相关的磷蛋白在 LJCY 中显著富集，而 ZC108 中则富集了与渗透胁迫反应调节及 mRNA 加工调节相关的磷蛋白。此外，蛋白质 - 磷蛋白相互作用（PPI）分析表明，能量代谢以及淀粉和蔗糖代谢过程可能分别在 LJCY 和 ZC108 中发挥关键作用。

干旱胁迫对茶树的初级代谢和脂质代谢有相当大的影响。在干旱和复水期间，茶树的初级代谢物和脂质代谢物的丰度都发生了变化。在干旱胁迫条件下，胁迫诱发了茶树糖、糖醇和磷脂酸的积累。相反，干旱胁迫下茶叶中有机酸、磷脂酰甘油、硫代异鼠李糖甘油二酯、磷脂酰胆碱、溶血磷脂酰胆碱和磷脂酰肌醇显著降低。这些代谢物水平的变化，也可能是茶树适应干旱条件的方式。

半乳糖醇是植物中的一种二糖，已被广泛证明可以通过在细胞中充当渗透保护剂和 ROS（活性氧）清除剂来保护植物免受干旱胁迫。半乳糖醇合酶（GolS，EC 2.4.1.123）对植物中的半乳糖醇合成至关重要。茶树中的两个 GolS 基因（CsGolS2-1 和 CsGolS2-2）在响应干旱胁迫时表达水平高且持续表达。干旱响应转录因子 CsWRKY2 通过直接结合其启动子参与 CsGolS2-1 和 CsGolS2-2 的激活，并且 CsVQ9 通过与 CsGolS2-1 和 CsGolS2-2 相互作用增强 CsWRKY2 介导的 CsGolS2-1 和 CsGolS2-2 的激活，增加茶树半乳糖醇含量，从而增强茶树的干旱耐受性。

沈程文等研究显示，在分期干旱下，与短期干旱相比，长期干旱后茶叶经历了更严重的氧化应激和光合系统破坏，但是对于 Calvin 循环和能量代谢的差异表达基因显著增加。此外，相比首次干旱的茶树，经历了 3 次干旱的茶树表现出更强大的抗氧化防御和光合效率，以及较低的能量需求。通过代谢组分析发现，在干旱后，茶树中的碳水化合物、氨基酸和苯丙烷类化合物明显积累。这与转录组学的结果是一致的，即在两种干旱模式下的茶树在"苯丙烷生物合成"方面显著富集，并且几种酚酸化合物表现出显著积累。同时，该研究还表明，在干旱前以茶叶提取的苯丙烷衍生物（茶多酚）进行外源灌溉对茶树的抗旱防御起到了显著作用，如降低了丙二醛含量并增加了植物激素水平，验证了茶树的特定耐旱应答机制。

此外，已经进行了基因家族成员如蛋白激酶基因 SnRK2s 和 MAPKs 以及 DNA 甲基转移酶和去甲基化酶的全基因组表征，阐明它们在茶树 DS 响应中的潜在功能。

随着蛋白质组学技术的进步，干旱胁迫下茶树关键途径的胁迫蛋白研究成为可能。通过蛋白组测定分析表明，在干旱胁迫下茶树中许多光合蛋白显著下调。在缺水条件下，茶树种子中涉及氧化还原状态、代谢和防御反应的 23 种蛋白显著上调。此外，Gu Honglian 等（2020）采用串联质谱标签和液相色谱 - 串联质谱分析了茶树的蛋白质组学特征，共鉴定出 4789 个蛋白，其中 11 个和 100 个分别呈上调和下调。与木质素、黄酮类化合物和长链脂肪酸生物合成相关的蛋白质，包括苯丙氨酸解氨酶、肉桂酰辅酶 A 还原酶、过氧化物酶、查尔酮合酶、黄烷酮 3- 羟化酶、黄酮醇合酶、乙酰辅酶 A 羧化酶 1,3- 酮酰辅酶 A 合酶 6 和 3- 酮酰辅酶 A 还原酶 1。但茶树中可溶性蛋白、丙二醛、总酚、木质素和黄酮含量增加。因此，茶树可能通过抑制木质素、类黄酮和长链脂肪酸相关合成酶的积累来提高抗旱性。

在植物中，泛素化与 DNA 损伤反应、膜转运和转录调控有关，并参与酶活性调控和胁迫反应。抗体的亲和富集结合 LC-MS/MS 分析对茶树在干旱胁迫下的泛素组进行分析，共鉴定出 781 个蛋白中的 1409 个赖氨酸 Kub 位点，其中 12 个蛋白中的 14 个位点上调、91 个蛋白中的 123 个位点下调。泛素介导的蛋白水解相关蛋白（包括 RGLG2、UBC36、UEV1D、RPN10 和 PSMC2）中的几个 Kub 位点可能会影响蛋白质降解和 DNA 修复。大量与儿茶素生物合成相关的 Kub 蛋白，包括 PAL、CHS、CHI 和 F3H，由通过共表达和共定位分析发现，这些 Kub 蛋白呈正相关关系。此外，一些参与碳水化合物和氨基酸代谢的 Kub 蛋白，包括 FBPase、FBA 和 GAD1，可能促进干旱胁迫下茶叶中蔗糖、果糖和 GABA 的积累。

除了从生理生化水平上对茶树对干旱的响应机制进行了深入研究，当前借助高通量测序手段有助于从表观遗传学、转录、转录后、翻译和翻译后多个层面上研究茶树对胁迫的响应以及确定用于进一步功能研究的潜在胁迫响应基因和修饰。利用组学技术，DS 响应基因和 microRNAs 的表达谱已被广泛鉴定，并且还研究了茶树响应 DS 的蛋白质组和泛素化组谱。已发现适度干旱胁迫可改善茶叶品质。已有报道指出挥发性物质，包括顺 -3- 己烯醇和丁香酚，作为信号通过糖苷化介导茶树的干旱胁迫响应从而增强其对 DS 的耐受性。此外，一些基因，如 *CsGSTU8*、*CsSnRK2.5*、*CsWRKY26* 和 *CsUGT71A59* 已经被鉴定并在功能上被证明具有通过调节 ROS 积累和改变转基因拟南芥植物中脱落酸（ABA）稳态来增强耐旱性的能力。岳川等（2023）通过进行整合转录组、DNA 甲基化组、蛋白质组和磷酸化蛋白质组分析探索了茶树对干旱的响应，确定了与光合作用、跨膜转运蛋白、植物激素代谢和信号、碳水化合物代谢和信号、转录因子、蛋白激酶、翻译后和表观遗传修饰相关的典型基因，以及胁迫响应基因在茶树对 DS 的响应中发挥着重要作用。例如，参与碳水化合物代谢途径的基因，包括淀粉的生物合成和降解、糖的代谢和运输，以及糖信号转导，在多个层次上都发生了显著的变化，特别是糖转运蛋白（CSS0011753、CSS0020763、CSS0044066）、半乳糖醇合成酶（CSS0034475、CSS0004766），以及海藻糖 -6- 磷酸合成酶（CSS0011901），这些基因至少在两层上表现出差异表达，并鉴定了许多参与糖运输、棉子糖和海藻糖合成途径的基因，这表明棉子糖家族寡糖（RFO）和海藻糖的分配在茶树对 DS 的响应中是重要的。此外，众多干旱胁迫（DS）响应基因编码了多种特定蛋白质，其中包括胚胎发育晚期丰富蛋白的基因（如 *CSS0003901*、*CSS0030935*、*CSS0034761*、*CSS0043962*）以及编码伴侣蛋白的基因（如 *CSS0007030*、*CSS0025560*、*CSS0000153*、*CSS0014583*）。另一方面，不同类型的转运蛋白被鉴定为显著改变，包括水通道蛋白 PIP2-7（CSS0001968）、铜转运蛋白 COPT1（CSS0015656）和多元醇转运蛋白 PLT5/PLT6（CSS0022470/CSS0017924），它们在基因表达、蛋白表达和蛋白磷酸化层表现出下调模式。与胁迫响应植物激素相关的关键基因，如与脱落酸（ABA）、茉莉酸（JA）、油菜素内酯（BRs）和独脚金内酯（Strigolacone）生物合成相关基因也被鉴定为差异表达。CSC1（CSS0032724）、钙调素（CSS0043064）、钙调素结合转录激活因子 CAMTA3

（CSS0020857）和钙结合蛋白 CML20（CSS0018662）主要在不同层次表达水平显著上调。

5.3.2　与抗旱相关调控基因

在所有的机制中，转录因子是植物响应非生物胁迫的主要调节因子。茶树参与干旱反应的转录因子家族有 12 个：AP2/EREBP、bHLH、bZIP、HD-ZIP、HSF（HSP）、MYB、NAC、WRKY、TFs、SCL、ARR、SPL。其中，一些转录因子家族在调节茶对中干旱的反应中起着至关重要的作用。

bHLH 是转录因子家族中最大的一个家族（碱性螺旋 - 螺旋），广泛存在于真核生物中。这些转录因子调控植物的油菜素甾体、茉莉酸、花色苷合成的信号传递和次生代谢，调控植物生长发育、控制胚胎发育、枝条分枝、花和果实发育。此外，bHLHs 还参与 ABA 的信号转导和非生物胁迫的响应。特别是，在茶树中鉴定了 39 个 CsbHLHs 基因在干旱条件下表达增加。

R2R3-MYB 转录因子在植物生物学过程中发挥着重要作用，例如调节发育过程、初级和次生代谢以及对非生物胁迫的防御和应答等。Xuejin Chen 等发现茶树 R2R3-MYB 的上游启动子元件中含有干旱响应元件 MBS。通过荧光定量分析表明，CsMYB12、CsMYB34 和 CsMYB62 基因显著受到了干旱诱导。

NAC 转录因子家族（NAM-ATAF1/2-CUC）调控植物顶端分生组织、侧根、次生细胞壁、叶片衰老、种子发育、黄酮类化合物的生物合成。NAC 家族的多数成员都参与了应激反应和激素信号。通过对这些基因在茶树干旱过程中的表达水平进行分析，推测了 2 个可用于茶树抗旱性育种的 CsNAC17 和 CsNAC30 基因。

WRKY 转录因子参与非生物胁迫的响应。在茶叶中发现了 CsWRKY2 基因，该基因与抗旱有关。它在叶中的表达量最大，在花和枝条中的表达量最小。CsWRKY2 在干旱和寒冷条件下均有较高的表达水平。已有研究表明该基因参与干旱保护机制，并可以作为脱落酸（ABA）的激活物或阻遏物。

DREB（脱水反应元件结合蛋白）是植物转录因子中最广泛的家族之一。在茶叶中鉴定出 29 个 CsDREB 基因，并显示其蛋白定位于细胞核中。这些基因能够在包括干旱胁迫在内的多种非生物胁迫诱导下增强表达。CsDREB 基因的过表达通过 ABA 依赖和 ABA 非依赖途径提高了植物对逆境的抗性。此外，通过对 CsDREB 基因表达的分析表明，在茶叶对胁迫的响应中，CsDREB 基因可以作为不同响应链之间的纽带。

HD-Zip 蛋白家族（Homeodomain-Leucine zipper）是一类重要的转录因子，分为 HDZip Ⅰ、HD-Zip Ⅱ、HD-Zip Ⅲ 和 HD-Zip Ⅳ 四个亚组。在茶叶中发现了 33 个属于这些亚组的转录因子。其中 HD-Zip Ⅰ 和 HD-Zip Ⅳ 参与抗旱反应最多。HD-Zip Ⅰ 蛋白主要响应外界信号，如极端温度、干旱和其他非生物胁迫，同时调节植物的生长和对环境因子的适应过程。HD-Zip Ⅳ 亚群参与了根的形成、细胞分化、毛状体的形成和花青素的积累。对茶叶 CshdZ 基因表达的分析结果证实了它们参与包含干旱胁迫的多种胁迫反应。

热休克蛋白（HSPs）在植物的生长发育过程中起着重要作用，并在胁迫下保护细胞结构。在茶叶中鉴定了 47 个 *CsHSPs* 基因，包括 7 个 *CsHSP90*、18 个 *CsHSP70* 和 22 个 *CssHSP* 基因，它们的表达增强了茶叶对氧化胁迫的抗性，保护了光系统Ⅱ，并增强了光合作用。

在植物中，bZIP 家族在各种生物过程中起重要作用，包括种子成熟、花发育、光信号转导、病原体防御和各种应力反应。Lujing 等（2021）鉴定了茶叶植物中总共 76 个 *bZIP* 基因，进一步分析鉴定了与 ABA 信号传递转导途径相关的 13 个 ABFs，命名为 *CSABF1-13*。转录组分析显示 *CsABF* 基因在不同组织中（芽、幼叶、成熟叶、老叶、茎、根、花和水果）以及在不同的环境压力下（干旱、盐、冷却和 MEJA）的表达谱。*CsaBF1*、*CsABF5*、*CsABF9* 和 *CsABF10* 基因具有相对低的组织表达，但是在应激反应时强烈表达。通过 qRT-PCR 在两种茶树品种，耐旱性 '台茶 12' 和干旱敏感的 '福云 6' 在外源 ABA 和干旱胁迫下，发现了 *CsABF2*、*CsABF8* 和 *CsABF11* 为调节茶叶耐旱性的关键转录因子。

DOF 转录因子家族（DNA-binding with one finger）调控与种子成熟和萌发、开花期、次生代谢物积累以及保护过程相关基因的表达。在茶树中鉴定了 29 个 DOF 转录因子，其中 CsDof-22 参与 ABA 的生物合成。在抗病茶树品种中观察到 *CsDof* 基因在胁迫下的表达增加。

SBPs（Squamosa 启动子结合蛋白）编码转录因子，参与许多植物的孢子发生、枝叶发育、开花、受精、果实成熟、激素信号转导以及对非生物和生物胁迫的响应。这些基因的过表达诱导了茉莉酸、超氧化物歧化酶和过氧化物酶含量的增加。茶树的芽和叶中 *CsSBPs* 基因表达量显著积累；这些反应可能与 ABA、赤霉素和茉莉酸甲酯的信号通路有关。

GRAS 蛋白作为关键的转录因子，在调控植物生长发育及应对胁迫反应中展现出多种功能。在干旱胁迫处理下，我们对两个茶树品种——'黄金芽' 和 '迎霜' 中的 10 个 *CsGRAS* 基因（具体为 *CsGRAS1*、*CsGRAS4*、*CsGRAS5*、*CsGRAS7*、*CsGRAS10*、*CsGRAS11*、*CsGRAS14*、*CsGRAS15*、*CsGRAS17* 和 *CsGRAS18*）进行了诱导表达分析。结果显示，在 '黄金芽' 中，3 个 *CsGRAS* 基因（*CsGRAS9*、*CsGRAS10* 和 *CsGRAS14*）的表达量显著上调，而在 '迎霜' 中则下调。此外，*CsGRAS4*、*CsGRAS5*、*CsGRAS7*、*CsGRAS11*、*CsGRAS15* 和 *CsGRAS18* 在 '黄金芽' 中的表达均有所升高，而在 '迎霜' 中的表达模式则相对一致。值得注意的是，*CsGRAS1*、*CsGRAS10*、*CsGRAS14*、*CsGRAS17* 是诱导表达率最高的几个基因。特别地，*CsGRAS11* 和 *CsGRAS14* 在 '黄金芽' 中受到了高度诱导，而 *CsGRAS17* 则在 '迎霜' 中表现出高度诱导。

核因子 -Y（NF-Y）转录因子（TFs）是植物生长和生理学的重要调节因子。越来越多的证据表明，NF-Y TFs，尤其是 NF-YAs，是多种植物耐旱性的关键调控因子。在茶树中，干旱处理后 5 种 CsNF-Ys 和 CsNC2β 的表达随着时间点变化显著上调，而 CsNF-YB3 和 CsNF-YC2 的表达水平则受到了抑制。

Oxylypins 是脂肪酸的氧化衍生物，包括茉莉酸、羟基、氧或酮脂肪酸、挥发性醛等，是高等植物中重要的信号分子。脂氧合酶（Lpoxygenase，LOXs）是一类含铁的酶，催化多不饱和脂肪酸的氧化，启动氧脂的生物合成。在茶树中，脂氧合酶家族基因 *CsLOX1*、*CsLOX6* 和 *CsLOX7* 通过非 ABA 途径参与响应胁迫（冷、旱等生物胁迫）。此外，miRNA 在茶树抗旱调控中也起着重要作用。尽管茶树的功能基因组学取得了长足的进步，但仍需要进一步的研究来鉴定各种基因在调控网络中的位置及其对干旱耐受性的影响。

5.4 外源物质对茶树干旱胁迫的缓解效应

5.4.1 矿质元素类

钙在新陈代谢中具有调节作用，并可能增强植物的干旱后恢复。茶树经过 $CaCl_2$ 处理后，其叶片的非酶抗氧化能力增加，酶抗氧化剂（SOD、POX、CAT）活性增强，ROS 积累减少，脂质过氧化，从而增强了茶树干旱胁迫后恢复潜力。

锌（Zn）是一种必需微量营养素，影响茶树的生长和产量。在模拟干旱胁迫前，使用硫酸锌（$ZnSO_4$）处理可以保护茶树免受干旱胁迫引起的抗氧化剂含量和抗氧化酶活性水平的变化，同时促进了茶树叶片中锌的吸收。

5.4.2 外源激素类

干旱胁迫通常会损害茶树叶片的质膜，导致膜完整性和流动性发生变化。通过外源施用多胺，可维持茶树在干旱胁迫下不饱和脂肪酸水平和质膜 H-ATP 酶活性的作用，减轻了干旱引起的损害。

Chen Sizhou 等运用高光谱机器学习技术，成功获取了茶叶在干旱胁迫下的高光谱图像，并综合考量了茶树抗逆相关的生理指标，进而构建了茶树品种耐旱性预测模型——Tea-DTC 模型。此模型为评估耐旱茶种质资源提供了一种新颖的筛选手段。

脱落酸（ABA）是一种重要的植物激素，有助于激活茶树的抗旱性。外源 ABA 预处理提高了叶片叶绿素和脯氨酸含量，降低了膜脂过氧化，从而提高了外源 ABA 预处理茶树的耐旱性。

褪黑激素（N- 乙酰基 -5- 甲氧基色胺）是一种吲哚激素，参与了植物多种生物过程。通过外源性喷施褪黑激素激活抗氧化剂 ROS 解毒，包括酶促抗氧化酶（SOD、POD、CAT 和 APX）和非酶促抗氧化剂（GSH 和 ASA）以维持细胞 ROS（H_2O_2 和 O_2^-）处于相对较低的水平。褪黑激素处理也上调了抗氧化酶生物合成的基因（*CsSOD*、*CsPOD*、*CsCAT* 和 *CsAPX*）的表达。此外，乙酰血清素 -O- 甲基转移酶（ASMT）是褪黑激素生物合成中的关键酶，当茶树遭受干旱胁迫时，*CsASMT08*、*CsASMT09*、*CsASMT10* 和 *CsASMT20* 等 ASMT 基因表现出显著的响应，其中 CsASMT08 和 CsASMT10 呈现出下调趋势，暗示它们可能在干旱胁迫条件下受到负调控。

黄腐酸（FA）是一种植物生长调节剂，能促进植物生长，在抗旱、提高植物抗逆性、增产和提品质等方面发挥重要作用。Sun Jianhao 等研究发现黄腐酸通过增强抗坏血酸代谢、改善谷胱甘肽代谢以及促进黄酮类化合物的生物合成，显著提高茶树在干旱胁迫下的抗氧化防御能力，从而增强茶树的耐旱性。

在干旱胁迫下，喷施（Z）-3-己烯基乙酸酯增强了龙井长叶和中茶 108 的 SOD 和 CAT 活性，降低了 MDA 含量。通过蛋白质组学分析表明，（Z）-3-己烯基乙酸酯可能通过果糖代谢增强龙井长叶的耐旱性，同时通过促进葡聚糖的生物合成和半乳糖代谢来增强中茶 108 的耐旱性。

5.5　存在问题和展望

随着全球气候变化、人口增长以及可利用淡水资源的减少，干旱胁迫已成为制约全球农业生产和威胁世界作物安全的主要因素。干旱胁迫严重影响茶树生理和导致生化发生改变，进而引起生长受阻和经济产量下降。另外，干旱胁迫常与高温、高光强等胁迫同时出现，两种或者多种胁迫协同作用造成的"交叉耐逆性"也影响茶树的耐旱性和耐旱基因的表达。因此，茶树的耐旱机制和基因表达调解网络增加了复杂性，这加大了干旱条件下基因表达机制研究的难度。

解析茶树抗旱性形成的遗传机理、提高茶树水分利用效率和抗旱性，对保障茶产业安全生产和可持续发展具有重要意义。茶树形成了复杂多样的系统来应对干旱胁迫。前人对茶树耐旱基因的表达调节机制做了大量研究，而在翻译和翻译后水平上研究相对薄弱。因此，目前对茶树耐旱机制是在进一步挖掘影响茶树耐旱基因并研究其表达机制的基础上，进行以下研究：

（1）茶树不同时期、不同组织耐旱性的差异及其机制；

（2）干旱影响蛋白翻译情况；

（3）表观遗传学在茶树耐旱胁迫中的作用；

（4）与干旱胁迫相关的"交叉耐逆性"机制研究。

随着生物信息学的发展，转录组、蛋白组、代谢组、修饰蛋白组等分析技术已经日趋成熟，对茶树耐旱分子机制的研究将会更加深入。这对系统了解茶树耐旱机制、培育耐旱的茶树品种，并通过栽培措施为茶树防御干旱和改善其他环境因素、增强茶树的耐旱性提供了基础。

（房婉萍，陈雪津）

参考文献

[1] 曹翠玲，杨力，胡景江.多效唑提高玉米幼苗抗旱性的生理机制研究.干旱地区农业研究，2009，27（02）：153-158.

[2] 陈盛相，齐桂年，夏建冰，等.茶树在干旱条件下的 mRNA 差异表达.茶叶科学，2012，32（1）：53-58.

[3] 陈雪津，王鹏杰，郑玉成，等.茶树 BES1 转录因子全基因组鉴定与分析.西北植物学报，2019，39（5）：876-885.

[4] 程量，林良斌.作物耐旱性生理生化指标研究进展.中国农学通报，2014，30（3）：27-31.

[5] 段梦莎，刘祥宏，万思卿，等.茶树 CsPIP2；7 和 CsPIP2；8 基因的克隆及其对干旱胁迫的响应.植物遗传资源学报，2020，1-13.

[6] 范敏，金黎平，刘庆昌等.马铃薯抗旱机理及其相关研究进展.中国马铃薯，2006，（2）：101-107.

[7] 郭春芳.水分胁迫下茶树的生理响应及其分子基础.福建农林大学.2008.

[8] 郭春芳，孙云，唐玉海等.水分胁迫对茶树叶片叶绿素荧光特性的影响.中国生态农业学报，2009，17（3）：560-564.

[9] 郭春芳，孙云，张木清.土壤水分胁迫对茶树光合作用 - 光响应特性的影响.中国生态农业学报，2008，6：1413-1418.

[10] 郭数进，李贵全.大豆生理指标与抗旱性关系的研究.河南农业科学，2009，6：38-41.

[11] 郭永春，王鹏杰，陈笛，等.茶树 SRO 基因家族的鉴定及表达分析.茶叶科学，2019，39（4）：392-402.

[12] 韩建民.抗旱性不同的水稻品种对渗透胁迫的反应及其与渗透调节的关系.河北农业大学学报，1990，1：17-21.

[13] 韩蕊莲，李丽霞，梁宗锁.干旱胁迫下沙棘叶片细胞膜透性与渗透调节物质研究.西北植物学报，2003，1：23-27.

[14] 李爱国，屈霞，李小科等.植物耐热性的研究进展.作物研究，2007，S1：493-497.

[15] 李国龙，吴海霞，温丽，等.作物抗旱生理与分子作用机制研究进展.中国农学通报，2010，26（23）：185-191.

[16] 李吉跃.植物耐旱性及其机理.北京林业大学学报，1991，3：92-100.

[17] 李明，王根轩.干旱胁迫对甘草幼苗保护酶活性及脂质过氧化作用的影响.生态学报，2002，4：503-507.

[18] 林金科.水分胁迫对茶树光合作用的影响.福建农业大学学报，1998，04：40-44.

[19] 刘声传.茶树对干旱胁迫和复水响应的生理、分子机理.中国农业科学院，2015.

[20] 刘声传，陈亮.茶树耐旱机理及抗旱节水研究进展.茶叶科学，2014，34（2）：111-121.

[21] 刘玉英.茶树抗旱生理生化机制的研究.西南大学.2006.

[22] 刘玉英，王三根，徐泽，等.不同茶树品种干旱胁迫下抗氧化能力的比较研究.中国农学通报，2006，（4）：264-268.

[23] 刘玉英，易红华，徐泽.干旱胁迫对不同茶树品种叶绿素含量的影响.南方农业，2007，1：68-70.

[24] 刘长海，周莎莎，邹养军，等.干旱胁迫条件下不同抗旱性苹果砧木内源激素含量的变化干旱地区农业研究，2012，30（5）：94-98.

[25] 米海莉，许兴，李树华，等.干旱胁迫下牛心朴子幼苗的抗旱生理反应和适应性调节机理干旱地区农业研究，2002，（4）：11-16.

[26] 潘根生，钱利生，吴伯千，等.茶树新梢生育的内源激素水平及其调控机理（第三报）干旱胁迫对茶树内源激素的影响.茶叶，2001，1：35-38.

[27] 潘根生，吴伯千，沈生荣，等.水分胁迫过程中茶树新梢内源激素水平的消长及其与耐旱性的关系.中国农业科学，1996，5：10-16.

[28] 彭立新，李德全，束怀瑞.园艺植物水分胁迫生理及耐旱机制研究进展，西北植物学报，2002，5：1275-1281.

[29] 齐华，张振平，孙世贤，等.玉米苗期抗旱性形态鉴定指标研究.玉米科学，2008，3：60-63.

[30] 全瑞兰，王青林，马汉云，等.干旱对水稻生长发育的影响及其抗旱研究进展.中国种业，2015，9：12-14.

[31] 上官周平，陈培元.不同抗旱性冬小麦品种渗透调节的研究.干旱地区农业研究，1991，4：60-66.

[32] 孙存华，白嵩，白宝璋，等.水分胁迫对小麦幼苗根系生长和生理状态的影响.吉林农业大学学报，2003，5：485-489.

[33] 孙世利，骆耀平.茶树抗旱性研究进展.浙江农业科学，2006，1：89-91.

[34] 孙云南，陈林波，夏丽飞，等.干旱胁迫下茶树基因表达的 AFLP 分析.植物生理学报，2012，48（3）：241-246.

[35] 覃秀菊，李凤英，何建栋，等.广西茶树新品种系叶片解剖结构特征与特性关系的研究中国农学通报，2009，25（10）：36-39.

[36] 唐益苗，赵昌平，高世庆，等 . 植物抗旱相关基因研究进展麦类作物学报，2009，29（1）：166-173.

[37] 田丰，张永成，张凤军 . 不同品种马铃薯叶片游离脯氨酸含量、水势与抗旱性的研究 . 作物杂志，2009，2：73-76.

[38] 万里强，石永红，李向林，等 . 高温干旱胁迫下三个多年生黑麦草品种叶绿体和线粒体超微结构的变化 . 草业学报，2009，18（1）：25-31.

[39] 王国霞，邓培渊，杨玉珍，等 . 高温胁迫对不同油茶品种细胞膜稳定性的影响河南农业科学，2013，42（4）：59-63.

[40] 王贺正，徐国伟，马均，等 . 水分胁迫对水稻生长发育及产量的影响 . 中国种业，2009，1：47-49.

[41] 王怀玉，罗英 . 水分胁迫对茶树叶绿素 a 荧光动力学的影响 . 绵阳师范学院学报，2003，2：61-63.

[42] 王家顺，李志友 . 干旱胁迫对茶树根系形态特征的影响 . 河南农业科学，2011，40（9）：55-57.

[43] 王金祥，潘瑞炽 . 乙烯利、ACC、AOA 和 $AgNO_3$ 对绿豆下胚轴插条不定根形成的作用 . 热带亚热带植物学报，2004，6：506-510.

[44] 王军虹，徐琛，苍晶，等 . 外源 ABA 对低温胁迫下冬小麦细胞膜脂组分及膜透性的影响 . 东北农业大学学报，2014，45（10）：21-28.

[45] 王伟东 . 高温和干旱胁迫下茶树转录组分析及 HistoneH1 基因的功能鉴定 . 南京农业大学 . 2016.

[46] 王霞，侯平，尹林克 . 植物对干旱胁迫的适应机理 . 干旱区研究，2001，2：42-46.

[47] 王小萍，王云，唐晓波，等 . 茶树抗旱机理和抗旱育种研究进展 . 中国农学通报，2016，32（13）：12-17.

[48] 王晓琦，沙伟，徐忠文 . 亚麻幼苗对干旱胁迫的生理响应 . 作物杂志，2005，2：13-16.

[49] 魏鹏 . 茶树抗旱性部分生理生化指标的研究 . 西南农业大学，2003.

[50] 魏永胜，梁宗锁 . 钾与提高作物抗旱性的关系 . 植物生理学通讯，2001，6：576-580.

[51] 吴致君，卢莉，黎星辉，等 . 茶树 AP2/ERF-B3 类转录因子基因的克隆与表达特性分析 . 南京农业大学学报，2014，37（4）：67-75.

[52] 夏建冰 . 幼龄茶树在干旱胁迫下基因表达差异分析 . 四川农业大学，2010.

[53] 项俊，陈兆波，王沛，等 . $CaCl_2$ 对干旱胁迫下甘蓝型油菜抗旱性相关的生理生化指标变化影响 . 华中农业大学学报，2007，5：607-611.

[54] 杨华名山白毫茶树品种对干旱胁迫的生理生态响应 . 四川农业大学，2007.

[55] 杨华，唐茜，黄毅 . 名山白毫对干旱胁迫的生理生态响应 . 西南农业学报，2010，23（5）：1497-1503.

[56] 岳川，曾建明，章志芳，等 . 茶树中植物激素研究进展 . 茶叶科学，2012，32（5）：382-392.

[57] 张岁岐，李金虎，山仑 . 干旱下植物气孔运动的调控 . 西北植物学报，2001，（6）：215-222.

[58] 张彤，齐麟 . 植物抗旱机理研究进展 . 湖北农业科学，2005，4：107-110.

[59] 张文辉，段宝利，周建云，等 . 不同种源栓皮栎幼苗叶片水分关系和保护酶活性对干旱胁迫的响应 . 植物生态学报，2004，4：483-490.

[60] 张亚丽 . 茶树 ACS、ACO 基因克隆与亲环素基因的鉴定及其表达分析 . 中国农业科学院，2007.

[61] 张永恒 . 茶树 SnRK2 家族基因的鉴定及 CsSnRK2.5 的功能研究 . 西北农林科技大学，2019.

[62] 张振平，孙世贤，张悦，等 . 玉米叶部形态指标与抗旱性的关系研究 . 玉米科学，2009，17（3）：68-70.

[63] 周琳，徐辉，朱旭君，等 . 脱落酸对干旱胁迫下茶树生理特性的影响 . 茶叶科学，2014，34（5）：473-480.

[64] 庄重光 . 不同水分处理下铁观音茶树的生理机制及其差异蛋白质组学研究 . 福建农林大学，2008.

[65] Ahmad P，Prasad M N V.Abiotic Stress Responses in Plants.Springer-Verlag New York，2012.

[66] An Y L，Mi X Z，Xia X B，et al.Genome-wide identification of the PYL gene family of tea plants （*Camellia sinensis*） revealed its expression profiles under different stress and tissues. BMC Genomics，2023，24（1）：362.

[67] Bahrndorff S，Tunnacliffe A，Wise M J，et al.Bioinformatics and protein expression analyses implicate LEA proteins in the drought response of Collembola.Journal of Insect Physiology，2009，55（3）：210-217.

[68] Ben Saad R，Zouari N，Ben Ramdhan W，et al.Improved drought and salt stress tolerance in transgenic tobacco overexpressing a novel A20/AN1 zinc-finger "AlSAP" gene isolated from the halophyte grass Aeluropus littoralis. Plant Molecular Biology，2010，72（1-2）：171-190.

[69] Borah A，Hazarika S N，Thakur D.Potentiality of actinobacteria to combat against biotic and abiotic stresses in

tea[*Camellia sinensis*（L）O.Kuntze].Journal of Applied Microbiology，2022，133（4）：2314-2330.

[70] Chang N，Zhou Z W，Li Y Y，et al.Exogenously applied Spd and Spm enhance drought tolerance in tea plants by increasing fatty acid desaturation and plasma membrane H+-ATPase activity.Plant Physiology and Biochemistry，2022，170：225-233.

[71] Cao Q H，Lv W Y，Jiang H，et al.Genome-wide identification of glutathione S-transferase gene family members in tea plant（*Camellia sinensis*）and their response to environmental stress.International Journal of Biological Macromolecules，2022，205：749-760.

[72] Chatterjee A，Paul A，Unnati G M，et al.MAPK cascade gene family in *Camellia sinensis*：In-silico identification，expression profiles and regulatory network analysis.BMC Genomics，2020，21（1）：613.

[73] Chaves M M，Flexas J，Pinheiro C.Photosynthesis under drought and salt stress：regulation mechanisms from whole plant to cell.Annals of Botany，2009，103（4）：551-560.

[74] Chen J，Gao T，Wan S，et al.Genome-wide identification，classification and expression analysis of the HSP gene superfamily in tea plant（*Camellia sinensis*）.International Journal of Molecular Sciences，2018，19（9）：2633.

[75] Chen M J，Zhu X F，Zhang Y，et al.Drought stress modify cuticle of tender tea leaf and mature leaf for transpiration barrier enhancement through common and distinct modes.Scientific Reports，2020，10（1）：6696.

[76] Chen S Z，Gao Y，Fan K，et al.Prediction of drought-induced components and evaluation of drought damage of tea plants based on hyperspectral imaging.Frontiers in Plant Science，2021，12：695102.

[77] Chen S Z，Shen J Z，Fan K，et al.Hyperspectral machine-learning model for screening tea germplasm resources with drought tolerance.Frontiers in Plant Science，2022，13：1048442.

[78] Chen X J，Wang P J，Gu M Y，et al.R2R3-MYB transcription factor family in tea plant（*Camellia sinensis*）：Genome-wide characterization，phylogeny，chromosome location，structure and expression patterns.Genomics，2021，113（3）：1565-1578.

[79] Cheruiyot E K，Mumera L M，Ng'etich W K，et al.Polyphenols as potential indicators for drought tolerance in tea（*Camellia sinensis* L.）.Bioscience，Biotechnology，and Biochemistry，2007，71（9）：2190-2197.

[80] Chipilski R，Andonov B，Boyadjieva D J E，et al. A study of a germplasm T. aestivum L. for breeding of drought tolerance.Journal of Agricultural Science and Forest Science，2009，8（2）：44-48.

[81] Cui X，Wang Y X，Liu Z W，et al.Transcriptome-wide identification and expression profile analysis of the bHLH family genes in *Camellia sinensis*.Funct Integr Genomics，2018，18（5）：489-503.

[82] Dai H W，Zheng S T，Zhang C，et al.Identification and expression analysis of the KNOX genes during organogenesis and stress responseness in *Camellia sinensis*（L.）O.Kuntze.Molecular Genetics and Genomics，2023，298（6）：1559-1578.

[83] Das A，Das S，Mondal T K.Identification of differentially expressed gene profiles in young roots of tea[*Camellia sinensis*（L.）O.Kuntze] subjected to drought stress using suppression subtractive hybridization.Plant Molecular Biology Reporter，2012，30（5）：1088-1101.

[84] Das A，Mukhopadhyay M，Sarkar B，et al.Influence of drought stress on cellular ultrastructure and antioxidant system in tea cultivars with different drought sensitivities.Journal of Environmental Biology，2015，36（4）：875-82.

[85] Ding Z，Jiang C J.Transcriptome profiling to the effects of drought stress on different propagation modes of tea plant（*Camellia sinensis*）.Frontiers in Genetics，2022，13：907026.

[86] Ding Y Q，Fan K，Wang Y，et al.Drought and heat stress-mediated modulation of alternative splicing in the genes involved in biosynthesis of metabolites related to tea quality.Molecular Biology，2022，56（2）：321-322.

[87] Dobra J，Motyka V，Dobrev P，et al.Comparison of hormonal responses to heat，drought and combined stress in tobacco plants with elevated proline content.Journal of Plant Physiology，2010，167（16）：1360-1370.

[88] Farooq M，Wahid A，Lee D J.Exogenously applied polyamines increase drought tolerance of rice by improving leaf water status，photosynthesis and membrane properties.Acta Physiologiae Plantarum，2009，31（5）：937-945.

[89] Gai Z S，Wang Y，Ding Y Q，et al.Exogenous abscisic acid induces the lipid and flavonoid metabolism of tea

plants under drought stress.Science Reports，2020，10（1）：12275.

[90] Grigorova B，Vaseva I，Demirevska K，et al.Combined drought and heat stress in wheat：Changes in some heat shock proteins.Biologia Plantarum，2011，55：105-111.

[91] Gu H L，Wang Y，Xie H，et al.Drought stress triggers proteomic changes involving lignin，flavonoids and fatty acids in tea plants.Science Reports，2020，10（1）：15504.

[92] Guo J H，Chen J F，Yang J K，et al.Identification，characterization and expression analysis of the VQ motif-containing gene family in tea plant（*Camellia sinensis*）.BMC Genomics，2018，19（1）：710.

[93] Guo Y，Zhao S，Zhu C，et al.Identification of drought-responsive miRNAs and physiological characterization of tea plant（*Camellia sinensis* L.）under drought stress.BMC Plant Biology，2017，17（1）：211.

[94] Gupta S，Bharalee R，Bhorali P，et al.Identification of drought tolerant progenies in tea by gene expression analysis.Functional & Integrative Genomics，2012，12（3）：543-563.

[95] Gupta S，Bharalee R，Bhorali P，et al.Molecular analysis of drought tolerance in tea by cDNA-AFLP based transcript profiling. Molecular Biotechnology，2013，53（3）：237-248.

[96] Haisel D，Pospíšilová J，Synková H，et al.Effects of abscisic acid or benzyladenine on pigment contents，chlorophyll fluorescence，and chloroplast ultrastructure during water stress and after rehydration.Photosynthetica，2006，44（4）：606-614.

[97] Huang G T，Ma S L，Bai L P，et al.Signal transduction during cold，salt，and drought stresses in plants，2012，39（2）：969-987.

[98] Jackson M A.The Growth and Functioning of Leaves. Soil Science，1984，137：68.

[99] Jeyaramraja P R，Raj Kumar R，Pius P K，et al.Photoassimilatory and photorespiratory behaviour of certain drought tolerant and susceptible tea clones.Photosynthetica，2003，41（4）：579-582.

[100] Jin J Y，Zhao M Y，Gao T，et al.Amplification of early drought responses caused by volatile cues emitted from neighboring plants.Horticulture Research，2021，8（1）：243.

[101] Jin J Y，Zhao M Y，Jing T T，et al.（Z）-3-Hexenol integrates drought and cold stress signaling by activating abscisic acid glucosylation in tea plants.Plant Physiol，2023，193（2）：1491-1507.

[102] Kholová J，Hash C T，Kakkera A，et al.Constitutive water-conserving mechanisms are correlated with the terminal drought tolerance of pearl millet[*Pennisetum glaucum*（L.）R.Br.] .Journal of Experimental Botany，2010，61（2）：369-377.

[103] Kozlowski T T.Water Deficits and Plant Growth. Water Relations of Plants，1983，342-389.

[104] Krishnaraj T，Gajjeraman P，Palanisamy S，et al.Identification of differentially expressed genes in dormant（banjhi）bud of tea（*Camellia sinensis*（L.）O.Kuntze）using subtractive hybridization approach.Plant Physiology and Biochemistry，2011，49（6）：565-571.

[105] Li H，Huang W，Liu Z W，et al.Transcriptome-based analysis of Dof family transcription factors and their responses to abiotic stress in tea plant（*Camellia sinensis*）.International journal of genomics，2016，2016：5614142.

[106] Li H，Teng R M，Liu J X，et al.Identification and analysis of genes involved in auxin，abscisic acid，gibberellin，and brassinosteroid metabolisms under drought stress in tender shoots of tea plants.DNA and Cell Biology，2019，38（11）：1292-1302.

[107] Li S Y，Yao X Z，Zhang B H，et al.Genome-wide characterization of the U-box gene in *Camellia sinensis* and functional analysis in transgenic tobacco under abiotic stresses.Gene，2023，865：147301.

[108] Li X W，Feng Z G，Yang H M，et al.A novel cold-regulated gene from *Camellia sinensis*，CsCOR1，enhances salt-and dehydration-tolerance in tobacco.Biochemical and Biophysical Research Communications，2010，394（2）：354-359.

[109] Liao H Z，Liao W J，Zou D X，et al.Identification and expression analysis of PUB genes in tea plant exposed to anthracnose pathogen and drought stresses.Plant Signaling & Behavior，2021，16（12）：1976547.

[110] Li J H，Yang Y Q，Sun K，et al.Exogenous melatonin enhances cold，salt and drought stress tolerance by improving antioxidant defense in tea plant（*Camellia sinensis*（L.）O.Kuntze）.Molecules，2019，24（9）：

1826.

[111] Liu H，Wang Y X，Li H，et al.Genome-wide identification and expression analysis of calcineurin B-Like protein and calcineurin B-Like protein-interacting protein kinase family genes in tea plant.DNA and Cell Biology，2019，38（8）：824-839.

[112] Lindemose S，O'shea C，Jensen M K，et al.Structure，function and networks of transcription factors involved in abiotic stress responses. International journal of molecular sciences，2013，14（3）：5842-5878.

[113] Liu S C，Jin J Q，Ma J Q，et al.Transcriptomic analysis of tea plant responding to drought stress and recovery. PLoS One，2016，11（1）：e0147306.

[114] Liu S C，Xu Y X，Ma J Q，et al.Small RNA and degradome profiling reveals important roles for microRNAs and their targets in tea plant response to drought stress.Physiologia Plantarum，2016，158（4）：435-451.

[115] Longenberger P S，Smith C W，et al.Evaluation of chlorophyll fluorescence as a tool for the identification of drought tolerance in upland cotton. Euphytica，2008，166（1）：25.

[116] Lu J，Du J K，Tian L Y，et al.Divergent response strategies of CsABF facing abiotic stress in tea plant：perspectives from drought-tolerance studies.Frontiers in Plant Science，2021，17（12）：763843.

[117] Luković J，Maksimović I，Zorić L，et al.Histological characteristics of sugar beet leaves potentially linked to drought tolerance.Industrial Crops and Products，2009，0（2）：281-286.

[118] Lv Z D，Zhang C Y，Shao C Y，et al.Research progress on the response of tea catechins to drought stress.Journal of the Science of Food and Agriculture，2021，101（13）：5305-5313.

[119] Malyukova L S，Koninskaya N G，Orlov Y L，et al.Effects of exogenous calcium on the drought response of the tea plant（Camellia sinensis（L.）Kuntze）.Peer J，2022，10：e13997.

[120] Ma Q P，Zhou Q Q，Chen C M，et al.Isolation and expression analysis of CsCML genes in response to abiotic stresses in the tea plant（Camellia sinensis）.Scientific Reports，2019，9（1）：8211.

[121] Mei X，Hu L H，Song Y Y，et al.Heterologous expression and characterization of tea（Camellia sinensis）polyamine oxidase homologs and their involvement in stresses.Journal of Agricultural and Food Chemistry，2022，70（38）：11880-11891.

[122] Mohanpuria P，Yadav S K.Characterization of novel small RNAs from tea（Camellia sinensis L.）.Molecular Biology Reports，2012，39（4）：3977-3986.

[123] Molinari H B C，Marur C J，Filho J O C B，et al.Osmotic adjustment in transgenic citrus rootstock Carrizo citrange（Citrus sinensis Osb.X Poncirus trifoliata L. Raf.）.Plant Science，2004,167（6）：1375-1381.

[124] Munné-Bosch S，Peñuelas J.Drought-induced oxidative stress in strawberry tree（Arbutus unedo L.）growing in Mediterranean field conditions.Plant Science，2004，166（4）：1105-1110.

[125] Muoki R C，Paul A，Kumar S.A shared response of thaumatin like protein，chitinase，and late embryogenesis abundant protein3 to environmental stresses in tea[Camellia sinensis（L.）O.Kuntze] . Funct Integr Genomics，2012，12（3）：565-571.

[126] Netto L A，Jayaram K M，Puthur J T.Clonal variation of tea [Camellia sinensis（L.）O. Kuntze] in countering water deficiency. Physiology and molecular biology of plants：an international journal of functional plant biology，2010，16（4）：359-367.

[127] Parmar R，Seth R，Singh P，et al.Transcriptional profiling of contrasting genotypes revealed key candidates and nucleotide variations for drought dissection in Camellia sinensis（L.）O.Kuntze.Scientific Reports，2019，9（1）：7487.

[128] Paul A，Muoki R C，Singh K，Kumar S.CsNAM-like protein encodes a nuclear localized protein and responds to varied cues in tea[Camellia sinensis（L.）O. Kuntze] .Gene，2012，502（1）：69-74.

[129] Peleg Z，Blumwald E.Hormone balance and abiotic stress tolerance in crop plants.Current Opinion in Plant Biology，2011，14（3）：290-295.

[130] Qiu C，Sun J H，Shen J Z，et al.Fulvic acid enhances drought resistance in tea plants by regulating the starch and sucrose metabolism and certain secondary metabolism.Journal of Proteomics，2021，247：104337.

[131] Rana N K，Mohanpuria P，Yadav S K.Expression of tea cytosolic glutamine synthetase is tissue specific and

induced by cadmium and salt stress.Biologia Plantarum，2008，52（2）：361-364.

[132] Rahimi M，Kordrostami M，Mohamadhasani F，et al.Antioxidant gene expression analysis and evaluation of total phenol content and oxygen-scavenging system in tea accessions under normal and drought stress conditions.BMC Plant Biology，2021，21（1）：494.

[133] Rahimi M，Kordrostami M，Mortezavi M.Evaluation of tea（Camellia sinensis L.）biochemical traits in normal and drought stress conditions to identify drought tolerant clones.Physiology and Molecular Biology of Plants，2019，25（1）：59-69.

[134] Reddy A R，Chaitanya K V，Vivekanandan M.Drought-induced responses of photosynthesis and antioxidant metabolism in higher plants.Journal of Plant Physiology，2004，161（11）：1189-1202.

[135] Roldán A，Díaz-Vivancos P，Hernández J A，et al.Superoxide dismutase and total peroxidase activities in relation to drought recovery performance of mycorrhizal shrub seedlings grown in an amended semiarid soil.Journal of Plant Physiology，2008，165（7）：715-722.

[136] Roshan N M，Ashouri M，Sadeghi S M.Identification，evolution，expression analysis of phospholipase D（PLD）gene family in tea（Camellia sinensis）.Physiology and Molecular Biology of Plants，2021，27（6）：1219-1232.

[137] Samarina L S，Bobrovskikh A V，Doroshkov A V，et al.Comparative expression analysis of stress-inducible candidate genes in response to cold and drought in tea plant[Camellia sinensis（L.）Kuntze].Frontier in Genetics，2020，11：611283.

[138] Samarina L，Wang S B，Malyukova L，et al.Long-term cold，freezing and drought：overlapping and specific regulatory mechanisms and signal transduction in tea plant（Camellia sinensis（L.）Kuntze）.Frontiers in Plant Science，2023，14：1145793.

[139] Sanders G J，Arndt S K.Osmotic adjustment under drought conditions.Plant responses to drought stress.Berlin，Heidelberg：Springer，2012.

[140] Schulze E D.ADAPTATION OF PLANTS TO WATER AND HIGH TEMPERATURE STRESS（Book）.Plant，Cell & Environment，1982，5（4）：259-260.

[141] Shao C Y，Chen J J，Lv Z D，et al.Staged and repeated drought-induced regulation of phenylpropanoid synthesis confers tolerance to a water deficit environment in Camellia sinensis.Industrial Crops & Products，2023，201：116843.

[142] Shao-Xuan H E，Liang Z S，Li-Zhen Y U，et al.Growth and physiological characteristics of wild sour jujube seedlings from two provenances under soil water stress.Acta Botanica Boreali-Occidentalia Sinica，2009，29（7）1387-1393.

[143] Sharma P，Kumar S.Differential display-mediated identification of three drought-responsive expressed sequence tags in tea[Camellia sinensis（L.）O.Kuntze].Journal of biosciences，2005，30（2）：231-235.

[144] Shen C，Li X.Genome-wide analysis of the P450 gene family in tea plant（Camellia sinensis）reveals functional diversity in abiotic stress.BMC Genomics，2023，24（1）：535.

[145] Shen C，Li X.Genome-wide identification and expression pattern profiling of the ATP-binding cassette gene family in tea plant（Camellia sinensis）.Plant Physiology and Biochemistry，2023，202：107930.

[146] Shen J Z，Wang S S，Sun L T，et al.Dynamic changes in metabolic and lipidomic profiles of tea plants during drought stress and re-watering.Frontiers Plant Science，2022，13：978531.

[147] Shen W，Li H，Teng R，et al.Genomic and transcriptomic analyses of HD-Zip family transcription factors and their responses to abiotic stress in tea plant（Camellia sinensis）.Genomics，2019，111（5）：1142-1151.

[148] Subbarao G V，Chauhan Y S，Johansen C.Patterns of osmotic adjustment in pigeonpea-its importance as a mechanism of drought resistance.European Journal of Agronomy，2000，12（3）：239-249.

[149] Sun J H，Qiu C，Ding Y Q，et al.Fulvic acid ameliorates drought stress-induced damage in tea plants by regulating the ascorbate metabolism and flavonoids biosynthesis.BMC Genomics，2020，21（1）：411.

[150] Upadhyaya H，Dutta B K，Panda S K.Zinc modulates drought-induced biochemical damages in tea[Camellia sinensis（L）O Kuntze].Journal of Agricultural and Food Chemistry，2013，61（27）：6660-6670.

[151] Upadhyaya H，Panda S，Dutta B.Variation of physiological and antioxidative responses in tea cultivars subjected to elevated water stress followed by rehydration recovery.Acta Physiologiae Plantarum，2008，30：457-468.

[152] Upadhyaya H，Panda S K.Responses of *Camellia sinensis* to Drought and Rehydration.Biologia Plantarum，2004，48（4）：597-600.

[153] Upadhyaya H，Panda S K，Dutta B K.CaCl₂ improves post-drought recovery potential in *Camellia sinensis*（L）O.Kuntze. Plant Cell Reports，2011，30（4）：495-503.

[154] Wang L，Cao H，Qian W，et al.Identification of a novel bZIP transcription factor in *Camellia sinensis* as a negative regulator of freezing tolerance in transgenic *Arabidopsis*.Annals of Botany，2017a，119（7）：1195-1209.

[155] Wang M，Zhuang J，Zou Z，et al.Overexpression of a *Camellia sinensis* DREB transcription factor gene（CsDREB）increases salt and drought tolerance in transgenic Arabidopsis thaliana. Journal of Plant Biology，2017b，60：452-461.

[156] Wang P，Chen D，Zheng Y，et al.Identification and Expression Analyses of SBP-Box Genes Reveal Their Involvement in Abiotic Stress and Hormone Response in Tea Plant（*Camellia sinensis*）.International journal of molecular sciences，2018，19（11）：3404.

[157] Wang P J，Yue C，Chen D，et al.Genome-wide identification of WRKY family genes and their response to abiotic stresses in tea plant（*Camellia sinensis*）.Genes Genomics，2019，41（1）：17-33.

[158] Wang P J，Zheng Y C，Guo Y C，et al.Identification，expression，and putative target gene analysis of nuclear factor-Y（NF-Y）transcription factors in tea plant（*Camellia sinensis*）.Planta，2019，250（5）：1671-1686.

[159] Wang S S，Gu H L，Chen S Z，et al.Proteomics and phosphorproteomics reveal the different drought-responsive mechanisms of priming with（Z）-3-hexenyl acetate in two tea cultivars.Journal of Proteomics，2023，289：105010.

[160] Wang W D，Xin H H，Wang M L，et al.Transcriptomic analysis reveals the molecular mechanisms of drought-stress-induced decreases in *Camellia sinensis* leaf quality.Frontiers in Plant Science，2016，7：385.

[161] Wang Y C，Lu Q H，Xiong F，et al.Genome-wide identification，characterization，and expression analysis of nucleotide-binding leucine-rich repeats gene family under environmental stresses in tea（*Camellia sinensis*）.Genomics，2020，112（2）：1351-1362.

[162] Wang Y，Fan K，Wang J，et al.Proteomic analysis of *Camellia sinensis*（L.）reveals a synergistic network in the response to drought stress and recovery.Journal of Plant Physiology，2017，219：91-99.

[163] Wang Y X，Liu Z W，Wu Z J，et al.Transcriptome-wide identification and expression analysis of the NAC gene family in tea plant[*Camellia sinensis*（L.）O.Kuntze] .PloS one，2016a，11（11）：e0166727.

[164] Wang Y，Shu Z，Wang W，et al.CsWRKY2，a novel WRKY gene from *Camellia sinensis*，is involved in cold and drought stress responses.Biologia Plantarum，2016b，60（3）：443-451.

[165] Wang Y X，Liu Z W，Wu Z J，et al.Genome-wide identification and expression analysis of GRAS family transcription factors in tea plant（*Camellia sinensis*）.Scientific Reports，2018，8（1）：3949.

[166] Xiao Y Z，Dong Y，Zhang Y H，et al.Two galactinol synthases contribute to the drought response of *Camellia sinensis*.Planta，2023，258（5）：84.

[167] Xie H，Wang Y，Ding Y Q，et al.Global ubiquitome profiling revealed the roles of ubiquitinated proteins in metabolic pathways of tea leaves in responding to drought stress.Scientific Reports，2019，9（1）：4286.

[168] Xing D W，Li T T，Ma GL，et al.Transcriptome-wide analysis and functional verification of RING-Type ubiquitin ligase involved in tea plant stress resistance.Frontiers in Plant Science，2021，12：733287.

[169] Xu F F，Liu W X，Wang H，et al.Genome identification of the tea plant（*Camellia sinensis*）ASMT gene family and its expression analysis under abiotic stress.Genes（Basel），2023，14（2）：409.

[170] Xu P，Guo Q W，Pang X，et al.New insights into evolution of plant heat shock factors（Hsfs）and expression analysis of tea genes in response to abiotic stresses.Plants，2020，9（3）：311.

[171] Xu P，Zhang X Y，Su H，et al.Genome-wide analysis of *PYL-PP2C-SnRK2s* family in *Camellia sinensis*.Bioengineered，2020，11（1）：103-115.

[172] Yang T Y，Lu X，Wang Y，et al.HAK/KUP/KT family potassium transporter genes are involved in potassium deficiency and stress responses in tea plants（*Camellia sinensis* L.）：expression and functional analysis.BMC Genomics，2020，21（1）：556.

[173] Yue C，Cao H L，Zhang S R，et al.Multilayer omics landscape analyses reveal the regulatory responses of tea plants to drought stress.International Journal of Biological Macromolecules，2023，253（Pt 1）：126582.

[174] Yue C，Chen Q Q，Hu J，et al.Genome-wide identification and characterization of GARP transcription factor gene family members reveal their diverse functions in tea plant（*Camellia sinensis*）.Frontiers in Plant Science，2022，13：947072.

[175] Yu Q，Li C，Zhang J C，et al.Genome-wide identification and expression analysis of the Dof gene family under drought stress in tea（*Camellia sinensis*）.PeerJ，2020，8：e9269.

[176] Zhang C Y，Wang M H，Chen J J，et al.Survival strategies based on the hydraulic vulnerability segmentation hypothesis，for the tea plant[*Camellia sinensis*（L.）O.Kuntze] in long-term drought stress condition.Plant Physiology and Biochemistry，2020，156：484-493.

[177] Zhang L P，Li M，Fu J Y，et al.Genome-Wide Identification and Expression Analysis of *Isopentenyl transferase* Family Genes during Development and Resistance to Abiotic Stresses in Tea Plant（*Camellia sinensis*）.Plants（Basel），2022，11（17）：2243.

[178] Zhang Q，Ye Z Q，Wang Y H，et al.Haplotype-resolution transcriptome analysis reveals important responsive gene modules and allele-specific expression contributions under continuous salt and drought in *Camellia sinensis*.Genes（Basel），2023，14（7）：1417.

[179] Zhang X Y，Xu W L，Ni D J，et al.Genome-wide characterization of tea plant（*Camellia sinensis*）Hsf transcription factor family and role of CsHsfA2 in heat tolerance.BMC Plant Biology，2020，20（1）：244.

[180] Zhang Y H，Xiao Y Z，Zhang Y G，et al.Accumulation of galactinol and ABA Is involved in exogenous EBR-induced drought tolerance in tea plants.Journal of Agricultural and Food Chemistry，2022，70（41）：13391-13403.

[181] Zhang S W，Li C H，Cao J，et al.Altered architecture and enhanced drought tolerance in rice via the down-regulation of indole-3-acetic acid by TLD1/OsGH3.13 activation.Plant Physiology，2009，151（4）：1889-1901.

[182] Zhang X C，Wu H H，Chen L M，et al.Mesophyll cells' ability to maintain potassium is correlated with drought tolerance in tea（*Camellia sinensis*）.Plant Physiology and Biochemistry，2019，136：196-203.

[183] Zhang X C，Wu H H，Chen J G，et al.Chloride and amino acids are associated with K+-alleviated drought stress in tea（*Camellia sinesis*）.Functional Plant Biology，2020，47（5）：398-408.

[184] Zhang X Y，Li L Y，Lang Z L，et al.Genome-wide characterization of NAC transcription factors in *Camellia sinensis* and the involvement of *CsNAC28* in drought tolerance.Frontiers in Plant Science，2022，13：1065261.

[185] Zhang Y H，He J Y，Xiao Y Z，et al.CsGSTU8，a glutathione S-transferase from *Camellia sinensis*，is regulated by CsWRKY48 and plays a positive role in drought tolerance.Frontiers in Plant Science，2021，12：795919.

[186] Zhao M Y，Jin J Y，Wang J M，et al.Eugenol functions as a signal mediating cold and drought tolerance via UGT71A59-mediated glucosylation in tea plants.Plant Journal，2022，109（6）：1489-1506.

[187] Zhao Z Z，Ma D N.Genome-wide identification，characterization and function Analysis of lineage-specific genes in the tea plant *Camellia sinensis*.Frontiers in Genetics，2021，12：770570.

[188] Zheng C，Wang Y，Ding Z T，et al.Global transcriptional analysis reveals the complex relationship between tea quality，leaf senescence and the responses to cold-drought combined stress in *Camellia sinensis*.Frontiers in Plant Science，2016，7：1858.

[189] Zheng S T，Dai H W，Meng Q，et al.Identification and expression analysis of the ZRT，IRT-like protein（ZIP）gene family in *Camellia sinensis*（l.）o.kuntze.Plant Physiology and Biochemistry，2022，172：87-100.

[190] Zhou C Z，Zhu C，Fu H F，et al.Genome-wide investigation of superoxide dismutase（SOD）gene family and their regulatory miRNAs reveal the involvement in abiotic stress and hormone response in tea plant（*Camellia sinensis*）.PLoS One，2019，14（10）：e0223609.

[191] Zhou L，Xu H，Mischke S，et al.Exogenous abscisic acid significantly affects proteome in tea plant（*Camellia*

sinensis）exposed to drought stress.Horticulture Research，2009，25（1）：14029.

[192] Zhou Q Y，Zhao M W，Xing F，et al.Identification and expression analysis of CAMTA genes in tea plant reveal their complex regulatory role in stress responses.Frontiers in Plant Science，2022，13：910768.

[193] Zhu J，Wang X，Guo L，et al.Characterization and Alternative Splicing Profiles of the Lipoxygenase Gene Family in Tea Plant（*Camellia sinensis*）.Plant and Cell Physiology，2018，59（9）：1765-1781.

[194] Zhu J X，Zhang H X，Huang K L，et al.Comprehensive analysis of the laccase gene family in tea plant highlights its roles in development and stress responses.BMC Plant Biology，2023，23（1）：129.

第 6 章

茶树诱导抗虫性和机理研究

▲▲▲▲▲▲▲

中国是最早栽培和利用茶的国家，至今已有 3000 余年的历史。茶树多种植在暖温带和亚热带地区，常年害虫发生严重。目前，我国已有记载的茶树害虫和害螨种类已超过 800 种，常见种类也有 400 余种。害虫除了显著降低茶叶产量外，还会降低茶叶品质、干扰农事活动。例如，被茶丽纹象甲（*Myllocerinus aurolineatus* Voss）所害叶制成的茶汤色浑暗、叶底破碎（陈宗懋，2000）；茶树毒蛾类害虫［茶毛虫（*Euproctis pseudoconspersa* Strand）、茶黄毒蛾（*Euproctis psludoconsplrsa* Strand）、茶黑毒蛾（*Dasychira baibarana* Matsµmura）等］的毒毛散落和漂移至人体后，会引起人体奇痒红肿（周孝贵，肖强，2020）。据统计，茶小绿叶蝉［*Matsumurasca onukii*（Mstauda, 1952）］大发生年份常导致高达 50% 以上的茶叶产量损失，年防治费用占茶树病虫害总防治费用的 60% 以上（濮小英和冯明光，2004；Chen 等，2019）。尤为严重的是，害虫为害不仅直接造成夏、秋茶的产量损失，而且还会导致树势衰弱，降低后续茶叶的产量和品质以及茶树对其他病虫害和非生物逆境的抗性，对茶树生长极为不利（Li 等，2018）。目前，对茶树害虫的有效防治尚主要依赖于化学农药。化学农药的频繁使用除了导致茶树害虫产生耐药性、生态系统污染和茶叶农药残留超标外，还会大量杀伤天敌，导致茶园生态系统抗性持续降低。因此，茶树害虫频繁暴发成灾已严重制约了我国茶产业的持续健康发展。

在与害虫长期协同进化的过程中，植物已经获得了一套复杂的防御体系，这一防御体系由组成抗性和诱导抗性组成。其中，组成抗性是指植物在遭受植食性昆虫为害前就已存在的抗虫性，主要依赖植物固有的包括植物形态结构决定的物理防御和生理生化水平的化学防御来影响昆虫对寄主的选择、取食和产卵等（Smith，2005；Van Damme，2008；War 等，2012）；与之相对应，诱导抗性是植物在遭受植食性昆虫为害后所表现出来的一种抗虫特性（娄永根和程家安，1997）。与模式植物的研究结果相似，茶树叶片的形态结构影响茶树对害虫的抗性。例如，有研究结果表明嫩叶栅状组织厚度和嫩茎皮层厚度是影响小绿叶蝉为害的主导因子，细胞厚度越大，茶树受害程度越轻，呈现极显著负相关（朱俊庆等，1992）。张贻礼等的研究也得出了类似的结果，认为虫口密度与叶片栅状组织、海绵组织、叶片下表皮和叶片主脉下方厚角组织的厚度呈极显著负相关，与叶片主脉下表皮厚度、叶片主脉韧皮部厚度呈显著正相关（张贻礼等，1994；黄亚辉等，1998）。曾莉等（2001）的研究结果也表明，茶树种质资源的抗性与叶片叶肉厚度、上表皮细胞数、栅栏组织厚度和海绵组织厚度均呈负相关，表明叶片的厚度和硬度是刺吸式口器害虫口针钻穿透叶表的屏障，构成了影响害虫取食的重要机械因子。研究发现小绿叶蝉抗虫品种的下表皮厚度均大于感虫品种，并与小绿叶蝉的生命周期呈显著正相关（张贻礼等，1994）。迄今，已发现茶树重要害虫（茶尺蠖、小绿叶蝉和茶丽纹象甲）为害可诱导茶树产生直接和间接防御反应，并且茶园病害、除草、施肥、灌溉、修剪和种植绿肥植物与行道树等因素亦会影响茶树的诱导抗虫能力。本章主要针对茶树对茶尺蠖和茶丽纹象甲的响应及相关调控机理进行阐述。

6.1 茶尺蠖／灰茶尺蠖幼虫为害诱导茶树产生的防御反应

尺蠖类害虫隶属于鳞翅目（Lepidoptera）尺蠖蛾科（Geometridae），是重要的咀嚼式口器害虫，以幼虫取食茶树叶片为害，对茶叶安全生产影响极大。其中，茶尺蠖和灰茶尺蠖是形态和习性极其相似的两近缘种，也是四大茶区重点防控的害虫种类。暴发成灾时，可将嫩叶、老叶甚至嫩茎全部吃光，对茶叶产量影响极大（图6.1）。2014年之前，二者一度被认为是同一种类——茶尺蠖而被研究和防治。同样地，对茶尺蠖和灰茶尺蠖为害诱导的茶树防御反应的研究也未进行严格的区分和比较。因此，本章中提到的2014年之前的研究均是"茶尺蠖"。茶树对茶尺蠖和灰茶尺蠖为害的差异响应今后需进一步厘清。

图 6.1 灰茶尺蠖幼虫及田间为害状（郭华伟 摄）

诱导抗虫性在植物的自我保护过程中发挥着重要作用，是植物在遭受植食性昆虫为害后所表现出的抗虫特性（娄永根和程家安，1997）。一般来说，植食性昆虫为害可诱导植物产生有毒次生代谢物质或防御蛋白直接作用于害虫，从而导致害虫生长发育受阻，故称之为直接防御反应；也可诱导植物释放特异性挥发物，以此吸引害虫的天敌前来捕食或者寄生，以此控制害虫的虫口密度，亦称之为间接防御反应。多年的研究结果显示，茶尺蠖幼虫为害即可诱导茶树产生直接防御反应，也可诱导茶树产生间接防御反应。并且，茶尺蠖诱导茶树释放的挥发物还对茶尺蠖成虫交配和产卵场所的选择具有调控作用。

6.1.1 灰茶尺蠖幼虫为害诱导茶树产生的直接防御反应及机制

取食是咀嚼式口器害虫为害植物的最主要方式，造成植物组织破碎的同时在破损处分泌少量口腔分泌物（Peiffer M 和 Felton，2009；Vadassery 等，2012）。植食性昆口腔分泌物成分复杂。迄今为止，已在植食性昆虫口腔分泌物中鉴定出了多种激发子（如昆虫识别素、β- 葡萄糖苷酶、volicitin、脂肪酸 - 氨基酸轭合物、caeliferins 等）和效应子（与植食性昆虫相关的化学物质，能通过干扰植物防御相关信号途径等抑制植物的防御反应，如吲哚 -3- 乙酸、HARP1、葡萄糖氧化酶等），并且发现这些活性物质分别在植物的诱导防御反应和植食性昆虫对诱导防御反应的适应性中发挥着重要作用（Pohnert 等，1999；Musser 等，2002，2006）。在昆虫口腔分泌物中也发现了 JA、SA 和 ABA 等多种植物激素（Acevedo 等，2019）。同时，发现植食性昆虫口腔分泌物具有植食性昆虫种类、寄主植物种类和植物基因型及发育阶段的特异性（Moreira 等，2018；Xiao 等 ，2019）。因此，特定植物 - 植食性昆虫之间的互作关系具有重要的研究价值。

6.1.2　灰茶尺蠖幼虫取食和模拟取食对灰茶尺蠖幼虫生长发育的影响

进行灰茶尺蠖幼虫取食和模拟取食可诱导茶树（'龙井 43'）的直接防御反应实验。实验结果表明，与饲喂健康叶片的灰茶尺蠖幼虫相比，连续饲喂灰茶尺蠖幼虫取食叶片的灰茶尺蠖幼虫体重在第 10d 和第 13d 显著降低；与此相似，在饲喂的第 7d，取食模拟取食叶片的灰茶尺蠖幼虫体重显著低于取食机械损伤处理叶和健康叶，并且取食机械损伤叶的灰茶尺蠖幼虫体重显著低于取食健康叶的；在饲喂的第 9d 和第 10d，取食模拟取食叶片的灰茶尺蠖幼虫体重显著低于取食机械损伤处理叶和健康叶的，但是，取食健康叶和取食机械损伤叶的灰茶尺蠖幼虫体重之间不具显著差异。具体结果详见图 6.2（a）和（b）。

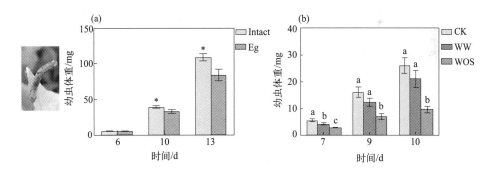

图 6.2　灰茶尺蠖幼虫取食（a）和模拟取食（b）对后续茶尺蠖幼虫体重的影响

Intact/CK—健康苗；Eg—灰茶尺蠖取食苗；WW—机械损伤 + 无菌水处理苗；WOS—机械损伤 + 口腔分泌物处理苗

[数据来自平均值 ± 标准误，处理和对照之间具有显著性差异

[*，$P < 0.05$，Student's t-test，n=40 ～ 50；不同字母代表同一时间点不同处理

之间具有显著性差异，$P < 0.05$，Turkey's honest significant difference（HSD）post-hoc test，n=40 ～ 50]

6.1.3　模拟取食对信号通路相关基因转录水平的影响

通过对机械损伤 + 无菌水处理（WW）和机械损伤 + 口腔分泌物处理（WOS）的转录组数据分析发现，模拟取食（WOS）激活了茶树叶片中的茉莉酸（Jasmonic acid，JA）、植物

生长素（IAA）、脱落酸（Abscisic acid，ABA）、乙烯（Ethylene，ET）和赤霉素（gibberellic acid，GA）途径，但是抑制了茶树水杨酸途径（Salicylic acid，SA）。茉莉酸途径的两个脂氧合酶基因（*LOX1/2*）、一个丙二烯氧化合酶基因（*AOS*）、一个 12- 氧 - 植物二烯酸还原酶（OPR2）、一个茉莉酸 - 氨基酸合成酶（JAR1）、两个 JAZM 结构域蛋白（JAZ8/10）、两个细胞色素 P450 家族基因（*CYP94C1/79B2*）、一个茉莉酸反应基因（*JR3*），以及一个转录因子（*MYC4*）的表达水平均被模拟茶尺蠖取食处理显著上调，却显著下调了 *MYB23*、*WRKY50* 和一个 bHLH 结合蛋白的表达水平。IAA 运输依赖于分布于特定细胞质膜上的极性输入载体（influx carriers）和输出载体（efflux carriers）途径。研究发现输出载体（PIN-FORMED efflux carriers，*PIN*）和输入载体（AUXIN1/LIKE AUX1 influx carriers，*AUX1/LAX*）的表达均可被模拟取食显著上调；此外，IAA 途径上的调控基因（*IAA4/13/14/17/19/26/29*）、编码 indole-3-acetate beta-D-glucosyltransferase 的基因（*IAGLU*）和编码 IAA- 氨基合成酶基因（*GH3.1*）的表达亦可被模拟取食显著上调。ABA 途径的一些基因也可被模拟取食激活，如编码 9- 顺式 - 环氧类胡萝卜素双加氧酶的基因（*NCED3*）、编码短链脱氢酶 / 还原酶的基因（*SDR2*）和 *ABA2*。模拟取食显著下调三个乙烯途径响应因子（*ERF 6/105/109*），但是显著上调乙烯途径响应和结合因子（*EDF4*）。然而，模拟取食显著抑制水杨酸途径的几个成分，如 *CNGC3*、*ANK*、*SOT12* 和 *SAGT1*。具体结果详见图 6.3（a）。

　　通过对健康无处理叶片与 WOS 处理叶片的转录组数据分析发现，茉莉酸途径的一些基因（*JOX2*、*LOX2*、*JR3*、*CYP94C1*、*SSI2*、*MPK4*）可以被 WOS 显著上调。相反地，我们发现抑制茉莉酸 - 异亮氨酸暴发的抗丙氨酸编码基因（*IAR3*）和 IAA 途径抑制基因（*AXR1*）的转录表达均可被 WOS 处理所抑制。然而，IAA 途径的一些转移酶、转运蛋白和转录因子等基因（*IAGLU*、*WXR1*、*TRN1*、*GRAS2*、*PUX2*、*TIR1*、*SAUR32*）又可被 WOS 处理显著上调。与 ABA 转运和转导相关的一些基因（*UGT75B1*、*ABI1*、*HAI1*）也可被 WOS 所激活，但是一个编码蛋白激酶的基因被 WOS（*APK2B*）所抑制。较为复杂的是，乙烯途径的响应基因（*ERF2*）可被 WOS 显著下调，而三个转录因子（*ERF3/5/9*）和一个协同调控 ET 和 JA 的基因（*CEJ1*）可以被 WOS 显著激活。具体结果详见图 6.3（b）。

　　基于转录组分析结果，我们有针对性地分析了 JA、ET 和 IAA 途径上的关键酶基因表达量。荧光定量 PCR 结果表明，WW 可显著上调 *CsMYC2*、*CsERF14* 和 *CsGH3.1* 的转录表达，并且发现 OS 可以放大 WW 诱导的上述基因的表达量；并且 WOS 特异性地激活了 *CsAUX* 的转录表达。具体结果详见图 6.3（c）。

6.1.4　模拟取食对代谢通路相关基因转录水平的影响

　　对 WW 和 WOS 以及 WOS 和 CK 两组与代谢途径相关的转录组学数据进行了比对。与 WW 相比，木质素生物合成途径的多个基因（*PCBER1*、*HCT*、*UGT72B1*、*F5H*、*CCR1*、*CAD.B2* 和 *DAPDC2*）、黄酮类化合物生物合成途径的一系列基因（*DMR6*、*JAO2*、*SHT*、*GFAT*、*COMT1*）的转录表达均可被 WOS 处理显著上调，但是 WOS 处理显著下调了黄烷酮 -3- 羟化酶（*F3H*）的表达量。与 CK 相比，黄酮类化合物生物合成途径的一系列基因（*GT72B1*、*LAC4/12*、*CAD.B2*、*ASMT* 和 *ALAAT2*）和氨基酸生物合成途径的一系列基因（*GAD1*、*TAT1*、*PSAT1* 和 *SDC1*）可被 WOS 处理所显著上调。此外，*BEN1*、

CYP75B1、*DMR6*、*PRR1*、*CAD1/7*、*CADB2* 和 *LAC4* 的转录表达可以被 WOS 显著抑制。具体结果详见图 6.4（a）、图 6.4（b）。

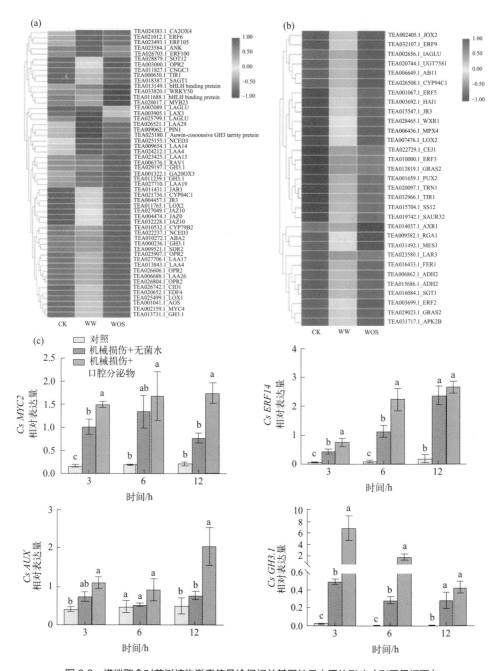

图 6.3　模拟取食对茶树植物激素信号途径相关基因转录水平的影响（彩图见插页）

（a）机械损伤 + 无菌水和机械损伤 + 口腔分泌物处理的茶树叶片中差异基因热图分析；

（b）健康苗和机械损伤 + 口腔分泌物处理的茶树叶片中差异基因热图分析，不同颜色代表基于

FPKM 值的基因表达水平（蓝色代表下调，红色代表上调）；（c）植物激素途径关键基因表达谱

[数据来自平均值 ± 标准误，不同字母代表同一时间点不同处理之间具有显著性差异

（$P < 0.05$，Turkey's honest significant difference（HSD）post-hoc test，$n=4$）]

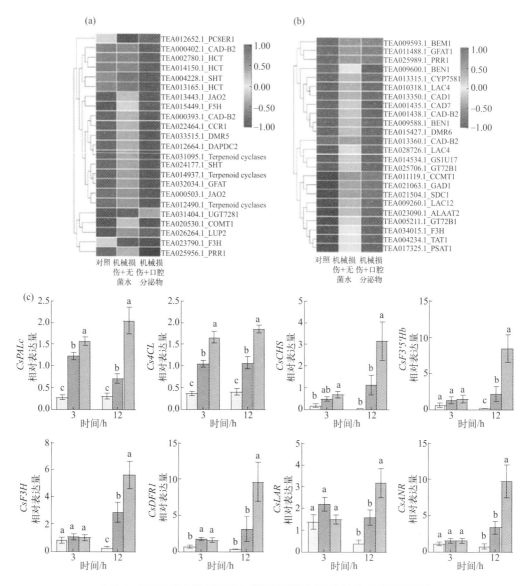

图 6.4　模拟取食对茶树代谢通路相关基因转录水平的影响（彩图见插页）

（a）机械损伤 + 无菌水和机械损伤 + 口腔分泌物处理的茶树叶片中差异基因热图分析；（b）健康苗和机械损伤 + 口腔分泌物处理的茶树叶片中差异基因热图分析，不同颜色代表基于 FPKM 值的基因表达水平（蓝色代表下调，红色代表上调）；（c）代谢物生物合成途径关键基因表达谱

［数据来自平均值 ± 标准误，不同字母代表同一时间点不同处理之间具有显著性差异（$P < 0.05$，Turkey's honest significant difference（HSD）post-hoc test，$n=4$）］

6.1.5　取食和模拟取食诱导茶树多种植物激素的积累

通过识别植食性昆虫相关激发子（与植食性昆虫相关的化学物质，可被寄主植物识别，并激活植物防御反应）和为害模式，植物启动体内茉莉酸（Jasmonic acid，JA）、水杨酸（salicylic acid，SA）、乙烯（Ethylene，ET）、植物生长素（auxin，IAA）、赤霉素（gibberellin，GA）、细胞分裂素（cytokinin，CTK）和脱落酸（abscisic acid，ABA）等多

种信号转导途径，并激活众多转录因子，最终产生系统性的抗虫防御反应（Ern 等，2012；Machado 等，2016；Basu 等，2018）。

本研究选择 JA、IAA、ET、ABA、SA 和 GA7 为测定对象，明确了茶尺蠖幼虫为害特异性地激活茶树 ET 和 IAA 信号途径，放大机械损伤引起的 JA 和 JA-Ile 含量的积累。研究结果表明，与健康苗相比，灰茶尺蠖幼虫取食 1.5h 即可显著诱导茶树茉莉酸和茉莉酸 - 异亮氨酸的大量积累，乙烯的释放量在灰茶尺蠖幼虫取食的 2h、4h 和 8h 显著增加；并且，灰茶尺蠖幼虫取食可显著诱导 IAA 含量的显著增加；但是，灰茶尺蠖幼虫取食不影响茶树 ABA、SA 和 GA7 的含量。在此研究结果的基础上，我们又对健康对照、WW 和 WOS 处理的茶树叶片中不同植物激素的含量进行了比较，以明确灰茶尺蠖幼虫特异性激活的植物激素信号途径。结果表明，与对照相比，WW 处理显著提高茶树叶片中 JA、JA-Ile 和 GA7 的含量，但是对 SA、ET、ABA 和 IAA 的含量无影响，ABA 含量在 WOS 处理后的 3h 开始显著积累。灰茶尺蠖幼虫唾液可放大 WW 诱导的 JA 和 JA-Ile 的积累量，WOS 处理特异性诱导茶树释放乙烯和 IAA。具体结果详见图 6.5 和图 6.6。

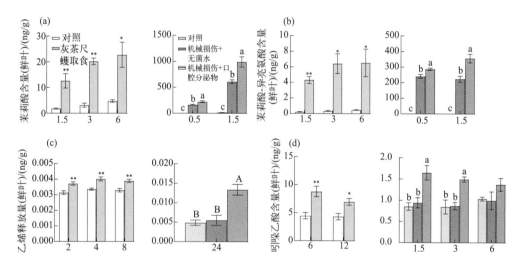

图 6.5 灰茶尺蠖取食（灰色）和模拟取食（黄、粉、蓝色）对植物激素含量的影响（彩图见插页）

（a）茉莉酸 JA；（b）茉莉酸 - 异亮氨酸 JA-Ile；（c）乙烯 ET；（d）植物生长素 IAA［数据来自平均值 ± 标准误，* 表示 $P < 0.05$，** 表示 $P < 0.01$（Student's t test，$n=4$）；不同字母代表同一时间点不同处理之间具有显著性差异（$P < 0.05$，Turkey's honest significant difference（HSD）post-hoc test，$n=4$）］

6.1.6　取食和模拟取食诱导茶树儿茶素类化合物的积累

黄酮类化合物是植物体内重要的抗虫物质，其诱导合成受到植物体内 JA、SA、IAA 和 ABA 等多条信号转导途径的协同调控（Erb 等，2012；Qi 等，2016），通过引起害虫拒食、驱避害虫、降低害虫消化能力，甚至直接毒杀害虫等发挥抗虫功能（Thoisonet 等，2004；Hölscher 等，2016）。例如，槲皮素对棉铃虫（*Helicoverpa zea*）和亚洲小车蝗（*Oedaleus asiaticus*）等害虫的生长和发育具有抑制作用，对南部灰翅夜蛾（*Spodoptera eridania*）幼

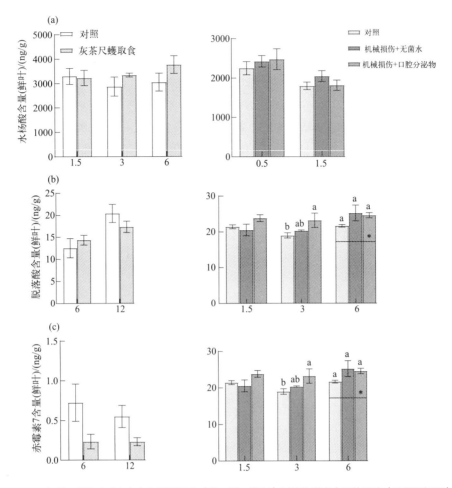

图 6.6　灰茶尺蠖取食（灰色）和模拟取食（黄、粉、蓝色）对植物激素含量的影响（彩图见插页）

（a）水杨酸（SA）；（b）脱落酸（ABA）；（c）赤霉素 7（GA7）

［数据来自平均值 ± 标准误，*表示 $P < 0.05$（Student's t test，n=4）；不同字母代表同一时间点不同处理之间具有显著性差异（$P < 0.05$，Turkey's honest significant difference（HSD）post-hoc test，n=4）］

虫具有毒杀作用（Cui 等，2019；Lindroth 和 Peterson，1988）。儿茶素类化合物属于黄烷 -3-醇类黄酮化合物，广泛存在于各种植物中，具有多种多样的生物学功能。业已证明，表没食子儿茶素没食子酸酯（Epigallocatechin gallate，EGCG）具有抵御茶炭疽病侵染并提高茶尺蠖幼虫生长适合度的能力（Wang 等，2016；Zhang 等，2019）。表儿茶素（epicatechin，EC）是黑杨（*Populus nigra*）体内重要的诱导抗菌活性成分之一（Ullah 等，2017），酯化没食子酸儿茶素是诱导植物抗性的重要激发子（Goupol 等，2020）。目前，对茶树儿茶素类化合物的研究多集中于其生物合成和对非生物胁迫的响应，以及利用低温、遮阴等非生物胁迫方法调控茶树中儿茶素类化合物的含量从而改善茶叶品质等（Ferreyra 等，2012；Li 等，2017a，b；Zeng 等，2019）。生物胁迫（如灰茶尺蠖幼虫取食、小贯小绿叶蝉为害）对茶树叶片中总儿茶素含量、茶黄素、多酚氧化酶和 3 种植物激素（JA、SA 和 ABA）的诱导作用偶见报道（Liao 等，2019）。然而，植食性昆虫取食对儿茶素化合物各组分含量的影响及相关调控机制目前还不明晰。

儿茶素是茶叶中的关键风味物质和功能成分，其含量占茶叶干质量的 12%～24%，主要包括儿茶素（catechin，C）、EC、没食子儿茶素（gallocatechin，GC）、表没食子儿茶素（epigallocatechin，EGC）、儿茶素没食子酸酯（catechin gallate，CG）、表儿茶素没食子酸酯（epicatechin gallate，ECG）、没食子儿茶素没食子酸酯（gallocatechin gallate，GCG）及 EGCG 8 个组分。本研究明确了模拟取食对除 CG 外的各儿茶素组分的诱导作用。与对照和 WW 相比，WOS 处理特异性地提高了 48h 和 72h 茶树叶片中 C 含量的积累；与对照相比，WOS 显著地提高了 24h 和 48h 处理叶片中 EC 的含量；在处理后的 72h，WW 和 WOS 均显著上调了处理叶片中 EC 的含量，并且我们发现 OS 放大了机械损伤诱导的茶树叶片中的 EC 含量的积累。与对照和 WW 相比，WOS 处理特异性地提高了 24h 和 48h 茶树叶片中 EGCG 的含量。具体结果详见图 6.7～图 6.8。

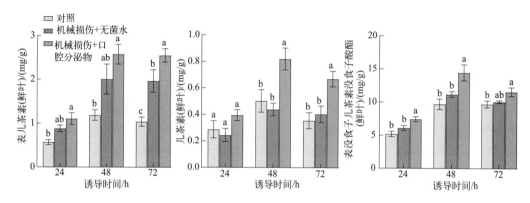

图 6.7　灰茶尺蠖取食模拟取食对儿茶素单体含量的影响（有差异）

[数据来自平均值 ± 标准误，*表示 $P < 0.05$，**表示 $P < 0.01$（Student's t test，$n=4$）；不同字母代表同一时间点不同处理之间具有显著性差异（$P < 0.05$，Turkey's honest significant difference（HSD）post-hoc test，$n=4$）]

6.1.7　差异物质的抗性功能鉴定

明确了 EC、C 和 EGCG 三种物质对灰茶尺蠖幼虫的拒食作用。根据 EC、C 和 EGCG 在茶树叶片中的生理浓度，在人工饲料中分别添加上述差异化合物，并测定不同化合物对灰茶尺蠖幼虫生长发育的影响。结果表明，添加三种化合物的人工饲料均能显著降低灰茶尺蠖幼虫的生长发育速率。添加 EC 的人工饲料对幼虫体重的影响依赖于添加浓度（$F_{2,401}=14.122$，$P < 0.001$）和幼虫的取食时间（$F_{3,400}=161.727$，$P < 0.001$）。在取食添加 EC 人工饲料的第 7d（$r=-0.407$，$P < 0.001$）、第 10d（$r=-0.299$，$P=0.002$）和第 13d（$r=-0.359$，$P < 0.001$）时，幼虫体重与 EC 的添加浓度呈显著负相关。相似地，在取食添加 EGCG 人工饲料的第 7d（$r=-0.347$，$P=0.000$）、第 10d（$r=-0.514$，$P=0.000$）和第 13d（$r=-0.488$，$P=0.000$）时，幼虫体重与 EGCG 的添加浓度呈显著负相关；在取食添加 C 的人工饲料的第 7d（$r=-0.302$，$P < 0.001$）、第 10d（$r=-0.361$，$P < 0.001$）和第 13d（$r=-0.392$，$P < 0.001$）时，幼虫体重与 C 的添加浓度呈显著负相关。总的来说，幼虫体重增长量与差异化合物 EC、C 或 EGCG 的添加浓度呈显著负相关，并且这一影响随着取食时间的延长而增强。具体结果详见图 6.9。

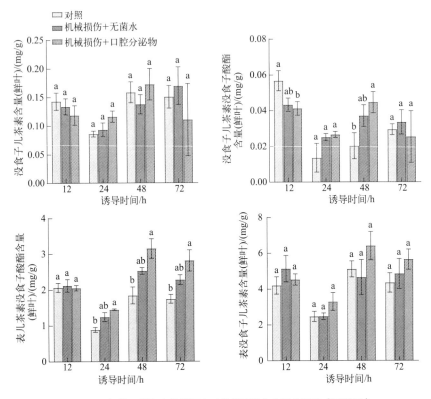

图6.8　灰茶尺蠖取食模拟取食对儿茶素单体含量的影响（无差异）

[数据来自平均值 ± 标准误，* 表示 $P < 0.05$，** 表示 $P < 0.01$（Student's t test，$n=4$）；不同字母代表同一时间点不同
处理之间具有显著性差异（$P < 0.05$，Turkey's honest significant difference（HSD）post-hoc test，$n=4$）]

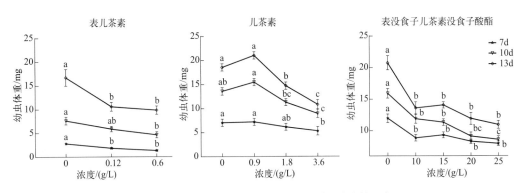

图6.9　三种差异化合物对灰茶尺蠖幼虫生长发育的影响

[不同字母代表同一时间点不同添加浓度之间具有显著性差异（$P < 0.05$，Turkey's honest significant difference（HSD）
post-hoc test，$n=35 \sim 50$）]

6.1.8　植物激素对茶树直接防御反应的调控

为应对植食性昆虫的为害，植物通过 JA、SA、ET、ABA、IAA 和 GAs 等植物激素
信号网络协同调控体内的能量和营养，从而达到生长和防御的平衡。囿于茶树遗传转化体

系，不同激素途径对茶树防御反应的调控作用大多依赖于外用植物激素或者信号途径抑制子进行。如前所述，灰茶尺蠖幼虫为害能够显著诱导茶树 JA、ET 和 IAA 的积累。本节主要采用外用法，结合测定灰茶尺蠖幼虫体重和茶树体内防御化合物的含量变化来明确上述三类激素对茶树防御反应的调控作用。

6.1.8.1　茉莉酸对茶树直接防御反应的调控作用

茉莉酸途径是植物体内的核心抗虫途径。大量研究结果表明，咀嚼式口器害虫取食可提高植物体内 JA 含量的积累，以及导致相关基因转录水平的提高；此外，喷施 JA 或 MeJA 可以诱导植物产生直接和间接防御反应。本研究发现，取食 JA 处理茶苗的灰茶尺蠖幼虫体重显著（极显著）低于取食健康茶苗的幼虫体重，并发现这一作用可能是通过诱导茶树体内 EC、C 和 EGCG 含量的积累而实现的。具体结果详见图 6.10。推测 JA 通过提高上述三种化合物的含量来增强茶树对灰茶尺蠖的直接防御能力。

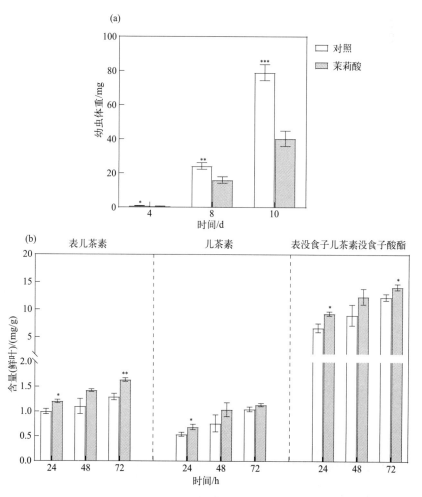

图6.10　外用 JA 处理对灰茶尺蠖幼虫体重（a）及叶片中儿茶素含量（b）的影响
［数据来自平均值 ± 标准误，*表示 $P < 0.05$，**表示 $P < 0.01$（Student's t test）］

6.1.8.2　乙烯对茶树直接防御反应的调控作用

乙烯是调控植物生长发育的重要植物激素种类之一。此外，乙烯还具有应对非生物胁迫，并与 JA 途径协同调控植物对生物胁迫的响应等多种生物学功能。本研究采用乙烯合成前体 1- 氨基环丙烷羧酸（1-aminocyclopropane1-carboxylic acid，ACC）根灌处理茶树，处理 11d 后测定取食处理和对照茶树的幼虫体重及叶片中各防御化合物的含量。研究结果表明，取食 ACC 处理茶树的茶尺蠖幼虫体重显著低于取食对照茶树，并且，ACC 处理可显著提高茶树叶片中 C 和 EGCG 含量的积累。推测乙烯通过调控 C 和 EGCG 的积累来增强茶树对灰茶尺蠖的直接抗性（图 6.11）。

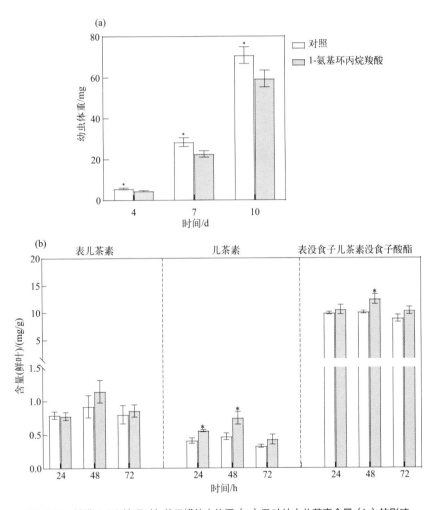

图 6.11　根灌 ACC 处理对灰茶尺蠖幼虫体重（a）及叶片中儿茶素含量（b）的影响

6.1.8.3　植物生长素对茶树直接防御反应的调控作用

植物生长素是另外一种调控植物生长发育的重要的植物激素种类，主要作用是使植物细胞壁松弛，从而使细胞生长伸长。IAA 与 JA 在植物诱导抗性调控中的互作关系既有拮抗作用的报道，也有 IAA 和 JA 协同调控植物诱导防御和耐害性之间的平衡的报道，又有 IAA 可以单独调控植物防御反应的报道（Machado 等，2016）。也就是说，IAA 对植物防御反应的调控作用具有植物种类的特异性。我们研究发现灰茶尺蠖幼虫为害可特异性激活茶树体内 IAA 途径，推测其可能在茶树诱导防御过程中发挥着一定作用。与外用 JA 和 ET 的结果类似，外用 IAA 处理也可诱导茶树的直接防御反应，并能提高茶树叶片中 EC 含量的积累。但是，IAA 诱导植物产生的直接防御反应的强度显著弱于 JA 和 ET 所诱导的（图 6.12）。

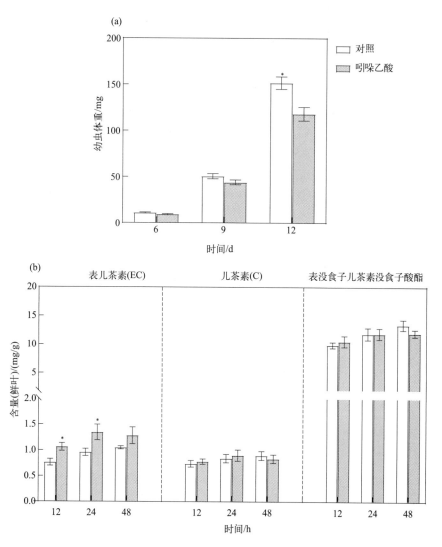

图 6.12　IAA 处理对灰茶尺蠖幼虫体重（a）及叶片中儿茶素含量（b）的影响

综上所述，灰茶尺蠖幼虫唾液中存在有激发茶树直接防御反应的激发子。灰茶尺蠖幼虫取食可显著诱导 C、EC 和 EGCG 三种儿茶素组分的积累，三者是茶树在诱导抗性中起直接防御作用的重要活性物质，其合成和积累受 JA、ET 和 IAA 等三种植物激素的协同调控。

6.1.9　茶尺蠖幼虫诱导茶树产生的挥发物及其生态调控功能

植食性昆虫利用植物挥发物进行远程寄主定位。在遭受植食性昆虫为害后，植物通过改变自身挥发物组成、提高挥发物释放量，以及释放虫害诱导特异性挥发物等方式与周围有机体之间进行化学信号交流，从而发挥其生态功能。业已证明，虫害诱导的植物挥发物（Herbivore induced plant volatiles，HIPVs）不仅可以被植物识别从而提高植物抗性，而且还能被植食性昆虫利用，以提高后代的交配效率和选择有利后代生长发育的寄主环境，充分体现出二者在长期协同进化过程中各自获得了竞争性的生存策略（Dudareva 等，2006）。HIPVs 具有植物种类、品种、基因型、生育期和生理状况等的特异性，而且还具有植食性昆虫种类、虫龄、为害程度、为害方式和其他一些环境因子的特异性。总的来说，一方面，HIPVs 通过吸引害虫的天敌前来捕食或寄生，从而实现虫害诱导植物产生的间接防御反应（Heil，2004）；HIPVs 被临近植物的未知受体识别后，可以通过激活植物的钙离子信号通路和茉莉酸信号通路，引起临近植物的防御警备效应，当有害虫为害时会产生更强、更快的防御反应（Erb 等，2015；Ye 等，2021）；另一方面，HIPVs 亦可被害虫利用进行交配或产卵场所的定位（Shiojiri 等，2002，2003；Sun 等，2014）；HIPVs 的释放量和释放速率还可被害虫识别，用于嗜好寄主的选择，从而提高后代的生长适合度和繁殖效率（Delphia 等，2007）。茶尺蠖幼虫诱导茶树释放挥发物的生态功能如图 6.13 所示。

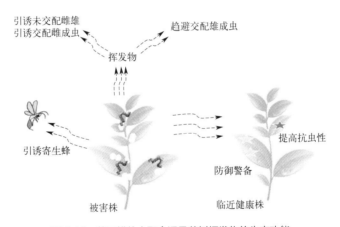

图 6.13　茶尺蠖幼虫取食诱导茶树挥发物的生态功能

茶尺蠖幼虫为害可诱导茶树（‘龙井 43’）释放多种挥发物（图 6.14，引自 Sun 等，2014）。幼虫为害 24h 后去除虫、虫粪及其他痕迹的茶树可释放（Z）-3- 己烯基醋酸酯、（E）-β-β- 罗勒烯、芳樟醇、（E, E）-α- 法尼烯、（E）- 橙花叔醇、吲哚和苯乙醇等 26 种挥发物（Sun 等，2014），具体种类和释放量详见表 6-1。早有研究发现茶尺蠖幼虫诱导茶树释放的 HIPVs 对茶尺蠖幼虫的寄生性天敌——单白绵绒茧蜂具有明显的引诱作用，进而明确了其中具有活性的功能成分。研究还发现田间喷施 MeJA 可以提高绒茧蜂对茶尺蠖幼虫的寄生效率，这在《茶树害虫化学生态学》一书中已有详细描述，本书不再赘述。除了茶尺蠖幼虫为害除诱导茶树间接防御功能以外，近年来的研究还发现，茶尺蠖雌、雄成虫能够利用幼虫诱导茶树产生的 HIPVs 进行产卵和交配场所的选择，并发现其中一些成分引起临近健康茶树的防御警备作用或直接激活临近植物的防御反应（Jing 等，2020，2021；Zeng 等，2017；Ye 等；2021）。

表 6-1 茶尺蠖幼虫为害后茶树释放挥发物的相对含量（与内标峰面积之比） 单位：%

化合物	平均值 ± 标准误差	
	虫害植物	健康植物
1.（顺）-3- 己烯醛	5.88±0.38*	0
2.（反）-2- 己烯醛	9.56±0.85*	0
3.（顺）-3- 己烯醇	1.26±0.48*	0
4. 未知物 -1	0.51±0.10*	0
5.（顺）-3- 己烯基醋酸酯	1.08±0.25*	0
6.（顺）-β- 罗勒烯	0.38±0.19*	0
7. 苯甲醇	0.46±0.15*	0
8.（反）-β- 罗勒烯	14.7±2.27*	0
9. 芳樟醇 ᵉ	0.87±0.10*	0
10+11. 苯乙醇 ᵉ +（反）-4,8- 二甲基 -1,3,7- 壬三烯	10.39±1.43*	0
12. 苄腈	3.84±1.18*	0
13.（顺）-3- 己烯基异丁酸酯	0.61±0.43*	0.13±0.02
14.（顺）-3- 己烯基丁酸酯	16.96±3.39*	0
15.（反）-2- 己烯基丁酸酯	0.66±0.10*	0
16. 顺式 -3- 己烯醇 2- 甲基丁酸酯	1.44±0.30*	0
17. 未知物 -2	0.75±0.08*	0.20±0.04
18. 未知物 -3	0.24±0.04*	0
19. 吲哚	6.35±1.16*	0
20. 苯基乙烷（1- 硝基 -2-）	0.76±0.11*	0.04±0.02
21.（顺）-3- 己烯基己酸酯	2.33±.023*	0
22.（反）-2- 己烯基己酸酯	0.92±0.09*	0
23.（反）- 石竹烯	0.25±0.06	0.21±0.04
24.（反, 反）-α- 法尼烯	11.25±0.51*	0
25.（反）- 橙花叔醇	2.03±0.17*	0
26.（顺）-3- 己烯基苯甲酸酯	0.22±0.03*	0

注：*表示处理与对照间存在显著差异（$p<0.05$）。

6.2 茶尺蠖成虫对幼虫诱导的茶树挥发物的利用

寄主植物释放的挥发物为植食性昆虫提供寄主定位所需的化学信息。通常情况下，健康植物挥发物的释放量非常低，而被植食性昆虫为害后植物释放挥发物的种类和量都显著增加，为周围的生物有机体提供了丰富的化学信息。HIPVs 的释放表明了寄主植物已受害的生理状态（直接防御导致食物质量下降）、植株上害虫的分布情况（表明潜在竞争者已存在），以及生态环境中可能有天敌存在（有被寄生或捕食的危险），为害虫提供了特殊化学通讯信号。HIPVs 的生态调控功能具有不同植食性昆虫 - 植物研究系统的特异性，并与植物和害虫的种类、植物上的虫口密度、植食性昆虫的为害和繁殖习性等因素密切相关。植食性昆虫对 HIPVs 的利用是昆虫在与植物的协同进化过程中获得的适应性能力。一方面，植食性昆虫为了寻找最佳食物来源、避免后代的种群竞争和避开天敌的取食而倾向于选择健康植株，这是植物直接防御的另外一种作用方式，即通过驱避植食性昆虫而发挥其防御作用。例如，未被为害的小麦苗对蚜虫具有吸引作用，而被高种群密度蚜虫为害后的小麦苗挥发物却对蚜虫具有驱避作用（Quiroz 等，1997）。另外一方面，也有研究表明，为了提高交配效率和稀释天敌的捕食/寄生效应，植食性昆虫可利用 HIPVs 进行交配和产卵场所的定位，并将卵产在已被为害的植株上/附近（Tang 等，2016）。

我们研究发现，交配后的茶尺蠖雌成虫更喜欢在茶尺蠖幼虫的为害苗上产卵（$t=5.34$，$df=7.29$，$P=0.001$），为害苗上的卵量（257.12±38.03）约是健康苗上卵量（52.88±5.48）的 5 倍（Sun 等，2014）。定位合适的产卵场所，对后代的种群适合度具有重要意义。茶尺蠖雌成虫嗜好产卵在幼虫为害苗上，存在三个明显的缺点：①有限的食物资源导致其后代与已存在的幼虫之间发生竞争关系；②先期幼虫为害诱导的茶树防御反应会影响其后代的生长和发育；③提高被天敌捕食或寄生的风险。根据茶尺蠖的生活习性，基于生态学角度，我们认为茶尺蠖的产卵选择符合"相遇稀释"假设——在具体的时间范围内，寄生蜂对害虫的控制能力具有上限，茶尺蠖趋向在同种幼虫为害后的茶树上产卵，可通过"相遇稀释作用"减少了子代的被寄生率。

为了筛选和鉴定茶尺蠖幼虫为害诱导茶树挥发物中的活性组分，我们利用 GC-EAD 对活性物质进行分离，并结合 GC-MS 进行化学结构鉴定，进而对单组分挥发物进行生物测定，从中筛选出真正具有引诱活性的成分。结合茶尺蠖幼虫诱导茶树挥发物的质谱图，根据峰形和出峰的先后顺序，对能引起茶尺蠖雌雄成虫触角电位反应的 17 种物质进行推断。将推论物质的标准品稀释到 50mg/kg，以 GC-EAD 分析时使用的相同升温程序进样，根据标准品的保留时间进一步验证推论是否正确。通过比对鉴定，能引起茶尺蠖雌雄成虫产生触角电位反应的化合物有 17 种（其中 5 种未能鉴定到结构）：①顺 -3- 己烯醛，②反 -2- 己烯醛，③顺 -3- 己烯醇，④顺 -3- 己烯基醋酸酯，⑤苯甲醇，⑥未知化合物 -1，⑦芳樟醇，⑧苯乙醇，⑨苯乙腈，⑩顺 -3- 己烯丁酸酯，⑪未知化合物 -2，⑫未知化合物 -3，⑬吲哚，⑭1- 硝基 -2- 苯乙烷，⑮未知化合物 -4，⑯顺 -3- 己烯基己酸酯，⑰未知化合物 -5（图 6.14）。

在明确了具有电生理活性的化合物种类和释放量的基础上，又采用 Y 形嗅觉仪测定了成虫的选择行为。测定结果表明，未交配的茶尺蠖雌、雄成虫均可被茶尺蠖为害苗所释放的挥发物吸引，而交配后的茶尺蠖雄成虫更趋向于选择健康植株。进一步研究发现，在茶尺蠖幼虫为害诱导茶树释放的 26 种挥发物中，苯甲醇、顺 -3- 己烯丁酸酯和顺 -3- 己烯醛可显著吸引未交配的茶尺蠖雌雄成虫，而芳樟醇和苯乙腈两种化合物对未交配的茶尺蠖雌、雄成虫具有显著的驱避作用。顺 -3- 己烯基醋酸酯只对未交配的雄虫具有显著的引诱作用，而顺 -3- 己烯基醋酸酯、顺 -3- 己烯丁酸酯和顺 -3- 己烯醛对交配后的雌成虫具有显著的吸引作用。也就是说，顺 -3- 己烯基醋酸酯、顺 -3- 己烯丁酸酯和顺 -3- 己烯醛是调控茶尺蠖雌成虫产卵场所选择的重要物质，生理状态（是否有过交配经历）影响雄成虫交配场所的选择。究其原因，未交配的茶尺蠖雌、雄成虫同时被 HIPVs 显著吸引，可以增加茶尺蠖雌雄相遇的概率，节省寻找配偶的时间，提高交配效率。茶尺蠖成虫一生可行多次交配，但是交配的成功率和雌成虫的产卵量随着交配次数的增加而降低。例如，雄成虫第三

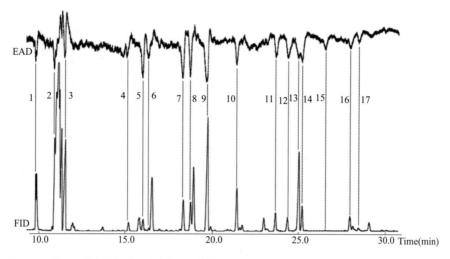

图 6.14 茶尺蠖雌虫触角对同种幼虫诱导茶树挥发物的 GC-EAD 记录图（引自 Sun 等，2014）

次交配的成功率由第一次的 75% 降低到 33.33%，产卵量由（166.05±112.75）单位降低到（113.38±124.97）粒 / 雌虫（胡萃等，1994）。具体结果详见图 6.15。

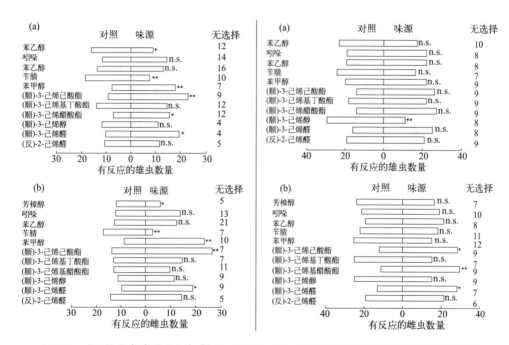

图 6.15 茶尺蠖雌（b）雄成虫（a）（左：未交配，右：已交配）对化合物和洁净空气的行为选择
（引自 Sun 等，2014）

6.3 茶尺蠖幼虫诱导的茶树挥发物对临近健康茶树防御反应的影响

Baldwin 和 Schultz（1983）首次揭示 HIPVs 可以作为化学信号在植物个体间传递。一

方面，有研究发现虫害植株释放的挥发物可诱导临近的同种或异种植物产生防御反应以增加个体的适应性（Dicke 等，1990；Arimura 等，2000；Guerrieri 等，2002；Bouwmeester，2019）。例如，研究发现野生型烟草被烟草天蛾 *Manduca sexta* 取食后释放的 HIPVs 可提高其天敌 *Geocoris pallens* 的捕食率，将人工合成的化合物按照 HIPVs 的组成比例混合后处理烟草，可直接启动其间接防御功能，从而提高天敌的捕食率（Kessler 和 Baldwin，2001），这个现象在番茄、黑桤木和玉米等植物上也相继得到证实。在植物间起通讯作用的化学物质主要是 MeJA、乙烯和绿叶性气味化合物（Green leaf volatiles，GLVs）等（Farmer 等，1990；Tscharntke 等，2001；Ruther 和 Kleier，2005）。另外一方面，也有研究发现 HIPVs 不直接启动某些临近植株的防御反应，而是使临近植株做好防御准备，当受到植食性昆虫攻击时立即加倍地进行直接或间接防御，以增强自己的生存竞争能力（Baldwin 等，2006）。Arimura 等（2000）首次在分子水平上证明受损植株与健康植株之间能够进行化学通讯。Engelberth 等（2004）认为甜菜夜蛾诱导玉米植株释放的 HIPVs 中，大量的 GLVs 可诱导临近株叶片中茉莉酸信号分子含量的升高，但不会直接启动临近植物的防御。Ton 等（2007）发现被植食性昆虫为害后的玉米释放的 HIPVs 并没有直接激活健康植株上与防御相关的基因，而是激活了这些基因的一些亚单位，于是接收到 HIPVs 信息的玉米能在遭受虫害后迅速、加量地表达这些与防御有关的基因。植物只有在确定有害虫激发子存在后才能启动防御反应，避免了大量的能量浪费，从而增强自身的生存和竞争能力，这是植物与昆虫长期协同进化的结果。

近年来，我们发现茶尺蠖幼虫为害诱导茶树释放的挥发物可在茶树个体间传递，引起临近健康茶树对茶尺蠖雌成虫的驱避效应或者引起临近茶树的防御警备，相关分子调控机制也得到了初步解析（雷舒等，2016；Xin 等；Jing 等，2019，2020，2021；Ye 等；2021）。研究发现吲哚、芳樟醇、DMNT、α-法尼烯和 β-罗勒烯等化合物可改变茶树的相关防御反应，并且这些挥发物均是依赖于茶树茉莉酸途径和钙离子信号通路而发挥其调控作用（Jing 等，2020，2021；Zeng 等，2017；Ye 等；2021）。现以吲哚和 β-罗勒烯为例分别对茶尺蠖幼虫为害诱导茶树释放的挥发物在这两方面的研究进展进行详细描述。

6.3.1 吲哚对茶树防御警备的影响及相关机理

当遭受虫害胁迫时，植物会激活早期防御相关信号通路、诱导防御激素的合成、提高抗性基因的表达、诱导防御代谢物的积累，最终达到增强自身抗性、抵御害虫为害的目的（Wu 和 Baldwin，2010；Schuman 和 Baldwin，2016；Stahl 等，2018；Erb 和 Reymond，2019）。然而，植物从感知识别虫害信号到产生有效的抗虫反应需要一段时间，在这段时间中植物极有可能遭受严重的为害。为了弥补诱导抗性这一不足，植物在与昆虫长期的协同进化过程中逐渐形成了一种特殊的诱导抗虫机制"防御警备（defense priming）"（Conrath 等，2015；Martinez-Medina 等，2016）。它是指当感受到某些生物或非生物因子刺激后，植物会提前进入防御警备状态。在该状态下的植物防御水平并没有发生显著变化，而当后续虫害真正来临之时，植物会诱导更快、更强、更特异的防御反应，进而增强其对害虫的抗性（Kim 和 Felton，2013；Balmer 等，2015；Mauch-Mani，2017；王杰等，2018；Hilker

和 Schmulling，2019）。

虫害诱导的植物挥发物（herbivore-induced plant volatiles，HIPVs）是植物在遭受植食性昆虫为害后向环境中释放的一组挥发性物质，主要有绿叶挥发物（green leaf volatiles，GLVs）、萜类化合物、芳香族化合物等。HIPVs 不仅能够影响植食性昆虫的行为、吸引植食性昆虫的天敌，还可以作为防御警备的刺激信号被植物感受到，通过引起植株未被为害部分或邻近植株的防御警备反应从而提高对害虫的直接防御（Kim 和 Felton，2013；Heil，2014；Hu 等，2019；Ye 等，2019；Ninkovic 等，2020）。如玉米植株感受到来自邻近植物的 HIPVs 后，会立即处于防御警备状态；当受到灰翅叶蛾（*Spodoptera littoralis*）取食为害时，与未处于警备状态下的植物相比，警备植物体内抗性基因的表达、防御激素的合成均显著增加；取食警备植物的灰翅叶蛾的生长速度显著下降（Ton 等，2007；Erb 等，2015）。除了直接防御外，植物的防御警备还能通过影响植食性昆虫的天敌来调控植物的间接防御（Sobhy 等，2018；Turlings 和 Erb，2018）。如处于警备状态下的立马豆（*Phaseolus lunatus*）叶片在遭受到植食性昆虫取食时，会大量提高花蜜的分泌量，从而吸引捕食性天敌（Heil 和 Silva Bueno，2007）。

吲哚作为 HIPVs 芳香族化合物中的一种，在植物对植食性昆虫的抗性中发挥了重要作用。一方面，吲哚对灰翅叶蛾（*S.littoralis*）幼虫有直接毒性作用，它能提高低龄幼虫的死亡率并减少幼虫对玉米叶片的取食叶面积（Veyrat 等，2016）。另一方面，吲哚可以引发植物的防御警备，提高水稻和玉米对害虫的抗性作用：取食吲哚预暴露后植株的草地夜蛾（*S.frugiperda*）和灰翅叶蛾（*S.littoralis*）生长速度明显下降；吲哚预暴露后水稻体内虫害诱导的 OPDA 和 JA 水平、早期抗性相关基因 *OsMPK3*、*OsWRKY70* 表达水平显著上调（Ye 等，2019），而吲哚预暴露则影响了玉米叶片中虫害诱导的 JA、JA-Ile、ABA 含量，与未暴露吲哚的玉米相比，暴露后的植株受虫害后则能释放更多的 GLVs、芳樟醇、DMNT、石竹烯、法尼烯、姜烯等挥发物（Erb 等，2015）。吲哚与顺 -3- 己烯基乙酸酯共同处理还能使得玉米获得更强更特异的抗虫反应（Hu 等，2019）。除此之外，吲哚在植物 - 植食性昆虫 - 天敌三级营养关系中还可被害虫利用，降低害虫被自身天敌寄生的概率，进而提高害虫的存活率（Ye 等，2018）。据报道，多种植物受到植食性昆虫为害后均能释放挥发物吲哚，如玉米（*Zea mays*）（Degen 等，2012）、水稻（*Oriza sativa*）（Ye 等，2019）、棉花（*Gossypium hirsutum*）（McCall 等，1994）、花生（*Arachis hypogaea*）（Cardoza 等，2003）、利马豆（*Phaseolus lunatus*）（De Boer 等，2004）、非洲菊（*Gerbera jamesonii*）（Gols 等，1999）、杨树（*Populus deltoides×nigra*）（Frost 等，2007）、苹果（*Malus×domestica Borkh.*）（Giacomuzzi 等，2016）、茶树（*Camellia sinensis*）（Ye 等，2021）等。

茶树遭受茶尺蠖或小绿叶蝉为害时均能显著诱导吲哚的释放（Cai 等，2013；Ye 等，2021）。叶萌等对吲哚是否能够引起茶树的抗虫防御警备作用及其机理做了深入的研究（Ye 等，2021）。研究发现，茶尺蠖幼虫取食能够显著诱导茶树植株释放大量挥发物，如（*Z*）-3- 己烯醇、（*Z*）-3- 己烯基乙酸酯、（*E*）-β- 罗勒烯、芳樟醇、DMNT、苯乙腈、（*E*）-α- 法尼烯、（*E*）- 橙花叔醇等。其中绿叶性气味 GLVs（顺 -3- 己烯醇和顺 -3- 己烯基乙酸酯）在害虫为害初期就立即释放，而吲哚和萜烯类化合物则在害虫为害 1h 或 4h 后逐渐积累，在 28h 或 36h 达到顶峰（图 6.16）。30 头三龄茶尺蠖取食茶苗 28h 后吲哚的释放速率大约为 450ng/h

（图 6.16 和图 6.17）。

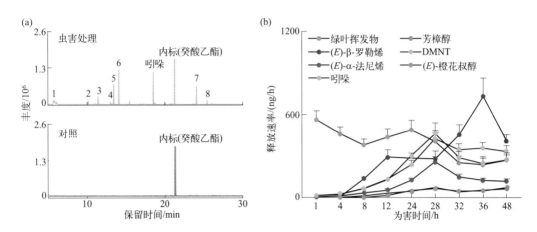

图 6.16　茶尺蠖幼虫取食显著诱导茶树释放挥发物

（a）遭受茶尺蠖幼虫取食 28h 的茶树（上图）或健康茶树（下图）释放的挥发物峰图；（b）茶树受茶尺蠖幼虫取食 48h 内茶树挥发物的释放动态（+SE，n=6）

1—（Z）-3- 己烯醇；2—（Z）-3- 己烯基乙酸酯；3—（E）-β- 罗勒烯；4—芳樟醇；5—DMNT；6—苯乙腈；7—（E）-α- 法尼烯；8—（E）- 橙花叔醇

　　为了验证吲哚是否能够引发茶树的抗虫防御警备作用，笔者利用人工合成的吲哚缓释瓶暴露茶树植株以模拟自然情况下植物感受虫害诱导挥发物的状态。试验结果显示吲哚缓释瓶中吲哚的释放速率与害虫取食茶苗后吲哚的自然释放速率相当，因此后续试验可用该吲哚缓释装置来进行（图 6.17）。作者发现，吲哚预暴露能显著提高茶树对茶尺蠖的抗性，具体表现为：与对照相比，取食吲哚暴露后茶树叶片的茶尺蠖体重增长量和取食叶面积明显降低，表明吲哚确实能够引发茶树的抗虫防御警备作用。

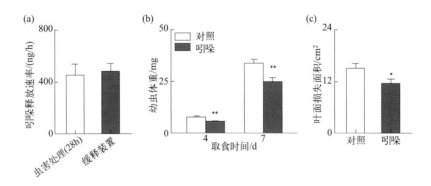

图 6.17　吲哚预暴露提高了茶树对茶尺蠖幼虫的抗性

（a）人工合成吲哚缓释瓶与茶尺蠖幼虫取食 28h 时吲哚的释放量（+SE，n=5）；（b）茶尺蠖幼虫取食吲哚暴露或未暴露茶苗后的体重增长量（+SE，n=38 ～ 45），** 表示处理与对照间存在显著差异（$p < 0.01$；双因素方差分析后进行 FDR 校正的最小显著差异成对比较）；（c）茶尺蠖幼虫取食吲哚暴露或未暴露茶苗 7d 后的叶面积损失量（+SE，n=38 ～ 45）。* 表示处理与对照间存在显著差异（$p < 0.05$，student's t 检验）。

　　为了进一步解析吲哚引发茶树抗虫防御反应的分子机理，笔者系统检测了吲哚暴露与未暴露的茶树叶片中虫害诱导的钙离子通路基因表达情况，其中包括 2 个钙调蛋白 CAMs、3 个类钙调蛋白 CMLs、4 个钙依赖蛋白 CDPKs 以及 4 个类钙调磷酸酶 B 互作蛋白 CIPKs 基因。笔者采用机械损伤叠加茶尺蠖唾液处理来模拟害虫取食诱导植物。结果表明，吲哚预暴露均不能影响这些基因的本底水平，却会显著提高虫害诱导后的 *CsCML38*、*CsCML45*、*CsCDPK1*、*CsCDPK1a*、*CsCDPK11*、*CsCIPK8* 和 *CsCIPK12* 的表达量。*CsCAM1*、*CsCAM2*、*CsCML42*、*CsCDPK13*、*CsCIPK13* 和 *CsCIPK23* 在吲哚处理前后则无明显变化（图 6.18）。说明吲哚不是直接诱导而是通过防御警备作用从而激活了虫害后的钙离子通路。

笔者研究还发现，吲哚对茶树抗虫防御早期信号通路上的其他分子元件也具有强烈的警备作用。如 *CsMPK2*、*CsMPK3*、*CsWRKY7*、*CsWRKY75* 以及两个 MYC 转录因子 *CsMYC2a* 和 *CsMYC2b* 的表达量在虫害诱导后的吲哚处理组中均显著上调，而 *CsMYB308* 和 *CsbZIP8* 则无明显变化（图 6.19）。

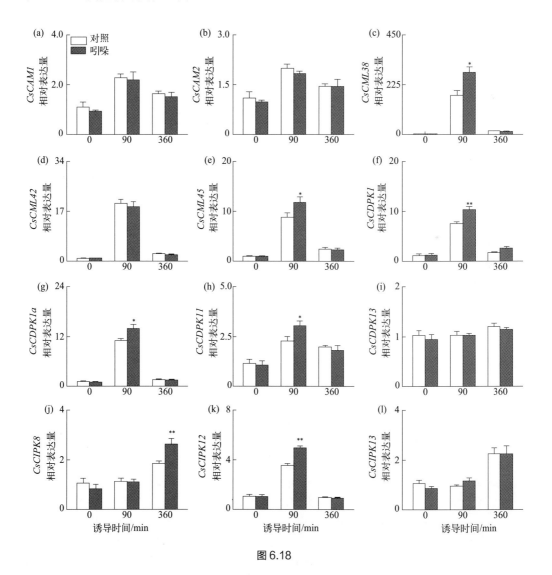

图 6.18

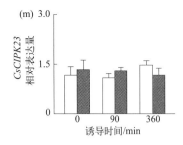

图 6.18　吲哚预暴露激活了虫害诱导的钙离子通路

[虫害诱导后吲哚预暴露与未暴露的茶树叶片中钙调蛋白 CAMs（a）、（b），类钙调蛋白 CMLs（c）~（e），钙依赖蛋白 CDPKs（f）~（i），类钙调磷酸酶 B 互作蛋白 CIPKs（j）~（m）基因的表达情况（+SE，$n=5 \sim 6$）。* 表示处理与对照间存在显著差异，** 表示处理与对照间存在极显著差异（*，$p < 0.05$；**，$p < 0.01$；双因素方差分析后进行 FDR 校正的最小显著差异成对比较）]

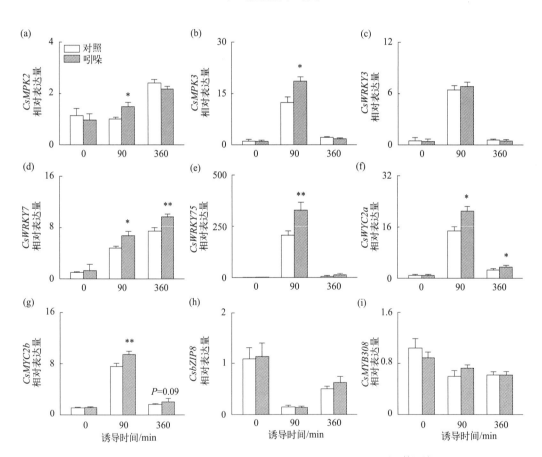

图 6.19　吲哚预暴露激活了虫害诱导的 MAPKs、WRKYs 等早期信号通路

[虫害诱导后吲哚预暴露与未暴露的茶树叶片中丝裂原活化蛋白激酶 MAPK（a）、（b），WRKYs（c）~（e），MYCs（f）~（h），MYB（i）基因的表达情况（+SE，$n=5 \sim 6$）。* 表示处理与对照间存在显著差异，** 表示处理与对照间存在极显著差异（*，$p < 0.05$；**，$p < 0.01$；双因素方差分析后进行 FDR 校正的最小显著差异成对比较）]

　　为探究吲哚引发的茶树抗虫反应是否与植物体内激素水平变化有关，笔者检测了虫害诱导前后吲哚暴露与未暴露的茶树叶片中茉莉酸（JA）的前体 OPDA、JA、茉莉酸异

亮氨酸（JA-Ile）、水杨酸（SA）、脱落酸（ABA）、生长素（IAA）以及赤霉素（GA）的含量。结果显示，吲哚预处理显著提高了虫害刺激后 OPDA、JA、JA-Ile 和 GA 水平，而 SA 在未受虫害的本底状态时即被吲哚直接诱导，ABA 则无明显变化（图 6.20）。有意思的是，吲哚对虫害诱导的 IAA 水平有显著的抑制作用，推测 IAA 可能与其他上调的激素有相互拮抗作用（图 6.20）。通过实时荧光定量 PCR 实验发现，吲哚对 JA 合成途径上的大部分关键酶基因有强烈的警备作用，包括脂氧合酶基因 *CsLOX1* 和 *CsLOX7*、丙二烯氧化合成酶基因 *CsAOS*、丙二烯氧化环化酶基因 *CsAOC*、OPDA 还原酶基因 *CsOPR3* 以及 *CsJAR*（图 6.21），同时说明以上基因均参与了吲哚介导的茶树抗虫防御警备反应中。

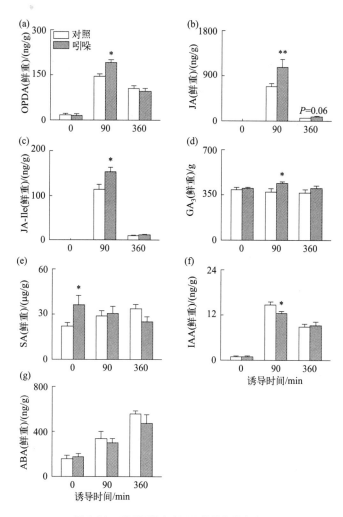

图 6.20　吲哚调控虫害诱导的植物激素合成

[虫害诱导后吲哚预暴露与未暴露的茶树叶片中 OPDA（a）、JA（b）、JA-Ile（c）、GA（d）、SA（e）、IAA（f）、ABA（g）的含量（+SE，$n=5 \sim 6$）。* 表示处理与对照间存在显著差异，** 表示处理与对照间存在极显著差异（*，$p < 0.05$；**，$p < 0.01$；双因素方差分析后进行 FDR 校正的最小显著差异成对比较）]

为进一步探究吲哚介导的茶树抗虫防御警备作用是否与植物体内代谢物水平变化有关，笔者具体检测了虫害诱导前后吲哚暴露与未暴露的茶树叶片中已有报道可能参与抗虫反应的代谢物水平，包括黄酮类、酚酰胺、酚酸和嘌呤生物碱类等物质（Onyilagha 等，2012；

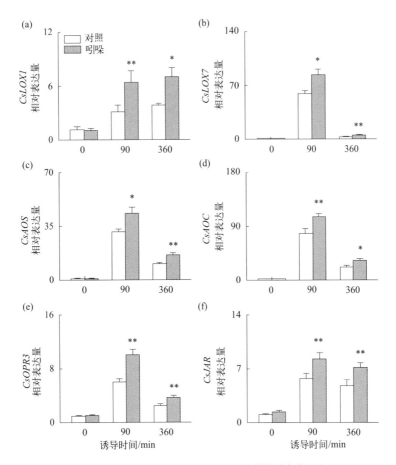

图 6.21　吲哚预暴露激活了虫害诱导的茉莉酸合成通路

[虫害诱导后吲哚预暴露与未暴露的茶树叶片中 *CsLOX1*（a）、*CsLOX7*（b）、*CsAOS*（c）、*CsAOC*（d）、*CsOPR3*（e）、
CsJAR（f）的表达情况（+SE，*n*=5 ~ 6）。* 表示处理与对照间存在显著差异，** 表示处理与对照间存在极显著差异
（*，*p* < 0.05；**，*p* < 0.01；双因素方差分析后进行 FDR 校正的最小显著差异成对比较）]

Sharma 和 Sohal，2013；Onkokesung 等，2014；Wang 等，2020）。结果如图 6.22 所示，吲哚预处理对虫害后的黄酮类物质 naringenin 和 eriodictyol-7-*O*-glucoside 含量有明显警备作用，并显著诱导 isoschaftoside 的积累，但降低了茶树叶片中芦丁的含量。儿茶素 C 和表儿茶素 EC 作为茶树中最典型、最丰富的黄酮类物质之一，在虫害诱导的吲哚处理组中也表现出显著上调（图 6.22）。酚酰胺类物质 *N*-caffeoylputrescine、*N*-*p*-coumaroylputrescine、feruloylagmatine、*N*-feruloylputrescine 以及酚酸类物质没食子酸和嘌呤生物碱类物质咖啡碱也在吲哚预处理后显著被激活，而 *N*-cinnamoylputrescine、isovitexin、isoquercitrin、apigenin-5-*O*-glucoside、luteolin 7-*O*-glucoside、prunin、EGC、EGC、EGCG、GC、ECG 等对吲哚则无明显响应（图 6.22）。

上述研究结果表明，钙离子和茉莉酸途径在吲哚引发的茶树抗虫防御警备中发挥了重要作用。由于茶树缺少有效的转基因技术手段，为了验证钙离子和茉莉酸途径是否为吲哚介导茶树抗虫性的必需分子元件，笔者利用钙离子通路特异性抑制剂 LaCl₃ 或 W7 以及 JA 通路抑制剂 DIECA 或 SHAM 处理茶苗，并检测吲哚引发茶树防御警备的效果是否发生变化。害虫取食茶树叶片后的体重增长量以及虫害诱导的表儿茶素 EC、*N*- 阿魏酰基 -1,4- 丁

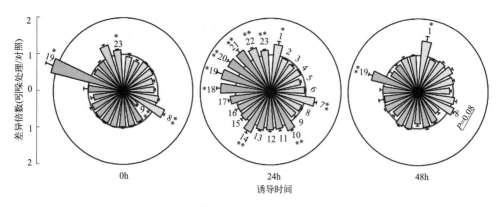

图 6.22　吲哚调控虫害诱导的植物激素合成

1—柚皮素；2—柚皮素 -7-O- 葡萄糖苷；3—异牡荆黄素；4—异荭草素；5—芹菜素 -5-O- 葡萄糖苷；6—木犀草苷；7—圣草酚 -7-O- 葡萄糖苷；8—异夏佛托苷；9—芦丁；10—表儿茶素；11—表儿茶素没食子酸酯；12—表没食子儿茶素；13—表没食子儿茶素没食子酸酯；14—儿茶素；15—没食子酰儿茶素；16—没食子儿茶素没食子酸酯；17—肉桂酰腐胺；18—咖啡酰腐胺；19—阿魏酰腐胺；20—对香豆酰腐胺；21—阿魏酰胺；22—没食子酸；23—咖啡碱

[虫害诱导后吲哚预暴露与未暴露的茶树叶片中黄酮类（绿色背景）、黄烷醇类（粉色背景）、酚酰胺（蓝色背景）、没食子酸和咖啡碱（黄色背景）等物质含量（+SE，n=5 ～ 6）。* 表示处理与对照间存在显著差异，** 表示处理与对照间存在极显著差异（*，$p < 0.05$；**，$p < 0.01$；双因素方差分析后进行 FDR 校正的最小显著差异成对比较）]

二胺、柚皮素为评价防御警备的关键指标。研究发现，抑制剂处理后的茶苗对吲哚的防御警备响应减弱甚至消失（图 6.23），说明钙离子和 JA 途径为吲哚引发茶树防御警备、提高茶树抗虫性的必需分子元件。

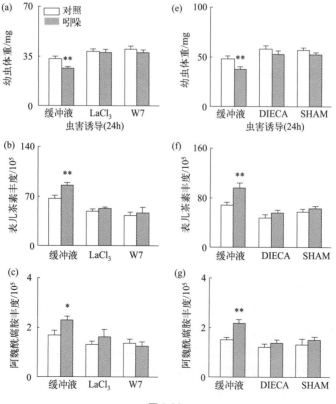

图 6.23

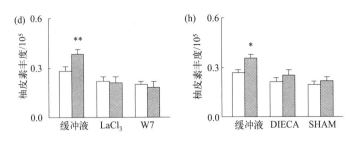

图 6.23　吲哚介导的防御警备作用依赖于钙离子和茉莉酸通路

（a）茶尺蠖幼虫取食用钙离子抑制剂（LaCl₃ 或 W7）处理的吲哚暴露或未暴露茶苗 7d 后的体重增长量（+SE，n=28）；（b）～（d）虫害诱导 24h 后钙离子抑制剂处理吲哚预暴露或未暴露的茶树叶片中表儿茶素 EC（b）、N- 阿魏酰基 -1,4- 丁二胺（c）、柚皮素（d）的含量；（e）茶尺蠖幼虫取食用茉莉酸通路抑制剂（DIECA 或 SHAM）处理的吲哚暴露或未暴露茶苗 7d 后的体重增长量（+SE，n=28）。（f）～（h）虫害诱导 24h 后茉莉酸通路抑制剂处理吲哚预暴露或未暴露的茶树叶片中表儿茶素 EC（f）、N- 阿魏酰基 -1,4- 丁二胺（g）、柚皮素（h）的含量

[* 表示处理与对照间存在显著差异，** 表示处理与对照间存在极显著差异（*，$p < 0.05$；**，$p < 0.01$；双因素方差分析后进行 FDR 校正的最小显著差异成对比较）]

6.3.2　β- 罗勒烯介导茶树间的化学信号交流

β- 罗勒烯的化学结构是为 3,7- 二甲基 -1,3,6- 辛三烯，为无环单萜类，广泛存在于各种植物中。研究发现，β- 罗勒烯是一种与植物防御启动密切相关的信号分子，可以直接提高植物对某些病原菌及植食性昆虫的抗性，也可以作为直接抗病虫的物质被植物利用（Kariyat 等，2012）。例如，β- 罗勒烯可诱导中国白菜防御代谢物的积累而降低烟草蚜虫 *Myzus persicae* 的生长适合度，并影响烟蚜茧蜂 *Aphidins gifuensis* Ashmead 的寄主选择行为（Kang 等，2018）；β- 罗勒烯可激活拟南芥 *Arabidopsis thaliana* 的防御反应（Kishimoto 等，2005），并被意大利蜂（*Apis mellifera*）利用调节种群密度，发挥了挥发性幼虫信息素的功能（Maisonnasse 等，2010）。先前的研究发现，诱导型 α- 法尼烯和 β- 罗勒烯可改变临近健康茶树代谢水平上的重组，从而提高茶树对茶尺蠖的防御能力（Zeng 等，2017）。根据对成虫的行为生测和挥发物成分的分析，发现茶尺蠖幼虫取食诱导的挥发物可激发邻近茶树 β- 罗勒烯的释放，进而提高邻近健康茶树对茶尺蠖成虫的驱避能力（Jing 等，2021）。

采用 SPME-GC-MS 联用法对不同暴露处理的茶苗（苏茶早）和茶尺蠖虫害苗的挥发物进行收集和鉴定。与对照相比，茶尺蠖幼虫取食诱导的挥发物可诱导邻近茶树释放 α- 蒎烯、顺 -3- 己烯基醋酸酯、β- 罗勒烯、芳樟醇、DMNT［（反）-4,8- 二甲基 -1,3,7- 壬三烯］、α- 法尼烯、顺式 - 橙花叔醇和反式 - 橙花叔醇等 8 种挥发物（图 6.24，引自 Jing 等，2021）。其中，β- 罗勒烯和反 - 橙花叔醇二者对交配后的茶尺蠖雌成虫具有显著的驱避作用，而顺 -3- 己烯基醋酸酯、顺 - 橙花叔醇、α- 法尼烯和 DMNT 则具有显著的引诱作用（Sun 等，2014；Jing 等，2021）。进一步研究发现，幼虫为害苗（苏茶早）释放的挥发物主要有顺 -3- 己烯醇、β- 罗勒烯、芳樟醇、DMNT、吲哚、α- 法尼烯和顺 - 橙花叔醇，其中 β- 罗勒烯的释放量是对照茶苗的 127 倍以上（Jing 等，2021）。以上研究结果说明，β- 罗勒烯可能在茶树与茶尺蠖的相互作用关系中发挥着重要作用。

采用暴露法处理茶树，发现幼虫诱导茶树释放的 7 种挥发物中有 4 种可显著诱导茶树

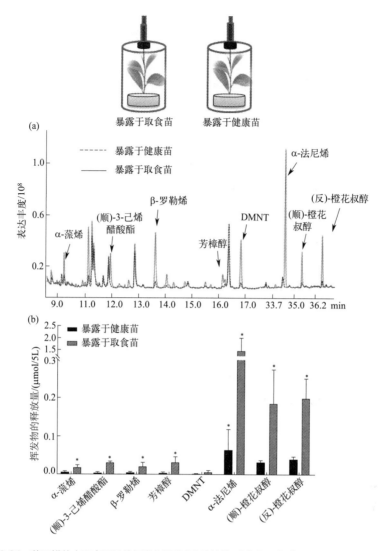

图 6.24　茶尺蠖幼虫取食诱导的挥发物激发邻近茶树挥发物的释放（引自 Jing 等，2021）
（a）挥发物离子流；（b）不同处理茶树挥发物的释放量

β- 罗勒烯的释放，这 4 种挥发物分别是顺 -3- 己烯醇、芳樟醇、DMNT 和 α- 法尼烯（图 6.25，引自 Jing 等，2021），其余 3 种挥发物对 β- 罗勒烯的释放量没有显著影响。并且，研究发现 7 种挥发物暴露处理均对橙花叔醇的释放量无显著影响。

　　JA 途径是调控植物诱导防御反应的核心通路。JA 在健康植株中通常含量很低，但是一旦遭受机械损伤或植食性昆虫取食，植物体内的 JA 含量就会在几分钟内显著上升。当遭受机械损伤或者害虫模拟取食时，被诱导的 JA 在钙依赖蛋白激酶 *NaCDPK4* 和 *NaCDPK5* 同时被沉默的烟草突变体植株中的含量较野生型的更高，从而提高突变体对烟草天蛾（*Manduca sexta*）的抗性（Hettenhausen 等，2013）。JA 和 MAPK 信号途径之间的作用较为复杂（Yang 等，2012）。有研究发现，*OsMPK3* 是水稻 JA 途径预启动的必要元件，而 *OsMPK5* 可提升水稻对吲哚暴露处理启动水稻防御警备的能力（Ye 等，2019）。Ca^{2+} 是植物细胞中信号转导重要的第二信使，植食性昆虫的为害可显著引起植物细胞中 Ca^{2+} 含量

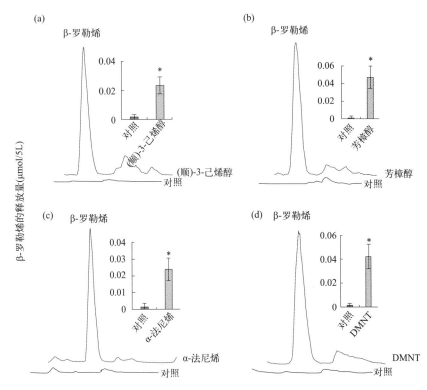

图 6.25　顺 -3- 己烯醇（a）、芳樟醇（b）、DMNT（c）和 α- 法尼烯（d）4 种化合物暴露处理显著诱导茶树释放 β- 罗勒烯

的 变 化（Erb 和 Reymond，2019；Ranty 等，2016；Kudla 等，2016；Valmonte 等，2014）。有证据表明，Ca^{2+} 信号通路在 HIPVs 诱导的植物防御反应中发挥着重要作用，HIPVs 处理可提高植物 Ca^{2+} 信号流量（Asai 等，2009；Zebelo 等，2021），但是 Ca^{2+} 信号通路与 HIPVs 诱导的植物防御反应之间是否存在直接联系，尚没有明确的证据。

我们利用荧光定量 PCR 方法测定了 4 种化合物暴露处理对 MAPK 通路元件（*MPK2* 和 *WRKY3*）、Ca^{2+} 通路相关基因（*CAMs*、*CMLs* 和 *CDPKs*）和 JA 合成相关基因（*LOX1*、*AOC* 和 *AOS*）表达量的影响。研究发现，4 种化合物暴露处理均可诱导 JA 合成途径相关基因 *CsLOX1* 和 Ca^{2+} 通路基因 *CSCAM1*、*CsCML42* 和 *CsCDPK1* 的表达；芳樟醇和法尼烯暴露处理可诱导 *CsAOC* 基因的表达；芳樟醇和顺 -3- 己烯醇暴露处理可诱导 *CsMPK2* 和 *CsWRKY3* 基因的表达；DMNT 暴露处理仅诱导了 *CsWRKY3* 的表达；芳樟醇仅能诱导 *CsMYC2a* 基因的表达。上述结果说明幼虫为害诱导茶树释放的挥发物通过上调茶树 Ca^{2+} 通路和 JA 信号途径相关基因而调控了 β- 罗勒烯的释放（图 6.26 左）。

囿于茶树的遗传转化体系，目前对信号途径调控茶树防御反应的机理仅通过相关途径抑制子来实现。在 4 种挥发物暴露处理前，先外用 Ca^{2+} 通路抑制子 W7/LaCl3 和 JA 途径抑制子 SHAM/DIECA 对茶树进行了处理，结果发现 Ca^{2+} 通路基因 *CsCAM1* 和 *CsCML42*、JA 通路基因 *CsLOX1* 和 *CsAOC* 在转录水平上的表达量均被抑制（Jing 等，2021）。Ca^{2+} 通路被抑制后，顺 -3- 己烯醇、DMNT 和 α- 法尼烯暴露处理诱导茶树释放的 β- 罗勒烯的含量受到显著抑制，但是对芳樟醇的诱导无显著影响（图 6.26 右，A2 ～ D2）；而 JA 途径抑制子 SHAM/DIECA 可显著抑制 4 种挥发物诱导的 β- 罗勒烯的释放（图 6.26 右，A3 ～ D3）。

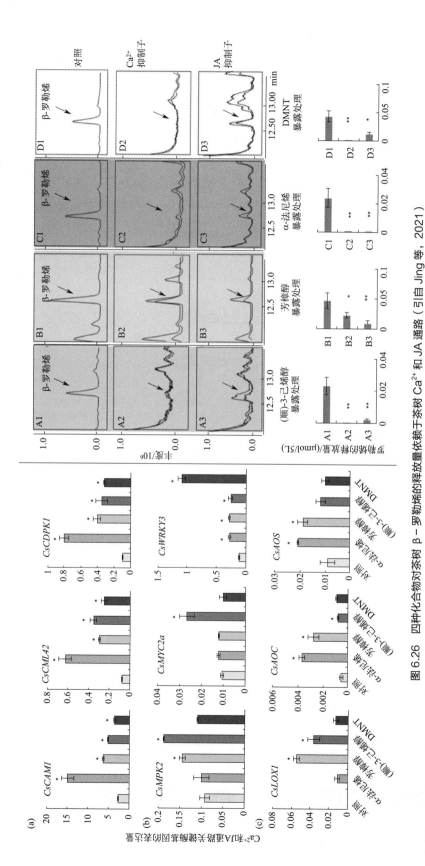

图 6.26　四种化合物对茶树 β - 罗勒烯的释放量依赖于茶树 Ca²⁺ 和 JA 通路（引自 Jing 等，2021）

化合物处理显著提高早期信号通路、钙离子通路和茉莉酸通路相关基因的表达量（左）[（a）Ca²⁺ 通路相关基因；（b）丝裂原活化蛋白激酶 2，MYC2a 和 WRKY3；（c）茉莉酸合成途径相关基因]；通路抑制子处理对 β - 罗勒烯释放量的影响（右）（A1 ~ D1—健康茶树中暴露 2h 罗勒烯的释放量；A2 ~ D2—钙离子通路抑制子处理茶树中暴露 2h 罗勒烯的释放量；A3 ~ D3—茉莉酸途径抑制子处理茶树中暴露 2h 罗勒烯的释放量）

综上所述，4 种挥发物诱导茶树 β- 罗勒烯的释放依赖于 Ca^{2+} 通路和 JA 信号途径。

综上所述，芳樟醇和 α- 法尼烯可上调茶树茉莉酸途径相关基因 *CsLOX*、*CsAOC* 和 *CsAOS* 的表达量；当 JA 途径被抑制后，芳樟醇和 α- 法尼烯暴露处理诱导健康苗 β- 罗勒烯的释放量随之被显著抑制，尽管对 DMNT 暴露处理诱导健康苗 β- 罗勒烯的释放量具有显著的抑制作用，但是依然有一定量的释放。以上结果提示 JA 途径是茶树感知挥发物化学信息的必备。*CsCAM1*、*CsCML42* 和 *CsCDPK1* 分别编码钙调蛋白、类钙调蛋白和钙调节蛋白依赖性蛋白激酶，上述蛋白可调控植物产生特异且强烈的防御反应（Becker 等，2018）。当 Ca^{2+} 通路被抑制后，顺 -3- 己烯醇、DMNT 和 α- 法尼烯暴露处理诱导健康苗 β- 罗勒烯的释放量随之被显著抑制，说明 Ca^{2+} 通路参与调控上述三种化合物暴露处理诱导的 β- 罗勒烯的释放过程；芳樟醇暴露处理上调 CsMPK2 和 CsWRKY3 的表达量则不被抑制，这说明芳樟醇处理诱导的 JA 积累可能是通过 MAPK 信号通过的级联放大，而不依赖于 Ca^{2+} 通路（图 6.27）。

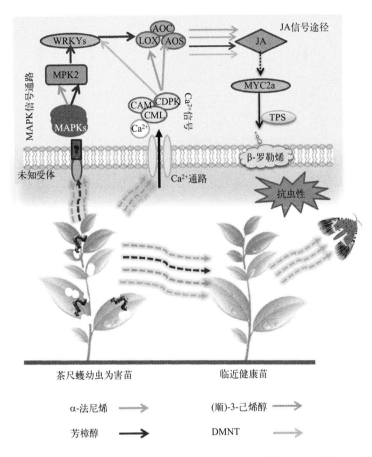

图 6.27　HIPVs 在茶树个体间化学信号交流的工作模型（引自 Jing 等，2021）

6.4　茶丽纹象甲为害诱导茶树产生的防御反应及机理

茶丽纹象甲 *Myllocerinus aurolineatus* Voss 属于鞘翅目象甲科，是茶园中重要的食叶类害虫之一（朱俊庆等，1988），在田间属聚集分布型。成虫聚集嚼食茶树嫩叶，猖獗发生时可造成茶树叶残脉秃。先期研究发现，茶丽纹象甲成虫为害可诱导龙井43释放40余种挥发物，并发现顺-3-己烯基醋酸酯、法尼烯、罗勒烯、反-4,8-二甲基-1,3,7-壬三烯［(E)-4,8-dimethyl-1,3,7-nonatriene，DMNT］和芳樟醇等13种化合物对茶丽纹象甲成虫具有电生理活性，而法尼烯、罗勒烯、DMNT和芳樟醇4种萜烯类化合物对雌、雄象甲成虫具有不同的生物活性，室内和田间生测还发现罗勒烯和顺-3-己烯基醋酸酯按一定比例组合对茶丽纹象甲的雌、雄成虫具有引诱作用（Sun等，2010，2012）。这些研究结果在《茶树害虫化学生态学》中已有专题描述，这里不再赘述。本节主要介绍茶丽纹象甲为害诱导不同品种防御反应的差异，以及茶丽纹象甲诱导的茶树直接防御反应及机理。

6.4.1 不同抗性茶树品种对茶丽纹象甲为害的差异响应

黄旦、丹桂、福云6号是福建省选育的茶树良种，并且品种之间可能对茶丽纹象甲存在抗性差异（刘丰静等，2015）。我们利用选择性实验、选择性拒食实验和强迫取食实验进一步验证了不同品种对茶丽纹象甲的抗性能力。选择性实验结果表明，与'龙井43'相比，福云6号对茶丽纹象甲雌成虫具有显著的引诱作用，选择率为71.16%，驱避率为-275%；但是对茶丽纹象甲雄成虫无显著的影响。与'龙井43'相比，黄旦和丹桂两个品种对茶丽纹象甲雌、雄成虫的驱避性没有显著差异（表6-2）。

表6-2 不同品种茶苗对茶丽纹象甲雌、雄成虫的驱避活性

品种	雌虫				雄虫			
	选择率/%		趋避率/%	t检验 p<0.05	选择率/%		趋避率/%	t检验 p<0.05
	处理	对照			处理	对照		
黄旦	33.33	66.67	16.67		37.36	62.64	27.92	
福云	71.16	28.84	-275.00	**	52.90	47.10	-15.83	
丹桂	52.95	47.05	-119.17		50.63	49.38	-31.25	

** 表示品种与'龙井43'之间存在极显著差异（p<0.01）。

选择性拒食实验结果表明，与'龙井43'相比，黄旦茶丽纹对象甲雌、雄成虫具有显著的选择性拒食活性，拒食率分别为61.66%和53.46%；茶丽纹象甲雌成虫对福云6号则表现出显著的偏好性，选择性拒食率为-49.25%；丹桂对茶丽纹象甲无显著的选择性拒食活性（表6-3）。

表6-3 茶丽纹象甲对不同品种茶苗的选择性拒食活性

品种	雌虫				雄虫			
	取食的叶面积/(像素×10³)		选择性拒食率/%	t检验 p<0.05	取食的叶面积/(像素×10³)		选择性拒食率/%	t检验 p<0.05
	处理	对照			处理	对照		
黄旦	10.98±3.81	54.37±12.77	61.66	*	9.81±3.14	32.73±5.12	53.46	**
福云	50.77±11.02	14.40±2.44	-49.25	*	9.94±3.79	22.63±6.62	40.55	
丹桂	21.73±9.90	33.76±14.79	15.75		27.55±7.63	20.97±8.58	-15.56	

注：*表示品种与'龙井43'之间存在显著差异（p<0.05），**表示品种与'龙井43'之间存在极显著差异（p<0.01）。

强迫性拒食实验结果表明，在无食源选择的情况下，同一性别茶丽纹象甲在 4 个茶树品种上的取食量之间不具显著差异。但是，雌、雄成虫在黄旦和丹桂上的取食量之间存在显著差异，在'龙井 43'和福云 6 号上的取食量之间差异不显著（表 6-4）。

表 6-4　茶丽纹象甲对不同品种茶苗的非选择性拒食活性

性别	项目	龙井	黄旦	福云	丹桂
雌虫	取食叶面积（像素 ×10^3）	60.83±15.49a	65.00±4.80a*	37.06±8.54a	67.26±4.30a*
	非选择性拒食率 /%	对照	−40.11	27.01	−31.70
雄虫	取食叶面积（像素 ×10^3）	20.71±5.30a	26.83±6.10a	27.57±2.91a	22.36±3.14a
	非选择性拒食率 /%	对照	−58.58	−55.60	−29.28

注：* 表示茶丽纹象甲不同性别成虫在同一品种上的取食量存在显著差异，t 检验 $p < 0.05$。

相同字母表示同一性别茶丽纹象甲在不同品种上取食的叶面积不具显著差异，单因素方差分析 $p < 0.05$。

也就是说，在有食源选择的情况下，茶丽纹象甲雌成虫在福云 6 号上的着落率和取食量都显著高于'龙井 43'，而雌、雄两性成虫在'龙井 43'上的取食量均显著高于黄旦（表 6-2、表 6-3）；但是，在无食源选择的情况下，同一性别茶丽纹象甲在 4 个茶树品种上的取食量之间不具有显著差异（表 6-4）。综上，本研究结果进一步佐证了刘丰静等（2015）的研究结果，并且说明在所研究的 4 个茶树品种中，黄旦相对于其他供试品种对茶丽纹象甲的抗性较强。

植食性昆虫的取食和产卵均会诱导植物释放大量的挥发性有机化合物（HIPVs）。HIPVs 的种类繁多，包括绿叶挥发物、萜烯类和氨基酸衍生物等（娄永根等，2000），其中萜烯类化合物是最为重要的诱导性挥发物类群之一（Clavijio 等，2012）。HIPVs 可被植食性昆虫、天敌以及邻近的植物所识别和利用，从而影响生态系统中不同营养层间的种群平衡，直接或间接地调节植物与昆虫种群之间的关系（Bruce 等，2005；Heil，2008；Xiao 等，2012）。萜烯类化合物的生态功能多样，不仅对植食性昆虫具有直接驱避、拒食或毒杀作用（Saxena 和 Goswami，1987；Bleeker 等，2012；Kollner 等，2013），也可以对害虫的天敌具有引诱功能（Bohlmann，2012；Zhuang 等，2012；Lou 等，2006）。有研究发现，HIPVs 具有植物种类、生育期和生理状况的特异性（Lou 等，2006；Gols 等，2011；Kariyat 等，2012）。进一步研究还发现，同种害虫为害诱导同一植物的不同品种（品系）释放的挥发物并不相同，从而导致不同品种（品系）的虫害苗对天敌的引诱能力存在显著差异（Dicke 等，1998；Kappers 等，2010，2011）。例如，二斑叶螨为害可诱导菜豆抗性品种释放（反，反）-4,8,12- 三甲基 -1,3,7,11- 十三碳四烯（4,8,12-trimethyltrideca-1,3,7,11-tetraene，TMTT）和顺 -3- 己烯基醋酸酯这 2 种对智利小植绥螨具有显著引诱作用的化合物，然而感性品种却不能被诱导（Tahmasebi 等，2014）。

为明确品种间 HIPVs 的差异，我们利用顶空活体取样法对茶丽纹象甲为害后不同茶树品种 4 种萜烯类化合物的释放量进行了比较。未被茶丽纹象甲为害时，'龙井 43'、福云 6 号和丹桂中均未检测到罗勒烯、芳樟醇和 DMNT，仅在黄旦上检测到该物质的微量释放，但与'龙井 43'相比无显著差异；法尼烯仅在丹桂中有痕量检测，与'龙井 43'相比不具显著差异。与同一品种的健康苗相比，茶丽纹象甲取食均可显著诱导不同品种 4 种萜烯类化合物的释放。为害 12h，丹桂中芳樟醇的释放量和福云 6 号中 DMNT 和法尼烯的释放量显著高于'龙井43';为害24h,黄旦和丹桂中罗勒烯的释放量、福云6号中芳樟醇的释放量,以及黄旦、丹桂和福云6号中DMNT和法尼烯的释放量均显著高于'龙井43'。结果详见图6.28。

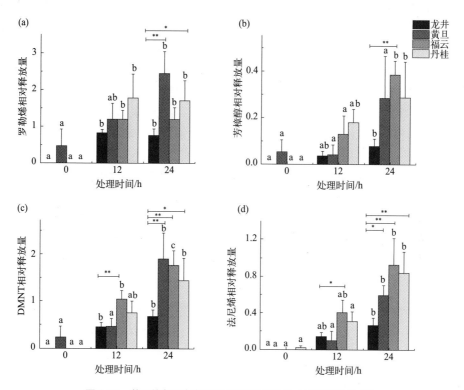

图6.28 茶丽纹象甲为害诱导不同品种释放的4种萜烯类化合物

(a)罗勒烯;(b)芳樟醇;(c)DMNT;(d)法尼烯

["*"表示三个不同品种同一时间点与'龙井43'具有显著差异(t检验);不同字母表示同一品种不同时间点间具有显著差异,单因素方差分析$p < 0.05$]

有研究发现,植食性昆虫可通过识别特定挥发物的释放量来区分不同植物品种的抗感能力(Weaver等,2009;Xin等,2016)。法尼烯、罗勒烯、DMNT和芳樟醇是虫害诱导茶树挥发物中的重要组成部分,它们可被茶尺蠖幼虫、茶丽纹象甲和假眼小绿叶蝉等害虫为害所诱导(Sun等,2010,2014;Cai等,2014)。并且,芳樟醇和DMNT与罗勒烯和法尼烯分别对茶丽纹象甲的雌成虫与雄成虫具有引诱作用(Sun等,2010)。被茶丽纹象甲为害后,福云6号中芳樟醇、DMNT和法尼烯的释放量显著高于'龙井43'[图6.28(b)~(d)],这一结果很好地解释了茶丽纹象甲雌虫在福云6号上的着落率显著高于'龙井43'的现象。此外,我们还发现黄旦中罗勒烯、法尼烯和DMNT的释放量显著高于'龙井43'[图6.28(a),(c)~(d)],但茶丽纹象甲雌、雄两性在'龙井43'上的取食量均显著高于黄旦,且在黄旦和'龙井43'之间没有选择差异,由此推测罗勒烯、法尼烯和DMNT可能对茶丽纹象甲具有拒食作用。继而,我们的研究还发现雌、雄茶丽纹象甲成虫在黄旦和丹桂上的取食量存在显著差异,而在两个品种中对茶丽纹象甲雄虫具有显著引诱作用的罗勒烯和法尼烯,和对雌虫具有显著引诱作用的DMNT的释放量均显著高于'龙井43',并且茶丽纹象甲的雌、雄两性在'龙井 43'和福云 6 号上的取食量不具显著差异。综上，我们推测仅罗勒烯这一种物质可能对茶丽纹象甲具有拒食作用。目前，已有大量研究报道法尼烯、芳樟醇、2,6- 二甲基 -3,7- 辛二烯 -2,6- 二醇和顺 -α- 香柑油烯等萜烯类化合物对植食性昆虫具有驱避、毒杀或拒食功能（Bernasconi 等，1998；De Moraes 等，2001；Kessler 和 Baldwin，2001；赵冬香，2001），有关罗勒烯是否具有抗虫功能，仅 Kiran 等（2006）报道椴木 *Chloroxylon swietenia* DC. 提取物中富含罗勒烯，并且提取物对斜纹夜蛾 *Spodoptera litura* （F.）具有毒杀、拒食和驱避产卵的作用。抗虫性是植物在进化过程中形成的对抗害虫为害的生态适应性，是植物品种因为具有某些生化或物理的特性，使害虫不选择其为害，或表现出对害虫的取食、生长、发育和繁殖有抑制作用，甚至毒害作用（金珊等，2012）。植物的次生代谢物质组成结构复杂，对某一品种的抗虫能力和机理并非可以简单用单一物质来判断或解释。本节仅局限于研究 4 种茶树中重要的萜烯类化合物，从现有研究结果中推论出罗勒烯可能是造成品种抗性差异的原因之一，但是罗勒烯对茶丽纹象甲的拒食能力、拒食机理，及其是否可以作为衡量茶树抗茶丽纹象甲品种的判断标准之一则还需进一步研究。

6.4.2　茶树半胱氨酸蛋白酶抑制剂

植物蛋白酶抑制剂被认为是植物抵御昆虫和病原微生物侵袭的重要"武器"，是参与植物直接防御反应的主要组分之一（Benchabane 等，2010；Martinez 等，2016）。植物蛋白酶抑制剂能与植食性昆虫肠道中消化酶结合，通过抑制其活性进而影响昆虫对营养物质的消化吸收，最终抑制昆虫的生长发育，这个现象多发生于鳞翅目和鞘翅目昆虫中（Benchabane 等，2010；Herde 和 Howe，2014；Martinez 等，2016）。半胱氨酸蛋白酶抑制剂（Cysteine proteinase inhibitor，CPI）是植物蛋白酶抑制剂中的重要种类，在植物抗虫防御中发挥着重要作用。有研究发现将 CPI 基因转入杨树、烟草、甘蔗等植物可增强植物对植食性昆虫的抗性（Chen 等，2014；Massimo Delledonne，2001；Papolu 等，2016；Schneider 等，2017）。目前，茶树中仅有一条半胱氨酸蛋白酶抑制剂基因 *CsCPI1* 被克隆，但并未对其进行酶活测定及生化分析，饲喂实验也未检测到其抗虫活性（Wang 等，2005；Pan，2014）。因此，挖掘和研究茶树 *CPI* 基因在茶树与植食性害虫互作中的作用，对寻找防治茶树害虫的潜在靶标及开展茶树的绿色防控具有重要意义。

6.4.2.1　半胱氨酸蛋白酶抑制剂基因 *CsCPI2* 的克隆及生物信息学分析

在茶树'龙井 43'叶片中克隆到一条半胱氨酸蛋白酶抑制剂基因，全长 cDNA 序列为 618bp，编码 205 个氨基酸残基，预测分子质量为 23.07 kDa，等电点为 6.22。它与已发表的 *CsCPI1*（FJ719840.1）不同，它们在核酸和氨基酸水平上分别具有 69.31% 和 60.4% 的同源性，暂将其命名为 *CsCPI2*。通过与拟南芥、甘蔗等已有 CPI 序列比对发现，*CsCPI2* 编码的多肽含有植物半胱氨酸蛋白酶抑制剂基因家族的特异性序列：靠近 N 端的 2 个 G 位点及 LARFAV-like 结构域，和位于 C 端的反应域 QVVAG 及色氨酸残基（图 6.29）。表明 CsCPI2 与其它植物半胱氨酸蛋白酶抑制剂具有高度的同源性。进化树分析中表明，

CsCPI2 属于第一组，其中同组的拟南芥（*Arabidopsis thaliana*）、水稻（*Oryza sativa*）和大麦（*Hordeum vulgare*）CPIs 已被报道在植物防御中发挥重要作用（图 6.30）。

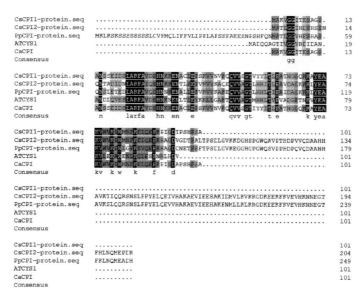

图 6.29　CsCPIs 与已有植物 CPI 的氨基酸序列多重比对（彩图见插页）

［黑、红、蓝色的背景为保守区，CPI 分比来源茶树（CsCPI2；CsCPI1：FJ719840.1）、拟南芥（ATCYS1：AT5G12140）、甘蔗（CaCPI：AY119689）］

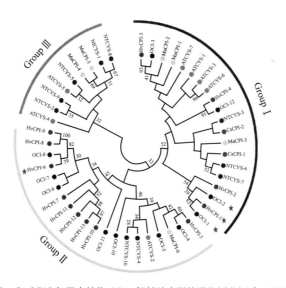

图 6.30　CsCPI2 与已有植物 CPIs 氨基酸序列的进化树分析（彩图见插页）

［茶树 CPI（2 个）、水稻 CPI（12 个）、大麦 CPI（13 个）、烟草 CPI（10 个）、桑树 CPI（6 个）和拟南芥 CPI（7 个）。

星号标注蛋白：已报道在植物防御中发挥重要作用］

6.4.2.2　*CsCPI2* 在茶树不同组织器官中的表达特性

利用 qRT-PCR 分析 *CsCPI2* 在茶树不同组织器官中的表达模式。结果显示，*CsCPI2*

在不同组织间的表达无显著差异（$p >$ 0.05），但其在种子中的表达量显著高于叶片和嫩茎中的表达量（图6.31）。

6.4.2.3　*CsCPI2* 基因和 CPI 蛋白酶活对象甲为害的响应

利用 qRT-PCR 分析茶丽纹象甲为害对 *CsCPI2* 基因表达的影响，发现茶丽纹象甲为害 72h 显著诱导 *CsCPI2* 基因的表达，其表达量是对照的 1.4 倍 ［图 6.32 (a)］。与之一致的是，茶丽纹象甲为害

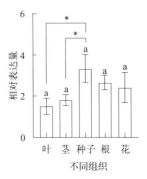

图 6.31　*CsCPI2* 基因在茶树不同组织器官的相对表达量

［相同字母表示各组织间没有显著差异（$p > 0.05$，Tukey's 检验）；* 表示两组样品间具有显著差异（$p < 0.05$，t 检验）］

也促进了茶树 CPI 活性的升高，在其为害后第 2、4 和 8d 时分别是对照组的 1.5、2.5 和 2.0 倍 ［图 6.32 (b)］。以上结果表明，茶丽纹象甲为害促进 *CsCPI2* 的转录积累以及 CPI 活性升高。因此，我们推测茶树 *CsCPI2* 基因响应茶丽纹象甲为害，并引发茶树 CPI 活性的升高从而抵御茶丽纹象甲为害。

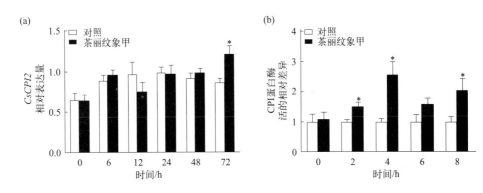

图 6.32　*CsCPI2* 基因和 CPI 蛋白酶活对茶丽纹象甲为害的响应分析

（a）茶丽纹象甲为害对 *CsCPI2* 基因表达的影响；（b）茶丽纹象甲为害对 CPI 蛋白酶活的影响

［数据采用 Mean±SE。* 表示处理和对照之间存在显著差异（$p < 0.05$，t 检验）］

6.4.2.4　重组蛋白 CsCPI2-MBP 的原核表达及生化活性分析

将重组质粒 *CsCPI2*-pMAL 转化大肠杆菌感受态细胞 Rosetta（DE3）表达菌株，用终浓度为 0.1mmol/L 的异丙基 -1- 硫代 -β-D- 半乳糖苷（IPTG）于 37℃诱导表达 2h。采用 MBP tag 蛋白一站式纯化试剂盒纯化获得重组蛋白 CsCPI2-MBP。经 SDS-PAGE 检测发现在诱导后有一条分子质量约 72kDa 的蛋白条带，纯化产物在该位置也检测到单一明亮的蛋白条带，这与 CsCPI2（约 23kDa）融合 MBP（42kDa）后预测大小接近，表明纯化蛋白 CsCPI2-MBP 即为目的蛋白（图 6.33）。

对重组蛋白 CsCPI2-MBP 的蛋白活性及其特异性也进行了分析。结果表明，CsCPI2-MBP 的剂量与其对木瓜蛋白酶的抑制作用呈正相关（$r=0.934$，$p < 0.001$），CsCPI2- 的剂

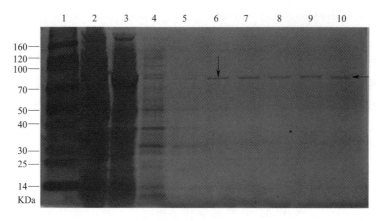

图 6.33 原核诱导和纯化 CsCPI2-MBP

[红色箭头所指为表达的目的蛋白，1—蛋白 marker；2—CsCPI2-pMAL 诱导前；3—CsCPI2-pMAL 诱导后；4—CsCPI2-pMAL 诱导后上清；5—纯化中洗涤液；6～10—纯化的 CsCPI2-MBP]

量（4～12μg）越高，则抑制率（33.2%～85.67%）越高 [图 6.34（a）]。表明我们获得了具有抑制活性的半胱氨酸蛋白酶抑制剂 CsCPI2。

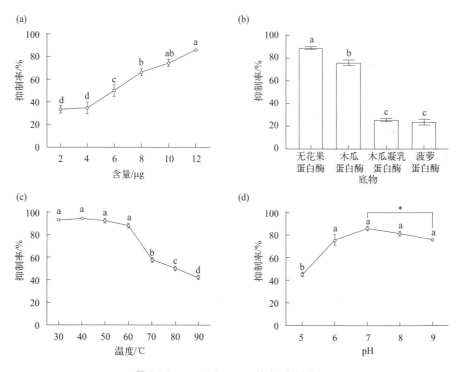

图 6.34 CsCPI2‑MBP 的酶活特性分析

（a）不同浓度 CsCPI2-MBP 的抑制活性分析；（b）底物特异性分析；（c）热稳定性分析；（d）最适 pH 值分析

[数据采用 Mean±SE，不同字母表示不同处理之间的差异显著（$p < 0.05$，Tukey's 检验）；* 表示两个处理间存在显著差异（$p < 0.05$，t 检验）]

进一步以木瓜蛋白酶、胰凝乳蛋白酶、菠萝蛋白酶和无花果蛋白酶等为底物测定了

CsCPI2–MBP 抑制作用的特异性。结果表明，CsCPI2-MBP 对不同蛋白酶的抑制活性不同，对无花果蛋白酶的抑制作用最强，其次是木瓜蛋白酶，对凝乳蛋白酶和菠萝蛋白酶的抑制作用相对较弱。对无花果蛋白酶活性的抑制率比其抑制木瓜蛋白酶、凝乳蛋白酶和菠萝蛋白酶分别高 1.17 倍、3.46 倍和 3.73 倍 [图 6.34（b）]。以往的研究结果表明，大多数植物 CPI 可强烈抑制木瓜蛋白酶的作用，对无花果蛋白酶和凝乳蛋白酶的抑制作用较弱。但 CsCPI2-MBP 对无花果蛋白酶活性的抑制较强，对木瓜蛋白酶、凝乳蛋白酶和菠萝蛋白酶活性的抑制程度较弱。这些结果表明，CsCPI2 不仅具有半胱氨酸蛋白酶的抑制活性，而且在与半胱氨酸蛋白酶互作中具有特异性，也表明了 CPI 家族功能的多样性。

此外，检测 CsCPI2-MBP 的 pH 稳定性和热稳定性发现，重组蛋白 CsCPI2-MBP 在 60℃ 以下仍保持稳定，但当温度超过 60℃ 时，其抑制活性急剧下降，表现出抑制剂较为常见的"二步过渡"型的热动力学曲线 [图 6.34（c）]。CsCPI2-MBP 的最适 pH 值为 6 ～ 8，在中性及弱碱环境下稳定性最高，在偏酸环境下稳定性下降较为明显。这与茶丽纹象甲中肠 pH 呈弱碱性（未发表数据）是一致的，表明 CsCPI2 在茶丽纹象甲的中肠中能保持高水平的抑制活性。

6.4.2.5　CsCPI2 对象甲中肠提取液的影响

我们进一步分析了 CsCPI2 对茶丽纹象甲中肠提取液中半胱氨酸蛋白酶活性的影响。结果表明，茶丽纹象甲中肠提取液具有半胱氨酸蛋白酶活性，表明茶丽纹象甲采用半胱氨酸蛋白酶对植物组织进行消化。然而，反应体系中加入 CsCPI2-MBP 后，其中肠半胱氨酸蛋白酶消化活性发生改变，米氏常数（K_m）增大，最大反应速度（V_{max}）不变（图 6.35）。表明茶树半胱氨酸蛋白酶抑制剂 CsCPI2 是茶丽纹象甲中肠消化酶的竞争性抑制剂。

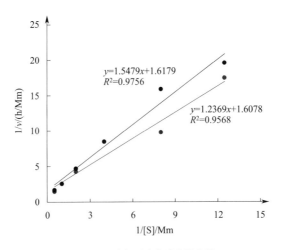

图 6.35　酶促反应的动力学参数

[未加入 CsCPI2 的米氏方程为 $y=1.55x+1.62$，$r^2=0.98$，K_m 和 V_{max} 为 0.96mmol/L 和 0.62mmol/h（蓝线）；加入 CsCPI2 的米氏方程为 $y=1.24x+1.61$，$r^2=0.96$，K_m 和 V_{max} 为 0.77mmol/L 和 0.62mmol/h（红线）]

6.4.2.6 体外饲喂 CsCPI2 对茶丽纹象甲生长发育的影响

涂抹重组 CPI2 蛋白进行饲喂。在第 1d 和第 3d，茶丽纹象甲对 CsCPI2-MBP 处理茶树叶片的取食面积显著大于对照组 [图 6.36（b）]，以 CsCPI2-MBP 处理叶片为食的茶丽纹象甲增重显著高于对照组茶丽纹象甲 [图 6.36（a）]。但是，取食处理组和对照组的茶丽纹象甲死亡率之间没有显著差异 [图 6.36（c）]。茶丽纹象甲取食 CsCPI2-MBP 处理的叶片可能产生了补偿性取食，从而促进了茶丽纹象甲的生长。此外，CPI 含量较高的物质可能是某些食草动物营养应激的来源，为了补偿这种营养压力，害虫可能会消耗更多植物组织，如 CsCPI2-MBP 处理叶片的被取食面积更大，并因此造成茶丽纹象甲体重的显著增加。综上所述，CsCPI2 可能对茶丽纹象甲起到防御作用，但是无直接毒杀作用。

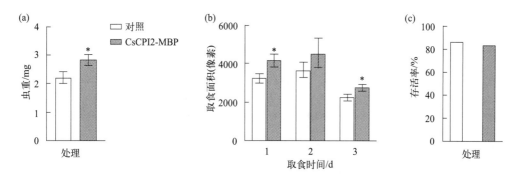

图 6.36　CsCPI2-MBP 对茶丽纹象甲生长发育的影响
（a）体重增加量；（b）叶片消耗面积；（c）存活率
[数据采用平均重量或平均叶片消耗量（±SE）。*表示处理和对照之间存在显著差异（$p < 0.05$，t 检验）]

6.5　展望

植物的诱导防御反应是一个复杂的生理生化过程，涉及植物对植食性昆虫为害的识别、多种信号转导途径（如 JA、SA、乙烯、过氧化氢、赤霉素、ABA 等）的激活与互作、植物防御相关基因的表达和调控，以及防御化合物的合成和积累等多个方面（Chen 等，2019；Erb 和 Reymond，2019；Erb 和 Kliebensteinb，2020；Ma 等，2020；Erb 等，2021）。这一反应不仅受多种环境因子（如温度、光照等）的影响，而且还受到植食性昆虫取食策略或习性（如口器类型、寄主范围等）的影响（Acevedo 等，2015；Züst 和 Agrawal，2016），并且这一防御反应具有植物种类、基因型、生育期、部位以及植食性昆虫种类、种群、龄期等的特异性（Lankau 和 Strauss，2008；Poelman 和 Kessler，2016；De Bobadilla 等，2021）。

茶树是多年生木本经济作物，异花授粉，基因组杂合度高，生育周期长，目前尚无成熟的遗传转化体系。受上述因素制约，茶树害虫诱导茶树防御反应的分子调控机制尚无法深入展开。但是，从现有的研究进展可以看出，茶树诱导防御反应与模式植物有许多相似之处，但是又有着茶树与不同害虫研究系统的特异性。利用茶树诱导抗虫性开发害虫的绿色防控技术，并加以合理使用，有望减少化学农药的使用量，逐步恢复茶园生态系统自身的抗性，从而彻底解决长期大量使用化学农药引发的环境污染、生态系统平衡失调，以及食品安全等问题。今后，除了进一步深入挖掘茶树害虫诱导的防御反应分子机理外，还可从茶树诱导抗虫性的利用方面展开以下研究：①建立茶树诱导抗虫剂的高通量筛选模型，从天然存在的小分子化合物中筛选活性物质，并研究其配套使用技术；②结合茶树害虫性信息素的研究，筛选虫害诱导挥发物中的活性组分，开发茶树害虫性信息素增效剂；③进一步研究茶树害虫诱导特异性挥发物的生态功能，明确其在茶树 - 害虫 - 天敌三级营养关系中的作用，从而开发出高效天敌引诱剂；④培育新型抗虫品种（产生强和迅速的防御反应等）。

（孙晓玲，叶萌，张新，张瑾）

参考文献

[1] Acevedo F E，Smith P，Peiffer M，et al. Phytohormones in fall armyworm saliva modulate defense responses in plants. J Chem Ecol，2019，45：598-609.

[2] Erb M，Meldau S，Howe GA. Role of phytohormones in insect-specific plant reactions. Trends Plant Sci，2012，5：250-259.

[3] Qi J F，Sun G L，Wang L，et al. Oral secretions from *Mythimna separata* insects specifically induce defence responses in maize as revealed by high dimensional biological data. Plant Cell Environ，2016，39：1749-1766.

[4] Thoison O，Sévenet T，Niemeyer H M，et al. Insect antifeedant compounds from *Nothofagus dombeyi* and *N. pumilio*. Phytochemistry，2004，65：2173-2176.

[5] Hölscher D，Buerkert A，Schneider B. Phenylphenalenones accumulate in plant tissues of two banana cultivars in response to herbivory by the banana weevil and banana stem weevil. Plants，2016，5：34.

[6] Cui B Y，Huang X B，Li S，et al. Quercetin affects the growth and development of the grasshopper *Oedaleus asiaticus*（Orthoptera：Acrididae）. J Econ Entomol，2019，112：1175-1182.

[7] Lindroth R L，Peterson S S. Effects of plant phenols of performance of southern armyworm larvae. Oecologia，1988，75：185-189.

[8] Wang Y C，Qian W J，Li N N，et al. Metabolic changes of caffeine in tea plant（*Camellia sinensis*（L.）O. Kuntze）as defense response to *Colletotrichum fructicola*. J Agric Food Chem，2016，64：6685-6693.

[9] Zhang Y，Zhao T Y，Deng J D，et al. Positive effects of the tea catechin（-）-epigallocatechin-3-gallate on gut bacteria and fitness of *Ectropis obliqua* Prout（Lepidoptera：Geometridae）. Sci Rep，2019，9：5021.

[10] Ferreyra M L F，Rius S P，Casati P. Flavonoids：Biosynthesis，biological functions，and biotechnological applications. Front Plant Sci，2012，3：222.

[11] Li X，Ahammed G J，Li Z X，et al. Freezing stress deteriorates tea quality of new flush by inducing photosynthetic inhibition and oxidative stress in mature leaves. Sci Horic，2017a，230：155-160.

[12] Li X，Zhang L，Ahammed G J，et al. Nitric oxide mediates brassinosteroid-induced flavonoid biosynthesis in *Camellia sinensis* L. J Plant Physiol，2017b，214：145-151.

[13] Zeng LT，Watanabe N，Yang Z Y. Understanding the biosyntheses and stress response mechanisms of aroma compounds in tea（*Camellia sinensis*）to safely and effectively improve tea aroma. Crit Rev Food Sci Nutr，2019，14：1-14.

[14] Vadassery J，Reichelt M，Mithöfer A. Direct proof of ingested food regurgitation by *Spodoptera littoralis* caterpillars during feeding on Arabidopsis. J Chem Ecol，2012，38：865-872.

[15] Moreira X，Nell CS，Katsanis A，et al. Herbivore specificity and the chemical basis of plant-plant communication in *Baccharis salicifolia*（Asteraceae）. New Phytol，2018，220：703-713.

[16] Musser R O，Hum-Musser S M，Eichenseer H，et al. Caterpillar saliva beats plant defenses： a new weapon emerges in the coevolutionary arms race between plants and herbivores. Nature，2002，416：599-600.

[17] Musser R O，Farmer E，Peiffer M，et al. Ablation of caterpillar labial salivary glands： technique for determining the role of saliva in insect-plant interactions. J Chem Ecol，2006，32：981-992.

[18] Peiffer M，Felton G W. Do caterpillars secrete "Oral secretions" ?J Chem Ecol，2009，35：326-335.

[19] Pohnert G，Jung V，Haukioja E，et al. New fatty acid amides from regurgitant of Lepidopteran （Noctuidae：Geometridae） caterpillars. Tetrahedron Lett，1999，55：11275-11280.

[20] Xiao L，Carrillo J，Siemann E，et al. Herbivore-specific induction of indirect and direct defensive responses in leaves and roots. AoB Plants，11：003.

[21] Basu S，Varsani S，Louis J. Altering plant defenses： herbivore-associated molecular patterns and effector arsenal of chewing herbivores. Molecular Plant-Microbe Interactions，2018，31：13-21.

[22] Machado R A R，Robert C A M，Arce C C M，et al. Auxin is rapidly induced by herbivore attack and regulates a subset of systemic，jasmonate-dependent defenses. Plant Physiol，2016，172：521-532.

[23] Kariyat R R，Mauck K E，Moraes C M D，et al. Inbreeding compromises volatile signaling phenotypes and influences tritrophic interactions in horsenettle. Ecology Letters，2012，15：301–309.

[24] 娄永根，程家安. 虫害诱导的植物挥发物基本特性、生态学功能及释放机. 生态学报，2000，20：1097-1106.

[25] Clavijio M C A，Unsicker S B，Gershenzon J. The specificity of herbivore-induced plant volatiles in attracting herbivore enemies. Trends Plant Sci，2012，17：303-310.

[26] Bruce T J，Wadhams L J，Woodcock C M. Insect host location： a volatile situation. TRENDS in Plant Science，2005，10（6）：269-274.

[27] Heil M. Indirect defence via tritrophic interactions. New Phytologist，2008，178：41–61.

[28] Xiao Y，Wang Q，Erb M，et al. Specific herbivore-induced volatiles defend plants and determine insect community composition in the field. Ecology Letters，2012，15：1130–1139.

[29] Saxena D B，Goswami B K. Nematicidal activity of some essential oils against *Melneoidogyne incognita*. India Perfum，1987，31（2）：150-154.

[30] Bleeker P M，Mirabella R，Diergaarde P J，et al. Improved herbivore resistance in cultivated tomato with the sesquiterpene biosynthetic pathway from a wild relative. Proceedings of the National Academy of Sciences of the United States of America，2012，109：20124-20129.

[31] Kollner T G，Lenk C，Schnee C，et al. Localization of sesquiterpene formation and emission in maize leaves after herbivore damage. BMC Plant Biol，2013，13-15.

[32] Bohlmann J. Pine terpenoid defences in the mountain pine beetle epidemic and in other conifer pest interactions： specialized enemies are eating holes into a diverse，dynamic and durable defence system. Tree Physiol，2012，32：943-945.

[33] Zhuang X，Kollner T G，Zhao N，et al. Dynamic evolution of herbivore-induced sesquiterpene biosynthesis in sorghum and related grass crops. Plant Journal for Cell & Molecular Biology，2012，69：70-80.

[34] Lou Y，Hua X Y，Turlings T C，et al. Differences in induced volatile emissions among rice varieties results in differential attraction and parasitism of *Nilaparvata lugens* eggs by the parasitoid *Anagrus nilaparvatae* in the field. Journal of Chemical Ecology，2006，32：2375–2387.

[35] Gols R，Bullock J M，Dick M，et al. Smelling the wood from the trees： non-linear parasitoid responses to volatile attractants produced by wild and cultivated cabbage. Journal of Chemical Ecology，2011，37：795–807.

[36] Kariyat R R. ，Mauck K E，Moraes C M D，et al. Inbreeding compromises volatile signaling phenotypes and influences tritrophic interactions in horsenettle. Ecology Letters，2012，15：301–309.

[37] Dicke M，Takabayashi J，Posthumus M A，et al. Plant—Phytoseiid Interactions Mediated by Herbivore-Induced Plant Volatiles： Variation in Production of Cues and in Responses of Predatory Mites. Experimental & Applied Acarology，1998，22（6）：311-333.

[38] Kappers I F，Verstappen F W A，Luckerhoff L L P，et al. Genetic variation in jasmonic acid- and spider mite-induced plant volatile emission of cucumber accessions and attraction of the predator *Phytoseiulus persimilis*. Journal

of Chemical Ecology，2010，36： 500–512.

[39] Kappers I F，Hoogerbrugge H，Bouwmeester H J，et al. Variation in herbivory-induced volatiles among cucumber
（*Cucumis sativus L.*）varieties has consequences for the attraction of carnivorous natural enemies. Journal of
Chemical Ecology，2011，37： 150–160.

[40] Tahmasebi Z，Mohammadi H，Arimura G，et al. Herbivore-induced indirect defense across bean variety is
independent of their degree of direct resistance. Experimental & Applied Acarology，2014，63（2）： 217-239.

[41] Sun X L，Wang G C，Cai X M，et al. The tea weevil, *Myllocerinus aurolineatus*, is attracted to volatiles induced
by conspecifics. Journal of Chemical Ecology，2010，36： 388–395.

[42] Sun X L，Wang G C，Gao Y，et al. Screening and field evaluation of synthetic volatile blends attractive to adults of
the tea weevil, *Myllocerinus aurolineatus*. Chemoecology，2012，22： 229-237.

[43] 刘丰静，李慧玲，王定锋，等 . 茶丽纹象甲取食习性与防治指标研究 . 茶叶学报，2015，56（1）： 45-50.

[44] Weaver D K，Buteler M，Hofland M L，et al. Cultivar preferences of ovipositing wheat stem sawflies as influenced
by the amount of volatile attractant. Journal of Economic Entomology，2009，102： 1009-1017.

[45] Xin Z J，Li X W，Bian L，et al. Tea green leafhopper, *Empoasca vitis*, chooses suitable host plants by detecting
the emission level of （3Z）-hexenyl acetate. Bulletin of Entomological Research，2016，1-8.

[46] Sun X L，Wang G C，Gao Y，et al. Volatiles emitted from tea plants infested by Ectropis obliqua larvae are
attractive to conspecific moths. Journal of Chemical Ecology，2014，10： 1080–1089.

[47] Cai X M，Sun X L，Dong W X，et al. Herbivore species，infestation time，and herbivore density affect induced
volatiles in tea plants. Chemoecology，2014，24： 1-14.

[48] Bernasconi M L，Turlings T C J，Ambrosetti L，et al. Herbivore induced emissions of maize volatiles repel the
corn leaf aphid, *Rhopalosiphum maidis*. Entomologia Experimentalis et Applicata，1998，87： 133 –142.

[49] De Moraes C M，Mescher M C，Tumlinson J H. Caterpillar-induced nocturnal plant volatiles repel conspecific
females. Nature，2001，410（29）： 577-580.

[50] Kessler A，Baldwin I T. Defensive function of herbivore-induced plant volatile emissions in nature. Science，2001，
291（16）： 2141-2144.

[51] 赵冬香 . 茶树 - 假眼小绿叶蝉 - 蜘蛛间化学、物理通讯机制的研究 . 杭州：浙江大学博士论文，2001.

[52] Kiran S R，Reddy A S，Devi P S，et al. Insecticidal，antifeedant and oviposition deterrent effects of the essential
oil and individual compounds from leaves of *Chloroxylon swietenia* DC. Pest Management Science，2006，62：
1116-1121.

[53] 金珊，孙晓玲，陈宗懋，等 . 不同茶树品种对假眼小绿叶蝉的抗性 . 中国农业科学，2012，45（2）： 255-
265.

[54] Kang Z，Liu F，Zhang Z，et al. Volatile β-ocimene can regulate developmental performance of peach aphid myzus
persicae through activation of defense responses in chinese cabbage brassica pekinensis. Frontiers in Plant Science，
2018，9： 1-12.

[55] Kishimoto K，Matsui K，Ozawa R，et al. Volatile C6-aldehydes and Allo-ocimene activate defense genes and
induce resistance against Botrytis cinerea in Arabidopsis thaliana. Plant &Cell Physiology，2005，46： 1093-1102.

[56] Maisonnasse A，Lenoir J C，Beslay D，et al. E-β-ocimene，a volatile brood pheromone involved in social
regulation in the honey bee colony （Apis mellifera）. PLoS One，2010，5： e13531.

[57] Zeng L，Liao Y，Li J，et al. α-Farnesene and ocimene induce metabolite changes by volatile signaling in
neighboring tea （Camellia sinensis） plants. Plant Science，2017，264： 29-36.

[58] Sun X L，Wang G C，Gao Y，et al. Volatiles emitted from tea plants infested by ectropis obliqua larvae are
attractive to conspecific moths. Journal of Chemical Ecology，2014，40： 1080-1089

[59] Hettenhausen C，Yang D，Baldwin I T，et al. Calcium-dependent protein kinases，CDPK4 and CDPK5，affect
early steps of jasmonic acid biosynthesis in Nicotiana attenuata. Plant Signaling & Behavior，2013，8： 1

[60] Yang D，Hettenhausen C，Baldwin I T，et al. Silencing nicotiana attenuata calcium-dependent protein kinases，
CDPK4 and CDPK5，strongly up-regulates wound- and herbivory-induced jasmonic acid accumulations. Plant
Physiology，2012，159： 1591-1607.

[61] Ye M，Glauser G，Lou Y，et al. Molecular dissection of early defense signaling underlying volatile-mediated defense regulation and herbivore resistance in rice. Plant Cell，2019，31（3）：687-698.

[62] Erb M，Reymond P. Molecular Interactions Between Plants and Insect Herbivores. Annual Review of Plant Biology，2019，70：4. 1-4. 31

[63] Ranty B，Aldon D，Cotelle V，et al. Calcium sensors as key hubs in plant responses to biotic and abiotic stresses. Frontiers in Plant Science，2016，7：1-7.

[64] Kudla J，Batistič O，Hashimoto K. Calcium signals：the lead currency of plant information processing. Plant Cell，2010，22：541-563.

[65] Valmonte G R，Arthur K，Higgins C M，et al. Calcium-dependent protein kinases in plants：evolution，expression and function. Plant and Cell Physiol，2014，55：51-569.

[66] Asai N，Nishioka T，Takabayashi J，et al. Plant volatiles regulate the activities of Ca^{2+}-permeable channels and promote cytoplasmic calcium transients in Arabidopsis leaf cells. Plant Signaling and Behavior，2009，4（4）：294-300.

[67] Zebelo S A，Matsui K，Ozawa R，et al. Plasma membrane potential depolarization and cytosolic calcium flux are early events involved in tomato（Solanum lycopersicon）plant-to-plant communication. Plant Science，2012，196：93-100.

[68] Becker D，Grill E，Hedrich R，et al. Tansley review Advances and current challenges in calcium signaling. New Phytologist，2018，218（2）：414-431.

[69] Benchabane M，Schluter U，Vorster J，et al. Plant cystatins. Biochimie，2010，92：1657-1666.

[70] Chen P J，Senthilkumar R，Jane W N，et al. Transplastomic *Nicotiana benthamiana* plants expressing multiple defence genes encoding protease inhibitors and chitinase display broad-spectrum resistance against insects，pathogens and abiotic stresses. Plant Biotechnol J，2014，12：503-515.

[71] Herde M，HoweG A. Host plant-specific remodeling of midgut physiology in the generalist insect herbivore *Trichoplusia ni*. Insect Biochem Mol Biol，2014，50：58-67.

[72] Martinez M，Santamaria M E，Diaz-Mendoza M，et al. Phytocystatins：defense proteins against phytophagous insects and acari. Int J Mol Sci，2016，17.

[73] Massimo Delledonne G A，Beatrice Belenghi，Alma Balestrazzi，Franco Picco，et al. Transformation of white poplar（*Populus alba* L.）with a novel *Arabidopsis thaliana* cysteine proteinase inhibitor and analysis of insect pest resistance. Molecular Breeding，2001，7：35-42.

[74] Papolu P K，Dutta T K，Tyagi N，et al. Expression of a cystatin transgene in eggplant provides resistance to root-knot nematode，*Meloidogyne incognita*. Front Plant Sci，2016，7：1122.

[75] Schneider V K，Soares-Costa A，Chakravarthi M，et al. Transgenic sugarcane overexpressing *CaneCPI-1* negatively affects the growth and development of the sugarcane weevil *Sphenophorus levis*. Plant Cell Rep，2017，36：193-201.

[76] 王朝霞，李叶云，江昌俊，等. 茶树巯基蛋白酶抑制剂基因的 cDNA 克隆与序列分析. 茶叶科学，2005，25：177-182.

[77] Balmer A，Pastor V，Gamir J，et al. The 'prime-ome'：towards a holistic approach to priming. Trends Plant Sci，2015，20：443-452.

[78] Cai X M，Sun X L，Dong W X，et al. Herbivore species，infestation time，and herbivore density affect induced volatiles in tea plants. Chemoecology，2013，24：1-14.

[79] Cardoza Y J，Lait C G，Schmelz E A，et al. Fungus-induced biochemical changes in peanut plants and their effect on development of beet armyworm，Spodoptera exigua Hübner（Lepidoptera：Noctuidae）larvae. Environ Entomol，2003，32：220-228.

[80] Conrath U，Beckers G J，Langenbach C J，et al. Priming for enhanced defense. Annu Rev Phytopathol，2015，53：97-119.

[81] De Boer J G，Posthumus M A，Dicke M. Identification of volatiles that are used in discrimination between plants infested with prey or nonprey herbivores by a predatory mite. J Chem Ecol，2004，30：2215-2230.

[82] Degen T，Bakalovic N，Bergvinson D，et al. Differential performance and parasitism of caterpillars on maize inbred lines with distinctly different herbivore-induced volatile emissions. PLoS One，2012，7：e47589.

[83] Erb M，Reymond P. Molecular interactions between plants and insect herbivores. Annu Rev Plant Biol，2019，70：527-557.

[84] Erb M，Veyrat N，Robert C A，et al. Indole is an essential herbivore-induced volatile priming signal in maize. Nat Commun，2015，6：6273.

[85] Frost C J，Appel H M，Carlson J E，et al. Within‐plant signalling via volatiles overcomes vascular constraints on systemic signalling and primes responses against herbivores. Ecol Lett，2007，10：490-498.

[86] Giacomuzzi V，Cappellin L，Khomenko I，et al. Emission of volatile compounds from apple plants infested with Pandemis heparana larvae，antennal response of conspecific adults，and preliminary field trial. J Chem Ecol，2016，42：1265-1280.

[87] Gols R，Posthumus M A，Dicke M. Jasmonic acid induces the production of gerbera volatiles that attract the biological control agent Phytoseiulus persimilis. Entomol Exp Appl，1999，93：77-86.

[88] Heil M. Herbivore- induced plant volatiles：targets，perception and unanswered questions. New Phytol，2014，204：297-306.

[89] Heil M，Silva Bueno J C. Within-plant signaling by volatiles leads to induction and priming of an indirect plant defense in nature. Proc Natl Acad Sci USA，2007，104：5467-5472.

[90] Hilker M，Schmulling T. Stress priming，memory，and signalling in plants. Plant Cell Environ，2019，42：753-761.

[91] Hu L，Ye M，Erb M. Integration of two herbivore-induced plant volatiles results in synergistic effects on plant defence and resistance. Plant Cell Environ，2019，42：959-971.

[92] Kim J，Felton G W. Priming of antiherbivore defensive responses in plants. Insect Sci，2013，20：273-285.

[93] Martinez-Medina A，Flors V，Heil M，et al. Recognizing Plant Defense Priming. Trends Plant Sci，2016，21：818-822.

[94] Mauch-Mani B，Baccelli I，Luna E，et al. Defense Priming：An Adaptive Part of Induced Resistance. Annu Rev Plant Biol，2017，68：485-512.

[95] McCall P J，Turlings T C，Loughrin J，et al. Herbivore-induced volatile emissions from cotton （Gossypium hirsutum L.）seedlings. J Chem Ecol，1994，20：3039-3050.

[96] Ninkovic V，Markovic D，Rensing M. Plant volatiles as cues and signals in plant communication. Plant Cell Environ，2020.

[97] Onkokesung N，Reichelt M，van Doorn A，et al. Modulation of flavonoid metabolites in Arabidopsis thaliana through overexpression of the MYB75 transcription factor：role of kaempferol-3，7-dirhamnoside in resistance to the specialist insect herbivore Pieris brassicae. J Exp Bot，2014，65：2203-2217.

[98] Onyilagha J C，Gruber M Y，Hallett R H，et al. Constitutive flavonoids deter flea beetle insect feeding in Camelina sativa L. Biochemical Systematics and Ecology，2012，42：128-133.

[99] Schuman M C，Baldwin I T. The layers of plant responses to insect herbivores. Annu Rev Entomol，2016，61：373-394.

[100] Sharma R，Sohal S K. Toxicity of gallic acid to melon fruit fly，Bactrocera cucurbitae（Coquillett）（Diptera：Tephritidae）. Archives of Phytopathology and Plant Protection，2013，46：2043-2050.

[101] Sobhy I S，Bruce T J，Turlings T C. Priming of cowpea volatile emissions with defense inducers enhances the plant's attractiveness to parasitoids when attacked by caterpillars. Pest Manag Sci，2018，74：966-977.

[102] Stahl E，Hilfiker O，Reymond P （2018）Plant-arthropod interactions：who is the winner? Plant J 93：703-728.

[103] Ton J，D'Alessandro M，Jourdie V，et al. Priming by airborne signals boosts direct and indirect resistance in maize. Plant J，2007，49：16-26.

[104] Turlings T C J，Erb M. Tritrophic Interactions Mediated by Herbivore-Induced Plant Volatiles：Mechanisms，Ecological Relevance，and Application Potential. Annu Rev Entomol，2018，63：433-452.

[105] Veyrat N，Robert C A M，Turlings T C J，et al. Herbivore intoxication as a potential primary function of an inducible volatile plant signal. J Ecol，2016，104：591-600.

[106] Wang W W，Yu Z X，Meng J P，et al. Rice phenolamindes reduce the survival of female adults of the white-backed planthopper *Sogatella furcifera*. Sci Rep，2020，10.

[107] Wu J，Baldwin I T. New insights into plant responses to the attack from insect herbivores. Annu Rev Genet，2010，44：1-24.

[108] Ye M，Glauser G，Lou Y，et al. Molecular Dissection of Early Defense Signaling Underlying Volatile-Mediated Defense Regulation and Herbivore Resistance in Rice. Plant Cell，2019，31：687-698.

[109] Ye M，Liu M，Erb M，et al. Indole primes defence signalling and increases herbivore resistance in tea plants. Plant Cell Environ，2021，44：1165-1177.

[110] Ye M，Veyrat N，Xu H，et al. An herbivore-induced plant volatile reduces parasitoid attraction by changing the smell of caterpillars. Sci Adv，2018，4：4767.

[111] 王杰，宋圆圆，胡林，等. 植物抗虫"防御警备"：概念、机理与应用. 应用生态学报，2018，29：2068-2078.

第 7 章

茶树抗炭疽病的机理研究

▲▲▲▲▲▲▲

炭疽病是影响茶树正常生长发育和茶叶品质的最主要病害之一。通常，病原菌通过物理突破和生物分子破坏植物的生理结构，干扰寄主免疫系统，造成病害的发生。在生物演化过程中，为了抵御病原菌的入侵，植物进化出了极为复杂的免疫系统，病原菌和寄主植物之间形成了自然界天然的"军备竞赛"。茶树抗病机理研究起步晚、基础弱，极大地限制了茶树病害防控和抗病育种工作的进展。为了了解茶树对炭疽病的抗性机制，首先要准确地认识炭疽病病原物及其致病机理，以及茶树抗病基因是如何准确识别病原菌并激活免疫反应的。

7.1　炭疽病

7.1.1　植物炭疽病

通常，由植物炭疽菌（刺盘孢）属真菌（*Colletotrichum* spp.）所引起的病害被统称为植物炭疽病，涉及柑橘、苹果、桃、梨、猕猴桃、葡萄、芒果、核桃等大部分果树，以及辣椒、番茄、黄瓜、草莓、花卉等在内的多数经济作物（图 7.1）。该病害主要发生在植物的叶片上，也可以为害果实、茎和嫩枝等，发病率一般为 20% ～ 40%，发病严重时达组织的 80% 左右。当植物叶片受到侵染时，病斑呈圆形或椭圆形，深褐色至灰白色，中央散生或轮生褐色、黑色小点。当果实发病时，初期出现圆形或近圆形的褐色至黑褐色病斑，后变黑，中央凹陷，产生许多褐色至黑色小点，在湿度大时，病斑连片导致全果变黑、腐烂。由于该病原菌潜伏侵染的特性，可导致储存期果实损失率高达 100%。当茎和嫩枝发病时，病斑凹陷，黑色，呈圆形或纺锤形，严重时引起全株枯死。

7.1.2　茶树炭疽病

炭疽病主要发生在茶树当年生第 4 ～ 5 叶位成熟叶（图 7.2）。初期病斑呈暗绿色水渍状，病斑常沿叶脉蔓延扩大，并变为褐色或红褐色，后期可变为灰白色。病斑形状大小不一，一般在叶片近叶柄部呈大型红褐色枯斑，有时可蔓延及叶的一半以上。边缘有黄褐色隆起线，病健部交界明显。发病后期叶片正面散生黑色、凸起的分生孢子盘（图 7.3）。炭疽病在全国茶区均有发生，当地的温湿度是发病的主要影响因素，高温高湿、低海拔、以主栽感病品种和粗放型管理的茶园易暴发，尤其在有树荫或山体遮蔽的阴暗潮湿处茶树极易发病。发病规律因地而异，通常每年的 6 月和 9 月为暴发期。炭疽病的发生也与茶树自身生理状况相关，树势弱、施用过多氮肥而少钾肥也是发生的诱因。

图 7.1　炭疽菌引起的植物炭疽病（Cannon 等，2012）（彩图见插页）

（a）由桃尖孢炭疽菌（*Colletotrichum nymphaeae*）引起的草莓果实炭疽病；（b）由比氏炭疽菌（*C. beeveri*）引起的波叶短喉木科植物叶斑病；（c）由博宁炭疽菌（*C. boninense*）引起的美丽南洋凌霄叶片炭疽病；（d）由洋葱炭疽菌（*C. circinans*）引起的洋葱炭疽病；（e）由香蕉炭疽菌（*C. musae*）引起的香蕉炭疽病；（f）由卡哈瓦炭疽菌（*C. kahawae*）引起的咖啡浆果炭疽病；（g）由胶孢炭疽菌（*C. gloeosporioides*）引起的山药叶片炭疽病；（h）由胶孢炭疽菌（*C. gloeosporioides*）引起的茄子炭疽病；（i）由一种未确定的炭疽菌引起的芒果花枯病；（j）由胶孢炭疽菌（*C. gloeosporioides*）引起的芒果炭疽病；（k）由禾谷炭疽菌（*C. graminicola*）引起的玉米叶枯病；（l）由菜豆炭疽菌（*C. lindemuthianum*）引起的豆荚炭疽病

图 7.2　茶树易感品种'龙井 43'发生炭疽病的田间病状（王玉春 摄）（彩图见插页）

图 7.3　茶树炭疽病病状（王玉春 摄）（彩图见插页）

7.1.3　茶树炭疽病病原菌

我国学者长期认为长盘孢属 *Gloeosporium theae-sinensis* Miyake 是茶树炭疽病的病原菌，该菌最早从日本茶树病叶中分离鉴定（Miyake，1907; 陈宗懋，2000）。有意思的是，Yamamoto 曾将 *G.theae-sinensis* 订正至炭疽菌属 *Colletotrichum*（Yamamoto，1960）。但随后 Moriwaki 和 Sato 通过比较 *G.theae-sinensis* 和 *Colletotrichum* 分生孢子形态特征后，发现该菌孢子大小显著小于已知炭疽菌，并且其孢子在培养基上不产生炭疽菌属真菌重要的分类学特征（附着胞），结合真菌 DNA 特异性序列片段（28SrDNA D1 ～ D2）构建的系统发育树，将 *G.theae-sinensis* 订正至座盘孢属 *Discula*，即种名为 *Discula theae-sinensis*（I.Miyake）Moriwaki & Toy.Sato（Moriwaki 和 Sato，2009）。但随着分子生物学研究技术的快速发展，科学家普遍认为，单独依靠一个特异性基因序列无法准确区分真菌的种类。近年来，我国茶树炭疽病暴发程度逐年加重，但并未从茶树中分离到 *D.theae-sinensis*。因此，我国茶树炭疽病病原菌是否是 *D.theae-sinensis*，仍有待进一步鉴定及验证。

有趣的是，在茶树炭疽病病叶或健康组织中，分离的病原菌常为炭疽菌属真菌。早期对于茶树炭疽菌的鉴定多以单一的形态学特征或 ITS（Internal transcribed spacer，内转录间隔区）序列作为鉴定依据，这可能造成炭疽菌种级分类单元的错误鉴定。2009 年以来，多基因系统发育学在炭疽菌属种级关系鉴定上的应用，极大地推动了该属分类学的研究进程。刘威对福建省多地茶园进行炭疽病病叶收集，利用多基因系统发育学和形态学鉴定，发现当地茶树炭疽病病原菌包括果生炭疽菌（*C.fructicola*）、松针炭疽菌（*C.fioriniae*）、喀斯特炭疽菌（*C.karsitii*）和暹罗炭疽菌（*C.siamense*）。Guo 等通过 ITS 序列对安徽黄山茶园病叶进行病原菌分离鉴定，认为胶孢炭疽菌（*C.gloeosporioides*）是当地茶树炭疽病的病原菌。此外，Zhang 等首次报道由果生炭疽菌（*C.fructicola*）、暹罗炭疽菌（*C.siamense*）和喀斯特炭疽菌（*C.karsitii*）可引起安徽省茶树炭疽病。雷娇娇等以及彭成彬等均鉴定认为当地茶区茶树炭疽病的主要病原菌为胶孢炭疽菌（*C.gloeosporioides*）。Liu 等收集了国内外多个山茶属植物的炭疽病病叶，共分离鉴定了包括 2 个新种在内的 11 个炭疽菌种，并认为山茶炭疽菌（*C.camelliae*）是分布在我国茶树上的优势致病菌。Chen 等通过 ITS 和 TUB2（*β-TUBULIN 2*，*β-* 微管蛋白基因 2）多基因系统发育学并结合形态学特征，将我国重庆市茶区茶树炭疽病的病原菌鉴定为尖孢炭疽菌（*C.acutatum*）。同时，Wan 等调查了重庆市茶园的炭疽病发生情况并分离鉴定了 4 个炭疽菌种（*C.gloeosporioides*，*C.camelliae*，*C. fioriniae*，*C.karstii*）和 1 个新种（*C.chongqingense*）。Wang 等对我国 15 个主要产茶省的不同茶树品种炭疽病病叶进行病原菌分离，综合利用多基因系统发育学、形态学特征和致病性验证，系统鉴定了 16 个种及 1 个未确定种，并确定山茶炭疽菌（*C.camelliae*）和果生炭疽菌（*C.fructicola*）均为我国茶树炭疽菌优势种（图 7.4，表 7-1）。Orrock 等从美国发病的茶树中分离出一株炭疽菌，根据多基因系统发育学和形态学将其鉴定为山茶炭疽菌（*C.camelliae*）。Lin 等鉴定我国台湾新竹县关西乡茶树炭疽病的病原菌为果生炭疽菌（*C.fructicola*）。

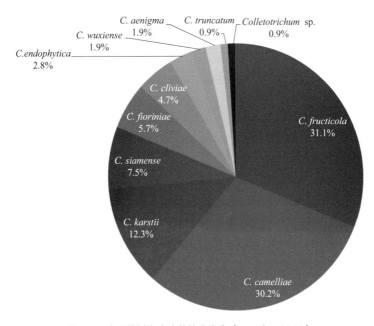

图 7.4　我国茶树炭疽病菌的分离率（王玉春，2016）。

综上，目前利用多基因系统发育学结合形态特征，较为准确而有效地鉴定了各产茶区茶树炭疽病的病原菌，并初步明确优势致病菌为山茶炭疽菌（*C.camelliae*）和果生炭疽菌（*C.fructicola*）。然而，山茶炭疽菌（*C.camelliae*）和果生炭疽菌（*C.fructicola*）对茶树的侵染机制尚不清楚。

表7-1 全国部分茶区茶树炭疽菌种类分布情况表（王玉春，2016）

炭疽菌	分布地区														
	安徽	重庆	福建	广东	广西	贵州	河南	湖北	湖南	江苏	江西	陕西	四川	云南	浙江
C. acutatum		√													
C. aenigma										√					
C. alienum											√				
C. boninense											√				
C. camelliae	√	√	√	√		√	√	√		√	√	√	√	√	√
C. cliviae	√				√										
C. endophytica														√	
C. fioriniae			√								√		√		√
C. fructicola		√	√	√	√			√							
C. gloeosporioides	√										√				
C. henanense							√								
C. jiangxiense											√				
C. karstii			√						√	√			√	√	
Colletotrichum sp.													√		
C. siamense				√	√						√			√	
C. truncatum															√
C. wuxiense										√					

7.1.4　茶树炭疽菌形态特征及其侵染循环

本书中以茶树炭疽病的两种优势致病菌为例，详细介绍炭疽菌的形态特征及其侵染循环。

山茶炭疽菌（*C.camelliae*）在马铃薯葡萄糖琼脂（Potato dextrose agar，PDA）培养基上，菌落致密，棉絮状，正面中央凸起，铁灰色，背面淡黄色；厚垣孢子黑色，被气生菌丝覆盖；有性态未见；仅见一个分生孢子盘，分生孢子梗和刚毛直接着生在菌丝上；分生孢子梗分枝，有隔膜；刚毛深褐色，壁光滑，1～2隔，长约56.3μm，基部膨胀或椭圆状，直径2.0～5.4μm，顶端渐尖；分生孢子透明，光滑，无隔膜，圆柱形，端部钝圆而基部渐尖，大小为（14.4～18.2）μm×（5.6～7.4）μm；附着胞呈纺锤形、圆锯齿形或不规则形，褐色至深褐色，分枝，大小为（8.0～20.3）μm×（5.2～12.7）μm（图7.5）（王玉春，2016）。

果生炭疽菌（*C.fructicola*）在PDA培养基上的生长菌落致密，棉絮状，中央散生少量分生孢子堆，菌落正面灰白色，背面橄榄绿至灰白色；有性态未见；无性繁殖体为分生孢子盘，橘黄色；分生孢子梗不分枝，有隔膜，透明光滑；刚毛未见；分生孢子圆柱形，无隔膜，透明光滑，大小为（12.7～21.2）μm×（4.2～6.6）μm；附着胞圆形、椭圆形或棒状，褐色至深褐色，分枝，大小为（5.6～12.2）μm×（5.0～10.0）μm（图7.6）（王玉春，2016）。

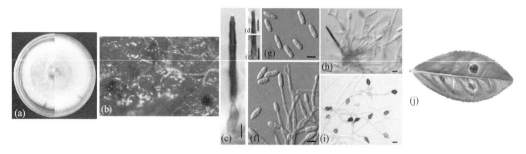

图7.5　山茶炭疽菌（*C.camelliae*）形态特征（王玉春，2016）（彩图见插页）

（a）菌落正反面；（b）厚垣孢子；（c）～（e）刚毛；（f）分生孢子梗；（g）分生孢子；（h）分生孢子梗和刚毛；（i）附着胞；
（j）龙井43叶片接种14d后发病情况

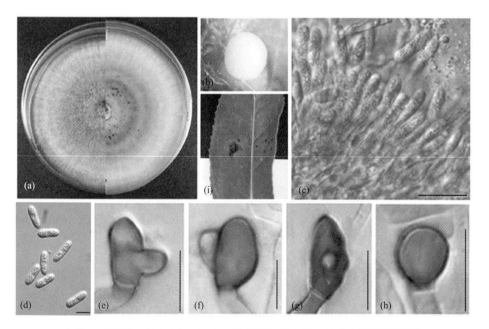

图7.6　果生炭疽菌（*C.fructicola*）形态特征（王玉春，2016）（彩图见插页）

（a）菌落正反面；（b）分生孢子堆；（c）分生孢子梗；（d）分生孢子；（e）～（h）附着胞；（i）龙井43叶片接种14d
后发病情况

　　大多数炭疽菌属真菌为半活体营养型，通过2种侵染模式进入植物细胞，一种以希金斯炭疽菌（*C.higginsianum*）为代表，侵染钉直接穿透植物细胞，立即从初生菌丝上产生次生菌丝，杀死寄主细胞转入死体营养阶段；另一种以禾谷炭疽菌（*C.graminicola*）为代表，侵染钉穿透植物细胞，初生菌丝尽可能多地定殖于多个寄主细胞，待条件适宜后，从密布的初生菌丝上形成次级菌丝，穿透寄主细胞的细胞膜，杀死寄主细胞转为死体营养阶段，病斑逐渐扩展（图7.7）。

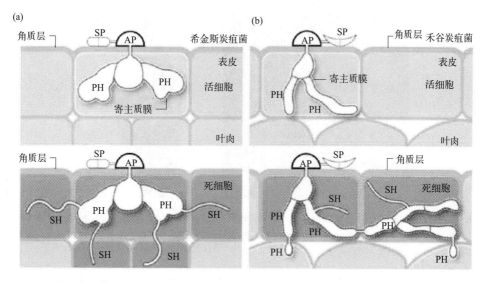

图 7.7　希金斯炭疽菌（*C.higginsianum*）（a）和禾谷炭疽菌（b）的侵染过程（O' Connell，et al，2012）

SP—分生孢子；AP—附着胞；PH—活体营养初生菌丝；SH—死体营养次生菌丝

　　根据常年对田间发病情况的观察及研究，茶树炭疽病病原菌以菌丝体或分生孢子盘在病残体上越冬，当春季气温回升时，病叶上的休眠体（分生孢子盘）释放出的分生孢子借助风、雨、昆虫等媒介传播至茶树新梢上，通过表面物质黏附在茶树表面。待温湿度等外界环境条件条件适宜后，分生孢子在 1d 内萌发产生芽管，芽管顶端膨化形成附着胞，附着胞黑色素化并产生强大的膨压，驱动侵染钉从幼嫩叶片背面气孔或春茶采摘后的伤口侵入茶树组织，产生初生侵染菌丝并成功定殖，随后在茶树细胞内扩展侵染（图 7.8）。同很多真菌病原体一样，茶树炭疽菌可以通过分泌植物细胞壁降解酶（plant cell wall-degrading enzymes，PCWDEs）破坏茶树叶片细胞细胞壁，或者通过气孔进入植物体内。基因表达分析发现在炭疽菌附着孢和次级菌丝阶段，作为 PCWDEs 重要组成部分的碳水化合物活性酶（The Carbohydrate-Active Enzymes，CAZys）表达显著上升。显微观察亦表明，炭疽菌菌丝往往围绕着茶树叶片气孔生长延伸，但目前未有直接证据表明茶树炭疽菌是通过气孔入侵到叶片深层组织的。高旭晖等发现山茶炭疽菌（*C.camelliae*）的分生孢子主要侵染嫩叶，附着胞在嫩叶和成叶上形成率较高。沈大航等发现，从茶树病叶分离的胶孢炭疽菌（*C.gloeosporioides*）和尖孢炭疽菌（*C.acutatum*）均能产生有致病力的外泌毒素。Fukada等发现鸟苷三磷酸酶激活蛋白复合物（GTPase activating protein complex）基因 *BUB2* 调控炭疽菌附着胞发育（图 7.9）。为了完成侵染周期，炭疽菌在植物细胞内会产生一种典型的无性生殖结构——分生孢子盘。随着炭疽菌菌丝在植物表皮和角质层之间生长，角质层张力增加，直到成熟的分生孢子盘打破角质层，暴露在环境中。然后，从分生孢子盘上开始产生分生孢子梗，从而形成分生孢子。分生孢子经雨水、灌溉水、风等传播至同一寄主植物的其余部位或其余寄主植物上，继而形成新的侵染周期。但炭疽菌在侵染茶树时所采用的侵染模式及侵染机制还需要进一步研究探索。

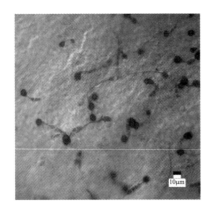

图 7.8 分生孢子在茶树表皮上生长 8h（褐色凸状物为附着孢结构）；实验室有伤接种 *C.camelliae* 后 48h 茶叶病斑（Xiong 等，2020）（彩图见插页）

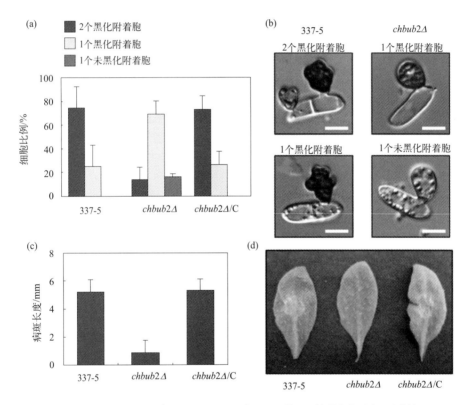

图 7.9 希金斯炭疽菌（*C.higginsianum*）*BUB2* 基因调控附着胞形成和致病性
（Fukada 等，2019）（彩图见插页）

（a），（b）各菌株附着胞形态及统计结果；（c），（d）拟南芥接种致病性检测及统计结果

目前对茶树炭疽病的田间防治措施大多为农业措施结合化学防治。

（1）农业防治　在茶树栽培管理过程中，及时清除病虫叶和残枝，合理施肥，多施有机肥，适当增施磷钾肥，提高茶树免疫力。注意加强雨季排水，夏季高温季节用稻草覆盖茶园。

（2）化学防治　目前，生产上防治茶树炭疽病主要依赖于化学药剂。预防为主，在必须使用化学药剂防治的情况下，应选择低毒、高效脂溶性农药，如百菌清、多菌灵、炭特灵可湿性粉剂、武夷菌素剂等。冬季前可用 40% 达科宁悬浮剂全面清园一次，降低茶园病原基数。

（3）其他防治措施　培育和种植抗病品种，如中茶 108、政和大白茶、梅占、台茶 13 号等。此外，也可采用生物防治措施，许多内生真菌对茶树炭疽病具有直接或间接抑制作用。

7.2　茶树抗炭疽病功能基因鉴定

7.2.1　植物抗病机理

7.2.1.1　植物"基因对基因"抗病假说

在植物与病原菌长期协同进化的过程中，植物为防御病原菌的侵染，形成了系统而复杂的免疫系统。目前，已知的植物防御系统包括两道防线。第一道为病原菌相关分子模式蛋白（pathogen or microbe-associated molecular patterns，PAMPs 或 MAMPs）诱导触发的免疫系统（PAMP-triggered immunity，PTI），常见的 PAMPs 包括几丁质、木聚糖酶和葡聚糖等。镰孢炭疽菌（*C. falcatum*）中参与细胞壁重塑的 cerato-platanin（CP）蛋白 EPL1 也可作为 PAMP 能诱导寄主防御反应。另一道防线为植物体内抗病蛋白（resistance protein，R protein）特异性识别病原菌分泌的效应蛋白触发的免疫系统（effector-triggered immunity，ETI），也被称为"基因对基因抗性"（gene-for-gene resistance）。

病原菌侵染寄主植物时，分泌的 PAMPs 被植物体内的模式识别受体（pattern recognition receptors，PRRs）接收，形成 PAMP-PRR 信号复合体，激活植物 PTI 免疫反应（图 7.10）。

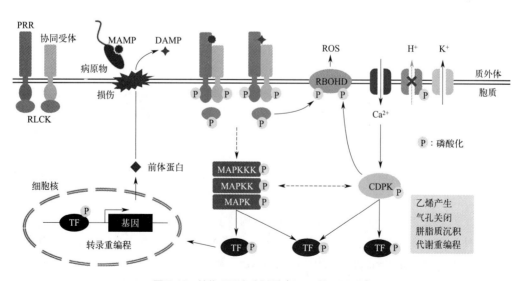

图 7.10　植物 PTI 免疫过程（Saijo 等，2018）

PRRs 大多是位于植物细胞表面的亮氨酸重复受体（leucine-rich repeat receptor-like

kinases，LRR-RLKs），一般结合多肽和蛋白类 PAMPs。植物的 PTI 免疫系统属于一种广谱性基础抗病机制，当被 PAMPs 激活后，可以触发大量防御相关基因的表达。这些防御基因可以编码多种病程相关蛋白（pathogenesis-related proteins，PRs），也可以编码植保素、苯丙烷、异黄酮、萜类化合物等毒素合成所必需的酶。植物 PTI 免疫与多种防御信号网络偶联。丝裂原活化蛋白激酶（mitogen activated protein kinase，MAPK）信号通路是植物早期对病原菌的防御反应，通过植物识别 PAMPs 后能够在 1～2min 被激活。瓜类炭疽菌（C.orbiculare）中调控细胞壁组成的 SSD1 基因能够通过激活烟草 MAPK 信号通路从而激活寄主的 PTI。Chatterjee 等通过同源比对，在茶树种鉴定到 5 个丝裂原活化蛋白激酶（mitogen activated protein kinase kinase，MKK）和 16 个丝裂原活化蛋白激酶（mitogen activated protein kinase，MPK）。因此，推测茶树可能通过 PTI 激活 MAPK 信号通路以防御炭疽菌的侵染。此外，受 PAMPs 诱导 1～3min 后植物体内活性氧暴发，活性氧可以抑制病原菌的侵染；同时，活性氧本身作为一种信号分子，可激活钙离子信号通路，调控植物其他防御反应。茶树中已鉴定到 5 个类钙调蛋白，作为重要的钙离子传感器在茶树的胁迫反应和生长发育中发挥重要作用。

植物识别病原菌 PAMPs 后通过 PTI 抵抗其侵染，但在长期协同进化过程中，病原菌进化出多种可躲避或抑制寄主植物 PTI 免疫的侵染机制。葡聚糖是真菌细胞壁的重要组分，禾谷炭疽菌（C.graminicola）在侵染初期时，β-1,6-葡聚糖合成关键基因 KRE5 和 KRE6 均下调表达，从而有效地规避玉米的 PTI。大量研究表明，病原真菌能够向寄主植物胞质内或胞外质体中分泌效应蛋白（图 7.11）。希金斯炭疽菌（C.higginsianum）和瓜类炭疽菌（C.orbiculare）分泌一个效应子 NIS1（necrosis-inducing secreted protein 1）能够与 RLKs 结合从而抑制烟草 PTI 免疫反应。瓜类炭疽菌（C.orbiculare）的两个毒力相关效应子 SIB1 和 SIB2 能够抑制 PTI 触发的活性氧暴发。希金斯炭疽菌（C.higginsianum）的基因组编码了大量含有 LysM 结构域的候选分泌效应子，Takahara 等研究发现两个效应子 ChELP1 和 ChELP2 均能抑制在寄主细胞中由几丁质触发的植物免疫防御反应。果生炭疽菌（C.fructicola）在侵染初期分泌毒力效应子 CfEC92，抑制植物免疫从而有利于炭疽菌侵染。此外，禾谷炭疽菌（C.graminicola）基因组中编码了 27 个候选效应蛋白。效应蛋白进入寄主细胞后，可以干扰寄主 PTI 并抑制其基础防御反应。同时，植物进化出多态性胞内核苷酸结合/亮氨酸腹肌重复受体（nucleotide-binding/leucine-rich-repeat，NLR）直接或间接识别这些效应蛋白，并激活植物 ETI 以阻止病原菌的侵染。植物 ETI 可以恢复并扩大 PTI 激发的转录程序和抗病防御反应，通常会引发植物细胞程序性死亡（Programmed cell death，PCD），如过敏性坏死反应等。

NLR 蛋白含有特征性的核酸结合结构域（Nucleotide binding，NB）和富含亮氨酸的重复序列（Leucine rich repeat，LRR）。高度保守的 NB 结构域与 ATP 和 GTP 结合并进行水解反应，为下游信号传导提供能量，而 LRR 结构域主要参与特异性识别侵入病原菌的效应子。此外，NLR 蛋白还包含一个可变 N- 末端，根据 N- 末端结构域中是否存在白细胞介素受体（Toll/Interlukin-1 receptor，TIR），NB-LRR 家族可被分为两个亚家族，一类是 TIR-NB-LRR（TNL），具有 TIR 同源结构域；另一类称为 CC-NB-LRR（CNL），不含 TIR 结构，但通常具有卷曲螺旋结构（Coiled-coil，CC）。当植物受到病原菌侵染时，TIR 结构域可与

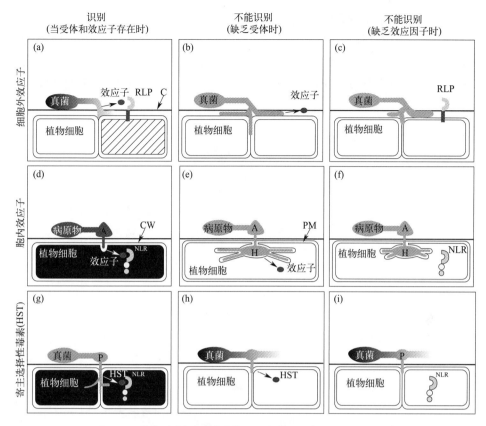

图7.11 植物对叶部丝状真菌的ETI免疫反应（Stotz等，2014）

（a）在受体和效应子同时存在时植物识别胞外效应子；（b）缺少受体时植物不识别胞外效应子；（c）缺少效应子时植物不识别胞外效应子；（d）在受体和效应子同时存在时植物识别胞内效应子；（e）缺少受体时植物不识别胞内效应子；（f）缺少效应子时植物不识别胞内效应子；（g）在受体和效应子同时存在时植物识别寄主选择性毒素；（h）缺少受体时植物不识别寄主选择性毒素；（i）缺少效应子时植物不识别寄主选择性毒素

侵入的病原物结合，协助信号转导因子结合到植物免疫反应基因的启动子区域，进而激发这些免疫基因的表达，增强植物对病原菌的抵抗能力。CC结构域通常与WRKY转录因子结合来传导防御信号，激活的WRKY转录因子能成功激活级联防御反应而导致被侵入细胞的程序性死亡。徐礼羿等从茶树遗传连锁图谱中发现一个控制茶树炭疽病抗性形状的主效数量性状基因座（Quantitative trait locus，QTL），表明茶树中具有控制抗病反应的主效基因。近期已发表的茶树基因组信息显示，茶树 *NLR* 基因家族显著扩张，数量远高于猕猴桃、拟南芥、番茄和可可。Wang等对中小叶种"舒茶早"（SCZ）和阿萨姆种"云抗10号"（YK10）基因组进行 *NLR* 基因家族鉴定，发现SCZ含有400条 *NLR* 基因，远多于YK10的313条；通过对炭疽菌侵染茶树后转录组数据发现，有大量 *NLR* 基因显著上调，同时茶树抗病反应表现为NLR调控PCD反应，并且预测并验证了NLR可以调控下游次级代谢物合成抵御炭疽菌；表明茶树抗病蛋白NLR介导的ETI免疫系统是抵御炭疽病的防御方式。

植物多种防御信号通路的功能互补，可避免病原菌的效应子通过抑制植物单一的免疫反应完成侵染。草莓利用PTI和ETI来防御果生炭疽菌（*C.fructicola*）的侵染，并随即启动下游的先天免疫系统，如水杨酸信号通路、茉莉酸和乙烯信号通路以及活性氧产生等。

PTI 是植物对抗病原菌侵染的主要防御机制，受植物内源性"制动"机制的负调控，以防止被过度激活，并受病原菌分泌的效应蛋白的控制。激活的 NLRs 触发 ETI，ETI 通过上调 PTI 组分来增强和恢复 PTI（图 7.12）。植物 PTI 和 ETI 均能调控相似的抗病通路，但 ETI 可以同时激发更多信号元件且激活时间更久，因此 ETI 的防御能力比 PTI 更强。

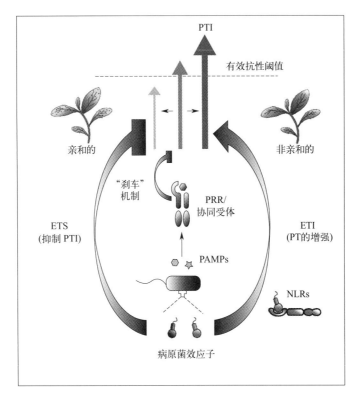

图 7.12　植物 PTI 和 ETI（Yuan 等，2021）

7.2.1.2　植物抗病基因研究方法

植物抗病性反应主要分成三种类型：组成型抗性、诱导型抗性和非宿主抗性。组成型抗性包括物理抗性（细胞表面的结构特性）和化学抗性（细胞自身分泌的抗菌化合物，如酚类物质、不饱和内酯等），是在病原物入侵前就存在的；诱导型抗性同样包括物理抗性和化学抗性，物理抗性主要包括形成乳突、细胞壁的修复以及木质化作用等，化学抗性主要包括产生过敏反应和植保素、激活水解酶以及病程相关蛋白的表达等；非宿主抗性是指某些植物物种能够抵御其他物种病原菌的能力，且抗性持久。

抗病性按遗传基础可划分为主效基因抗病性和微效基因抗病性两类。主效基因抗病性的特点是由单基因或寡基因控制，对特定病原物表现高度的抗性，但这种抗性不稳定，容易丧失；微效基因抗病性的特点是由多种微效基因共同控制，针对较多的病原物，表现中等程度的抗性，这种抗性比较稳定持久。徐礼羿等（2016）从茶树遗传连锁图谱中发现了 1 个控制茶树炭疽病抗性性状的主效数量性状基因座（Quantitative trait locus，QTL），表明茶树中具有控制抗病反应的主效基因。

植物抗病基因反映了植物对特征病原体的识别以及植物启动防御反应的能力，抗病基因编码的产物决定了植物能否识别特异性病原菌，同时对植物防卫反应的基因表达也具有直接或间接的影响。自 1992 年第一个抗病基因（*Hml*）被分离后，更多抗病基因陆续被分离。从 1983 年转基因烟草和马铃薯获得成功以来，随着基因工程技术的发展，转基因植物技术逐渐成熟，获得了多种具有抗性基因的转基因植物，从而避免或减少了化学农药的大量使用。因此，发掘植物自身的抗性基因（Resistance gene，R Gene），利用其培育抗性新品种，已成为降低病虫害损失的有效途径。

目前，植物抗病基因的分离研究方法主要有转座子标签技术、连锁遗传图谱定位克隆以及 RGAs（Resistance Gene Analogs，抗病基因同源序列）等。但由于茶树不易获得转座子突变体、基因组庞大、重复序列多、难以构建高密度的分子标记连锁图谱，RGAs 更适合应用于茶树抗病基因的分离，并结合 AFLP（Amplified Fragment Length Polymorphism，扩增片段长度多态性）、转录组测序等成熟的分子技术，进行茶树抗病基因的克隆鉴定。

7.2.2　茶树抗炭疽菌功能基因研究现状

我国茶树品种资源丰富，这为筛选优良抗性品种提供了独特且优异的种质资源。目前，利用转录组测序、基因芯片技术和组织化学染色等方法，可研究不同抗性茶树品种接种炭疽菌后的抗病反应。研究结果显示，茶树抗性品种中多个抗病基因受病原菌特异性诱导表达，可通过 MAPK、激素、次级代谢物合成等信号通路，调控下游 HR 反应、H_2O_2 积累，从而抵御炭疽菌的侵染，这进一步证明茶树抗炭疽菌侵染主要采取 ETI 模式进行免疫反应。

目前，茶树对炭疽菌的抗病基因鉴定正在起步阶段，但近几年随着茶树大叶和中小叶品种、茶树栽培品种和野生种的基因组序列的陆续公布，越来越多的茶树抗病基因将被鉴定出来。

7.2.2.1　茶树组学技术鉴定抗病基因

（1）图位克隆法（Map-based cloning）　拟南芥作为模式植物，在研究植物与病原物互作的分子机制中具有重要作用。茶树由于遗传背景复杂且生长缓慢，茶树抗病基因研究工作开展困难，而以拟南芥为模型，构建对茶树病虫害敏感的突变库，再借助图位克隆法对突变基因进行定位，筛选抗性相关的候选基因。目前通过此方法已成功获得了 *AtDEFL* 和 *AtMYB81* 两个功能未知的候选基因，并进一步通过基因功能验证发现茶树镰刀菌（*Fusarium* spp.）侵染后的茶树叶片中 *CsDEF2* 基因的表达量明显上调，初步证实了 *CsDEF2* 基因可能与茶树抗病相关。

（2）cDNA-AFLP（cDNA-amplified fragment length polymorphism，扩增片段长度多态性）　近年来，cDNA-AFLP 技术被广泛应用于植物在生物逆境胁迫所诱导的差异基因表达方面，尤其是病菌侵染所诱导的差异基因表达分析。在茶树抗病方面上，cDNA-AFLP 技术已成功应用于茶树品种（毛蟹）被炭疽菌侵染后茶树叶片的差异表达基因研究，发现了 146 个差异表达基因，主要富集在碳水化合物、脂质代谢、核酸代谢、蛋白质代谢、应激反应、生物调控与信号转导、细胞壁与细胞骨架代谢通路中。采用 qRT-PCR 对 cDNA-AFLP 对图谱中的部分差异基因进行验证，一致率为 92.6%，证明了 cDNA-AFLP 体系的可靠性。研究结果有助于在分子水平上探讨茶树响应生物胁迫的分子防御机制，为后续的抗病基因功能研究和应用奠定基础。

（3）RNA-Seq（RNA-sequencing）　转录组学作为研究功能基因组学的强有力工具，是目前研究基因组水平变化最常用和最直接的方式。近年来，在研究茶树次生代谢、茶树抗逆、特异茶树资源等方面应用广泛，以挖掘茶树重要功能基因、探索茶树重要代谢途径。施云龙等采用转录组测序对'龙井 43'和'浙农 139'两个易感炭疽菌的茶树品种进行了研究，首先对两个易感茶树品种的健康叶和感病叶的转录组建立 de novo 转录组，通过 Unigene 注释、重要差异表达基因（Differential Expression Genes，DEGs）和代谢通路等分析，发现在'龙井 43'叶片中共检出 1621 个差异表达基因，其中上调基因共 1082个、下调基因共 539 个；'浙农 139'则达到 3089 个，其中上调基因共 1527 个、下调基因共 1562 个，如表 7-2 所示。KEGG 分析表明，这些差异表达基因主要富集在植物激素信号传导（Plant hormone signal transduction）和植物 - 病原体相互作用（Plant-pathogen interaction）这两条重要的代谢通路中，且两个品种在这两条代谢通路中呈现相同的趋势（图 7.13），同时涉及氧化还原反应、催化活性、细胞壁变化等 GO 通路。通过实时荧光定量 PCR（Real-time quantitative reverse transcriptase PCR，qRT-PCR）、基因克隆和高效液相色谱（High-performance liquid chromatography，HPLC）进行基因功能验证，发现感病叶片中的 ALD1、NPR1 和 PR1 等基因表达显著上调，这是在茶树上首次证实 PR1 蛋白和内源性水杨酸是茶树炭疽菌侵染过程的关键化合物，在茶树抗炭疽病的免疫激活反应中起关键作用，可用于分子标记辅助育种。

表 7-2　两个易感病品种（'龙井 43'和'浙农 139'）的差异表达基因（施云龙等，2020）

健康叶	感病叶	上调 DEGs	下调 DEGs	所有 DEGs
'龙井 43'	龙井 43	1082	539	1621
'浙农 139'	浙农 139	1527	1562	3089

随着转录组学技术的成熟，出现了双重转录组（Dual RNA-seq）技术，非常适合应用于植物与病原菌互作机制的研究，能同时对两个生物体的基因表达情况进行准确的检测分析。从病原菌的侵染到寄主植物产生抗病性的整个作用过程中，可在不同时间点同时研究植物和病原菌两者的基因表达水平，其相互作用关系能通过 Dual RNA-seq 建立的模型或者数据库更好地体现。

为研究茶树和炭疽菌互作的分子机制，施云龙等同时通过对 1 个抗病茶树品种（'LCS'）和 1 个易感病茶树品种（'WM3'）被强致病力炭疽菌（C.gloeosporioides）TJB44 侵染后的 5 个时间点（0h、12h、30h、72h 和 120h），建立品种和时间双重分辨的转录组数据库。使用"舒茶早"全基因组对茶树做有参考基因比对，炭疽菌部分由于基因比对差异较大，则采用无参考基因组分析。研究结果显示，共有 7425 个 DEGs 参与茶树抵御炭疽病的过程，主要集中在细胞壁相关、次级代谢产物、酶类、植物激素、过氧化物、

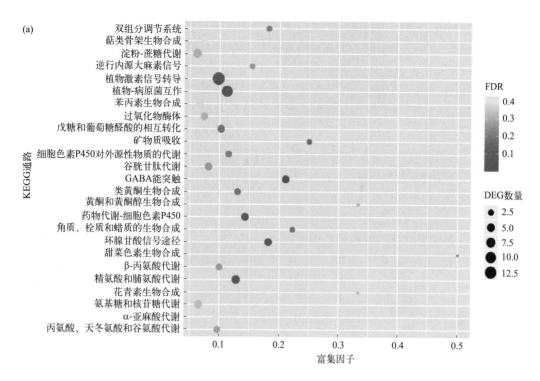

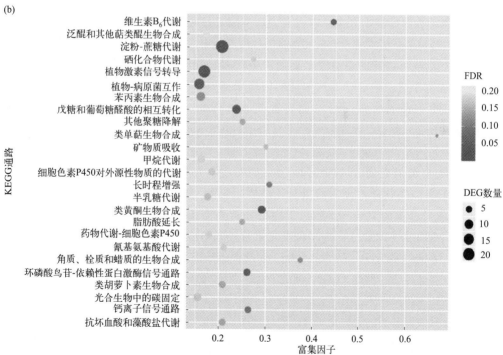

图 7.13　KEGG 富集分析气泡图（施云龙等，2020）

（a）'龙井 43'；（b）'浙农 139'

[25 个最高富集通路，X 轴表示差异表达基因占此通路中所有基因的比例，即富集系数，Y 轴表示 KEGG 代谢通路名称，气泡的大小表示差异表达基因的数目]

信号传递、转录因子、PR 蛋白等过程，抗病茶树品种可能在感染初期能迅速响应炭疽菌的入侵信号，通过细胞壁的变化和植保素的产生等反应减缓和阻止炭疽菌的定植作用；另外，参与炭疽菌的入侵过程共有 3697 个 DEGs，发现炭疽菌的致病能力与植物毒素（Cerato-ulmin、Cerato-platanin）、果胶裂解酶等破坏茶树细胞壁的酶类、伏鲁宁小体、CAP20 蛋白和 CFEM 效应子等显著相关。结合 PRM 蛋白质定量验证试验，结果表明：茶树几丁质酶（CHIT）、类甜蛋白（TLP）和苯丙氨酸解氨酶（PAL）在炭疽菌侵染 72h 后显著上调，这些酶降解炭疽菌细胞壁成分，与转录组测序结果一致。双重转录数据库揭示了炭疽菌入侵和茶树防御的相关基因及其编码产物，为深入研究茶树和炭疽菌互作分子机制提供基础。

7.2.2.2　茶树主成分抗性相关基因鉴定

大量研究表明，茶树体内合成的多种次生代谢物可以有效抑制病原微生物，尤其是茶树主成分咖啡碱、多酚类物质等被认为是具有广谱抗性作用的化合物。

Wang 等（2016）将炭疽菌（C.fructicola）对不同抗性茶树品种（ZC108 和 LJ43）进行接种处理，分别将接种后 0h、24h 和 72h 叶片样品做转录组测序分析。结果表明，ZC108 共获得 19718 条差异表达基因，LJ43 获得 15848 条；对差异表达基因进行 GO 生物功能分析发现，两个品种的差异表达基因主要富集到与抗病有关的功能中，但 ZC108 各通路富集的基因数明显多于 LJ43；对差异表达基因进行 KEGG 富集分析发现，ZC108 差异表达基因主要富集在植物激素合成和咖啡碱代谢通路中，而 LJ43 主要富集在核糖体通路。

茶多酚是茶树特有的也是最重要的次生代谢物物质之一。现有研究发现，茶多酚具有广谱抗菌作用。茶多酚也对多种植物病原菌具有抑制作用，例如茶多酚溶液对玉米小斑病菌（*Bipolars maydis*）、莲腐败病菌（*Fusarium oxysporum*）、油茶叶枯病菌（*Pestalopsis apiculatus*）、水稻纹枯病菌（*Rhizoctorzia solani*）、油菜菌核病菌（*Sclerotinia sclerotiorum*），以及八角炭疽菌（*Colletotrichum horii*）、香蕉炭疽菌（*Colletotrichum musae*）、果生炭疽菌（*Colletotrichum fructicola*）具有显著抑菌作用。儿茶素类是一类重要的茶多酚类物质，分为酯型和非酯型儿茶素，酯型儿茶素是茶树中主要的儿茶素，占儿茶素总量的 70%～80%。非脂类儿茶素主要包括儿茶素（C）、没食子儿茶素（GC）、表儿茶素（EC）、表没食子儿茶素（EGC），脂类儿茶素主要包括没食子儿茶素没食子酸酯（GCG）、表没食子儿茶素没食子酸酯（EGCG）、表儿茶素没食子酸酯（ECG）、儿茶素没食子酸酯（CG）。研究发现，茶树抗病品种叶片组织的（-）-EGCG[（-）-epigallocatechingallate，表没食子儿茶素没食子酸酯]、（+）-C[（+）catechin，儿茶素] 和咖啡碱含量及其关键基因的表达受炭疽菌诱导升高。LAR 基因是合成（+）-C 和（+）-GC[（+）-gallocatechin，没食子儿茶素] 的关键基因，接种炭疽菌后，相对于两个品种的成熟组织，LAR 基因在嫩叶中显著上调表达；而在儿茶素类合成途径中，参与合成（-）-EC[（-）-epicatechin，表儿茶素] 和（-）-EGC[（-）-epicatechin-3-gallate，表儿茶素没食子酸酯] 的 ANR 基因，在炭疽菌接种后，LJ43 嫩叶中有上调表达的趋势，在成熟叶中明显下调表达，而该基因在 ZC108 各组织中并未发生明显变化。以上结果表明，（-）-EGCG 和（+）-C 可能参与了茶树的抗病反应。

　　生物碱是一类重要的植物代谢产物，目前报道了约 12000 多种具有生物碱结构的物质。这些具有生物碱结构的化学物质的生物功能尚未被完全解析，但不同咖啡碱的作用方式大有不同。嘌呤类的生物咖啡碱通过阻断特定酶的活性而成为代谢抑制剂，例如很多植物抗毒剂通过破坏膜破坏剂杀死病原菌。不同植物可以利用生物碱的不同特性来抵御病原微生物的入侵。咖啡碱是重要的嘌呤类生物碱之一，目前已经证实外施咖啡碱溶液对提高植物抗病虫能力有着显著作用。咖啡碱作为茶树一类重要的次生代谢产物，在茶树抗炭疽病过程中发挥重要作用。研究表明，在茶树感染炭疽菌之后，茶树幼嫩和成熟叶的咖啡碱含量显著上升，在 ZC108 和 LJ43 两个茶树品种的嫩叶中 *SAMS* 和 *TCS1* 基因均上调表达；与常见发病部位（LJ43-MT，成叶）相比，*TCS1* 基因在抗病组织（ZC108 各组织和 LJ43 嫩叶）中表达差异显著（$p < 0.05$）（图 7.14）。进一步对咖啡碱合成关键基因 *TCS1* 和 *SAMS* 启动子序列进行分析发现，启动子区域含有多个与植物抗逆性相关的顺式作用元件。通常情况下，当咖啡碱浓度在 0.05 ~ 0.5mg/100mL 时，可以明显抑制多种病原微生物菌丝生长、分生孢子的形成和发育，可以破坏炭疽菌细胞壁和细胞膜的透性，抑制病菌生长，提高茶树抗性（图 7.15）。此外，Li 等研究发现环境 CO_2 含量下降引起的茶树内源咖啡碱含量减少，会急剧增加茶树对于炭疽菌的敏感性，而在叶片上施用外源咖啡碱后减少了由于炭疽菌引起的叶面坏死，此外在有炭疽菌感染情况下，外源咖啡碱在高 CO_2 条件下会显著增加

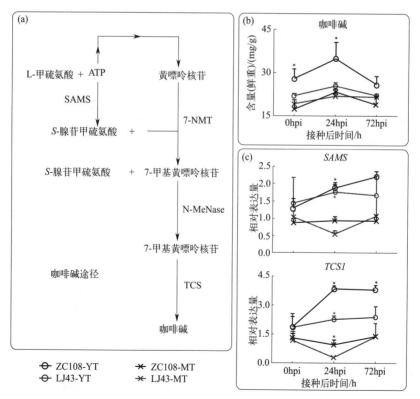

图 7.14　炭疽菌接种不同抗性品种后咖啡碱代谢通路中代谢物含量及其调控基因相对表达量的变化（Wang 等，2016）

（a）咖啡碱代谢通路；（b）咖啡碱含量变化；（c）*SAMS* 和 *TCS1* 基因表达水平

（7-NMT—7- 黄嘌呤核苷甲基转移酶；N-MeNase—N- 甲基核苷酸酶；SAMS—S- 腺苷甲硫氨酸合成酶；TCS—茶树咖啡碱合成酶；*—处理间差异显著）

JA 含量，这也暗示了咖啡碱在茶树抗炭疽病过程中发挥的复杂作用。在烟草和菊花研究中，通过转基因技术使其产生了咖啡碱，在病原菌侵染下观察到超敏反应，证明咖啡碱可以显著提高植物抗性，此外还观察到植物防御反应关键信号分子——水杨酸含量的上升，据此推测，咖啡因的抗性效果与激活水杨酸防御途径密切相关。在咖啡碱增强茶树抗性研究中，除了此类直接作用外，咖啡碱还具有间接作用。前人研究表明，咖啡碱通过抑制茶树中一类单顶孢菌（*Monacrosporium ambrosium*）的生长，从而间接抑制了以单顶孢菌孢子为食的茶材小蠹（*Xyleborus fornicatus*）的生长。因此，茶树咖啡碱生物合成与病原菌互作的研究，对于揭示茶树抗病机制有重要意义。

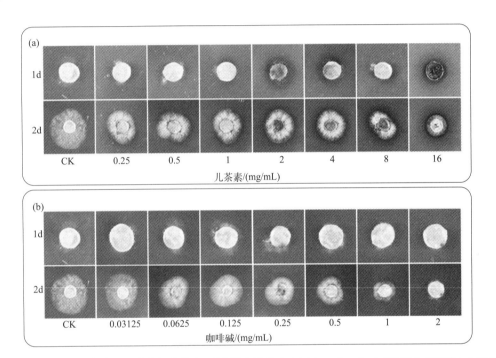

图 7.15　儿茶素类（a）和咖啡碱（b）处理下果生炭疽菌 *Colletotrichum fructicola* 在 PDA 培养基上 1 天和 2 天的生长情况（Wang 等，2016）

　　茶叶主要香气组分单萜烯醇类和芳香醇类化合物在茶鲜叶中主要是以糖苷形式存在。目前，已经从茶叶中分离鉴定了多种单萜烯醇糖苷和芳香族醇糖苷，基本上都是二糖苷和单糖苷，二糖苷以 β- 樱草糖苷为主，单糖苷以 β- 葡萄糖苷为主，且 β- 樱草糖苷含量远远高于 β- 葡萄糖苷含量。在特定条件（采摘、机械损伤、昆虫取食、病菌侵染等）下，内源糖苷酶与香气前体相遇而发生作用，糖苷类香气前体被内源糖苷酶水解，释放出挥发性醇系苷元，从而表现出香味、抗病虫等生命特征。茶叶中的糖苷类物质作为香气前体也参与植物的防御体系。研究表明，茶树体内糖苷类物质可显著抑制炭疽菌的生长，随着炭疽菌侵染时间延长，3 个茶树品种舒茶早、多抗香、辐射早叶片中内源糖苷酶基因（β- 樱草糖苷酶、β- 葡萄糖苷酶Ⅰ、β- 葡萄糖苷酶Ⅱ、β- 葡萄糖基转移酶）的表达水平受炭疽菌诱导均被不同程度地诱导上调，且在 3 个品种中表达趋势基本一致；β- 木糖苷酶的表达水平在舒茶早、多抗香中无明显诱导上调，但是在辐射早中上调明显。此外，茶树叶片的一些香气成分也表现出抗真菌能力，对茶树鲜叶的主要香气成分顺 -3- 己烯醇、芳樟醇氧化物、芳樟醇、水杨酸甲酯、香叶醇、苯甲醇、2- 苯乙醇进行了实验室抑菌（*Colletorichum camelliae*）实验，其中，香叶醇、芳樟醇、水杨酸甲酯、苯甲醇和 2- 苯乙醇表现出较高的抗真菌能力（表 7-3、表 7-4）。Hu 等研究发现茶树糖基转移酶 UGT87E7 可特异性作用于水杨酸 SA 羧基位点并合成水杨酸葡萄糖酯（SGE），通过调节茶树 SA 稳态进而正调控植物的抗病性。这些关键酶基因的表达上调预示着更多糖苷类香气前体的积累和更大量挥发性苷元的释放，可能对增强茶树抗病性有一定的作用，且基因的诱导上调多发生在染病初期，也显示轻度侵染可能刺激茶叶糖苷类香气前体的积累和挥发性苷元的释放。

表 7-3　七种茶香气成分对山茶炭疽菌（*Colletorichum camelliae*）的抗性

挥发性成分	挥发性物质在 PDA 中的浓度 / （μg/mL）					最小抑菌浓度 / （μg/mL）
	100	500	1000	1500	2000	
顺 -3- 己烯醇	42.6	44.4	6101	74.1	79.6	＞ 2125
芳樟醇氧化物	37.0	40.7	44.4	48.1	57.4	＞ 2375
芳樟醇	37.0	46.3	50.0	100	100	1376
水杨酸甲酯	42.6	50.0	55.6	100	100	1770
香叶醇	58.1	100	100	100	100	400
苯甲醇	44.4	46.3	61.1	68.5	83.3	2600
2- 苯乙醇	51.9	46.3	70.4	85.2	92.6	2040

表 7-4　糖苷提取物对山茶炭疽菌（*Colletorichum camelliae*）的抗性

糖苷在 PDA 中的浓度 / （mg/mL）	对 *Colletorichum camelliae Massea* 的抑制率 /%		
	1d	2d	3d
2.0	14.3 ± 0.07	8.7 ± 0.03	3.2 ± 0.04
5.0	27.3 ± 1.11	26.1 ± 1.17	16.1 ± 0.68
10.0	42.9 ± 1.14	34.8 ± 1.08	29.0 ± 1.60
15.0	61.9 ± 2.24	50.0 ± 1.69	43.5 ± 2.03
20.0	71.4 ± 1.83	60.9 ± 2.93	48.4 ± 1.44
25.0	86.4 ± 2.37	82.6 ± 2.01	72.6 ± 1.72

注：PDA（Potato Dextrose Agar）——马铃薯葡萄糖琼脂培养基。

7.2.2.3　苯丙氨酸解氨酶

茶树儿茶素合成途径主要包括莽草酸途径、苯丙烷途径和非酯型儿茶素合成途径，其中苯丙烷途径是连接莽草酸途径和类黄酮途径的中间途径。苯丙烷代谢通路可调控木质素、类黄酮和激素等重要抗病相关代谢物的合成，其中苯丙氨酸解氨酶（Phenylalanine ammonialyase，PAL）是控制苯丙烷途径的关键酶，在植物物质代谢、抵抗生物和非生物胁迫、细胞间信号传递等过程中发挥重要作用。植物 PAL 家族由多基因组成。模式植物拟南芥（*Arabidopsis thaliana*）、杨树（*Populus trichocarpa*）和水稻（*Oryza sativa*）中的 PAL 家族分别由 4、5 和 9 个成员构成，它们在抵御外界环境胁迫时发挥着重要功能。已知茶树小叶品种（*Camellia sinensis var. sinensis*）'舒茶早'和'龙井 43'各鉴定出 6 条 *PAL* 基因，而大叶品种（*Camellia sinensis var. assamica*）'云抗 10 号'基因组中只鉴定出 5 个 *PAL* 基因。可见，茶树 PAL 基因数量在茶树不同品种中是否具有普遍性，以及 PAL 家族基因在茶树抗病中的作用仍需进一步深入研究。研究表明，抗性和易感病茶树品种叶片受炭疽菌后侵染后，茶树抗、感病品种的 PAL 活性均快速升高，但抗病品种的 PAL 活性增加幅度明显高于感病品种。感病组织中产生的 PAL 可催化 L- 苯丙氨酸还原脱氨，其产物可为一系列抗菌物质的形成提供碳链骨架，有利于茶树抗病性的表达。

根据转录组数据分析显示，炭疽菌侵染茶树 24h 内，除茶树品种‘龙井 43’中 PALa 基因先显著下调后上调表达外，两个品种（系）的 *PAL* 基因均连续上调表达（$p < 0.05$）。在不同病原菌（炭疽菌和拟盘多毛孢菌）处理后，不同茶树品种（系）‘龙井 43’和‘2807’的 *PAL* 基因均显著上调高表达，但表达倍数有所不同，暗示茶树不同 *PAL* 基因在应对病原菌侵害时发挥的响应功能也有所差别。

7.2.2.4 茶树病程相关基因

病程相关（Pathogenesis-related，PR）蛋白是植物与病虫害互作关系研究领域的热点之一。PR 蛋白的积累可被病原菌诱导产生，根据植物来源、分子量、血清学关系和氨基酸序列的同源性等特征，PR 蛋白可分为 17 个家族。其中第 5 家族（PR5）与甜蛋白有血清学关系，但因其无甜味，故被称为类甜蛋白（Thaumatin-like protein，TLP）。PR5 蛋白为多基因编码，普遍存在于大多数的高等植物中，高度保守，广泛参与病害诱导的植物防御反应过程。*PR* 基因研究多集中于拟南芥、烟草、水稻和小麦等植物上，关于茶树 *PR* 基因的研究较少。

侯向洁等（2018）基于茶树转录组数据，以‘龙井 43’叶片的 cDNA 为模板，采用 RACE（Rapid amplification of cDNA end，cDNA 末端快速扩增）克隆获得了 1 个病程相关基因的全长序列，命名为 CsPR5。*CsPR5* 基因全长 1019 bp，ORF（Open reading frame，开放阅读框）为 843 bp，编码 281 个氨基酸残基（图 7.16）。系统进化分析结果显示，CsPR5

```
1     atgaagatgcccaagtcatttgcagcttcatttctcttcctgatatggcgttttatatca
       M  K  M  P  K  S  F  A  A  S  F  L  F  L  I  W  R  F  I  S
61    tctggcgattcagtggcacaagcatacacaatttatgcgacaaacacatgccccttccca
       S  G  D  S  V  A  Q  A  Y  T  I  Y  A  T  N  T  C  P  F  P
121   atctggcctgcaaccgccccaaacaaagggcagccagtgatagccgatggcagtttctac
       I  W  P  A  T  A  P  N  K  G  Q  P  V  I  A  D  G  S  F  Y
181   ctcccacccggccaaaccaaaaccttccaggcccctggaacgtggagcggccgcatttgg
       L  P  P  G  Q  T  K  T  F  Q  A  P  G  T  W  S  G  R  I  W
241   gccagaactggctgcaacttcacctccaacctcaaacctgcttgtgaaagtggtgactgt
       A  R  T  G  C  N  F  T  S  N  L  K  P  A  C  E  S  G  D  C
301   gatggacaacttcactgcaacggcaaaataggcctcccaccagccacactagtcgaaatg
       D  G  Q  L  H  C  N  G  K  I  G  L  P  P  A  T  L  V  E  M
361   tcaatccaagtcgacaaaacgaaaccgagttttatgatgtgagcttagttgatggatac
       S  I  Q  V  D  K  T  K  P  S  F  Y  D  V  S  L  V  D  G  Y
421   aatctacctatttctgtctcaacaaacccaatggctacaaaatgtcggattagagggtgt
       N  L  P  I  S  V  S  T  N  P  M  A  T  K  C  R  I  R  G  C
481   tcgaaagacatgaagagaatgtgcccacaagagcttcaggttttgcgcaaagacggtgaa
       S  K  D  M  K  R  M  C  P  Q  E  L  Q  V  L  R  K  D  G  E
541   gttgtggcgtgtaagagcccgtgtttggctttgatgctgatgaatttgttgcaggaat
       V  V  A  C  K  S  P  C  L  A  F  D  A  D  E  F  C  C  R  N
601   gagtttgggagcccggagaagtgcaggccgagtgtttattcgacgatttttaaggatgtt
       E  F  G  S  P  E  K  C  R  P  S  V  Y  S  T  I  F  K  D  V
661   tgtcctgattatttagctatccatttgatacgccgactccattggtgaactgtacctcg
       C  P  D  Y  F  S  Y  P  F  D  T  P  T  P  L  V  N  C  T  S
721   gatgagcatgtgataactttttgtccttcgaattgggggagtggtgtggccaggatatgt
       D  E  H  V  I  T  F  C  P  S  N  W  G  S  G  V  A  R  I  C
781   agagcagagttcaaaacaattgcttcttgtatggtttccttactattatctacttcactg
       R  A  E  F  K  T  I  A  S  C  M  V  S  L  L  L  S  T  S  L
841   tggtaa
       W  *
```

图 7.16 茶树病程相关蛋白 *CsPR5* 基因序列及氨基酸序列（侯向洁等，2018）

与胡萝卜 TLP 亲缘关系最近，在进化树中与胡萝卜、芝麻、烟草 TLP 蛋白聚为一支，与碧桃、甜樱桃等的 TLP 亲缘关系较远。荧光定量 PCR 检测发现，*CsPR5* 基因在茶树根、茎、嫩叶、花和种子 5 个组织中的表达量差异显著，相对表达量分别为 0.187、3.093、0.928、0.045 和 0.012，其中以在茎和叶中的表达量最高，花、种子和根中微量表达。山茶炭疽菌（*Colletotrichum camelliae*）侵染能显著诱导茶树 *CsPR5* 基因的相对表达量，处理后的相对表达量为 1.977，是对照的 1.90 倍（图 7.17）。茶树病虫主要为害茶树的茎部和叶部，*CsPR5* 基因在茎、叶中表达量高可能意味着其在茶树抵御病原菌及害虫为害时具有重要作用。

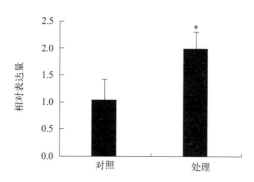

图 7.17　炭疽菌侵染茶树后 *CsPR5* 基因的表达分析（侯向洁 等，2018）

（* 表示差异显著，$p < 0.05$）

7.2.2.5　植物激素信号

SA（Salicylic acid，水杨酸）、JA（Jasmonic acid，茉莉酸）和 ET（Ethylene，乙烯）是植物抵御病原微生物的三大免疫激素信号。另外，AUX（Auxin，生长素）、GA（Gibberellin，赤霉素）、CK（Cytokinin，细胞分裂素）、BR（Brassinosteroid，油菜素甾醇），在植物的信号系统中也起重要作用。各种激素通过单独作用或者相互作用参与植物的生物胁迫响应。研究表明，对于活体营养型或者半活体营养型的病原体，宿主植物抵御这些病原体主要靠 PCD（Programmed cell death，程序性细胞死亡）或者 SA 信号途径激活的防御反应；而对于死体营养型病原体，主要是依赖宿主死亡的细胞，所以通过 JA 和 ET 等植物激素启动的防御反应更有效。多数炭疽菌是半活体营养型真菌，在宿主植物体内首先经历无病斑的活体营养阶段，随后转为死体营养阶段。

当植物受到病原菌侵染时，植物中内源 SA 的含量会升高，SA 的积累可激活相关的抗性机制。反相 HPLC 结果显示，'龙井 43'茶树叶片中的游离态水杨酸（Free SA）、结合态水杨酸（Bound SA）和总水杨酸（Total SA）的含量在茶树感染炭疽菌后均显著提高。游离态水杨酸直接参与了茶树对炭疽病侵染产生抗性的过程，而结合态水杨酸可能是一种储存形态，具有潜在的防御病菌感染的能力。NPR1（Nonexpressor of pathogenesis-related gene，病程相关非表达子基因）、TGA（TGACG motif-binding factor，TGACG 基序结合因子）和 PR1（Pathogenesis-related protein 1，病程相关蛋白 1 基因）在炭疽菌侵染茶树后均显著上调，说明 SA 在茶树抵御炭疽菌侵染过程中起到关键的信号传递物质的作用。

qRT-PCR 验证试验结果表明，在茶树品种'龙井 43'和'浙农 139'中，ALD1 基因在健康叶中不表达，而在感病叶中显著上调 2858 和 3380 倍；PR1 基因则显著上调 10 倍和 50 倍；NPR1 基因，在'龙井 43'中感病叶比健康叶显著上调，但在'浙农 139'中虽然有所升高，但显著性水平较低，这可能与该基因在植物中是组成性表达有关，转录水平上虽然升高得不多，但是能经过修饰激活。参与赖氨酸代谢中的 ALD1 在炭疽病感染的茶树叶片的含量显著增加，促进生成哌啶酸和 N- 羟基哌啶酸，与水杨酸的结构非常相似，在受病害感染的植物中不断积累，作为 SA 类似物激活植物的系统获得性抗性；具有抗菌活性的 PR1 蛋白的积累增强了茶树在液泡或者细胞壁等胞外空间的植物免疫能力；NPR1 是一个关键的受体和调节物质，能够与水杨酸直接结合；酵母试验表明，TGA 基因家族是连结 NPR1 和 PR1 蛋白表达的关键家族。其他植物激素调控元件，如生长素（AUX1、AUX/IAA、GH3、SAUR）、细胞分裂素（AHP、A-ARR）、赤霉素（GID1、DELLA）、茉莉酸（JAR1）分别在细胞生长、植物生长、诱导发芽和胁迫响应中起作用，可能参与抗病反应后其他生理反应过程。图 7.18 为 KEGG 植物激素信号传导代谢通路可视化图。

ALD1 基因，全长 ORF 为 1329bp，编码 442 个氨基酸，在拟南芥中 BLASTX 后，其序列覆盖度达 98%，同源性为 65%，包含 LL- 二氨基庚二酸转氨酶的结构域，参与赖氨酸合成。

TGA3 基因，全长 ORF 为 1089bp，编码 362 个氨基酸，在拟南芥中 BLASTX 后，其序列覆盖度达 99%，同源性为 60%，包含 bZIP（Basic leucine zipper，基础亮氨酸链）功能域和 DOG1 功能域，与 DNA 结合和种子休眠密切相关。

NPR1 基因，全长 ORF 为 1488 bp，编码 495 个氨基酸，在拟南芥中 BLASTX 后，其序列覆盖度达 94%，同源性为 82%，包含 BTB_POZ_NPR 功能域和锚蛋白重复功能域，与氮的识别、水杨酸的识别以及植物免疫的转录共激活密切相关。

TGA2 基因，全长 ORF 为 1521 或者 1524bp，'龙井 43'中多 3 bp，编码 506 或 507 个氨基酸，在拟南芥中 BLASTX 后，其序列覆盖度达 99%，同源性为 64%，包含的功能域与 TGA3 基因一致。

PR1 基因，全长 ORF 为 483 bp，编码 160 个氨基酸，具有 CAP（cysteine-rich secretory proteins，antigen 5，and pathogenesis-related 1 proteins，半胱氨酸富集分泌病程相关蛋白）功能域，该功能域共包含 137 个氨基酸。

JA 信号是参与植物生物胁迫响应的重要基因。JA 以不饱和脂肪酸为前体，经过 13S-HPOTE、12-OPDA 等中间产物，在 LOX、AOS 和 AOC 等基因的催化下，最终生成 JA。在受到病原菌侵染时，抗性强的植物品种会诱导 JA 积累，但感性品种会通过抑制 JA 生物合成关键酶基因（LOX、AOS、AOC）的表达来延迟 JA 响应。茶树和炭疽菌的互作系统的转录组分析结果表明，JA 合成通路上的相关基因在炭疽菌侵染后的 72h 上调表达，中间代谢物在 72h 时含量也升高，通过 LC-MS 测定 JA 含量也可得出相同的结论：在发病阶段 JA 含量升高；JA 的受体 JAZ，是 JA 信号的抑制器，能够抑制 JA 响应基因的表达，在茶树与炭疽菌互作的三个阶段（12h、24h 和 72h）表达均下降；JA 下游调控的 PR4 防御相关基因在互作过程中上调表达，特别在 72h 时显著上调，表明在炭疽菌侵染的发病阶段，升高的 JA 激素调节了下游防御基因的表达。说明在发病阶段 JA 信号作用明显。

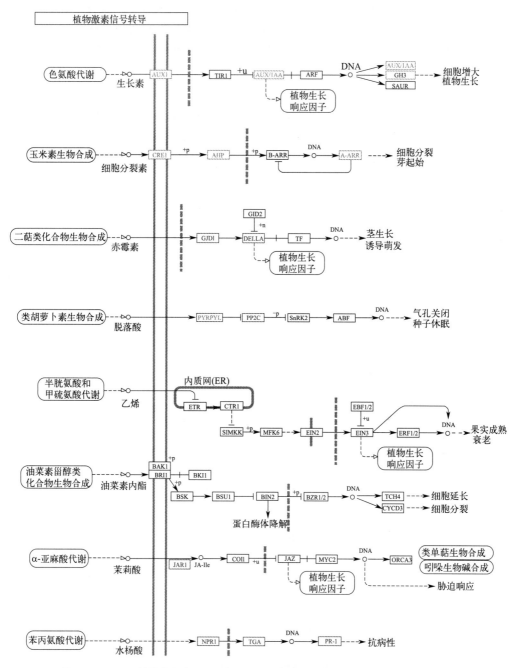

图 7.18　KEGG 植物激素信号传导（ko04075）代谢通路可视化图（施云龙等，2020）

[不同颜色的方框代表富集的差异表达基因在感病叶和健康叶中的比较，红色代表上调，绿色代表下调，紫色代表上调和下调均有；其他白色方框代表没有差异表达基因富集到该 KEGG 模块上]

ET 的生物合成是以 L- 甲硫氨酸为前体，通过 SAM 合成酶、ACS 和 ACO 最终生成 ET，在发病阶段 ET 生物合成的基因显著上调。炭疽菌侵染茶树的转录组分析表明，炭疱菌侵染后 12h、24h 和 72h 中茶树叶片中共得到 10592 个差异基因，这些基因显著富集在胼胝质沉淀形成和 ET 信号通路上。许多 ET 合成相关的基因在 72h 时被诱导表达。*SAM-1*、*ACS* 和 *ACO* 这些 ET 生物合成中的关键基因在茶树发病阶段显著上调表达。转录组表达数据显示，在发病阶段，*ACO* 基因（TEA023897 和 TEA002533）的差异倍数高达 69 倍和 117 倍。ACS 基因（TEA023560、TEA027319 和 TEA007800）的上调倍数有 20 倍左右。

　　许多研究表明，JA 信号和 ET 信号在响应生物胁迫时有协同作用。在 JA 和 ET 协同作用中转录因子发挥了重要的作用。相关转录因子 ERF1、EIN3、CEJ1 和 MYC2 在上调表达，特别是在 72h 时显著上调，编码 COI1 的基因在 72h 有的上调、有的下调。JA/ET 合成途径在茶树与 *C.camelliae* 互作过程中的变化如图 7.19 所示。在茶树与炭疽菌互作的过程中，两

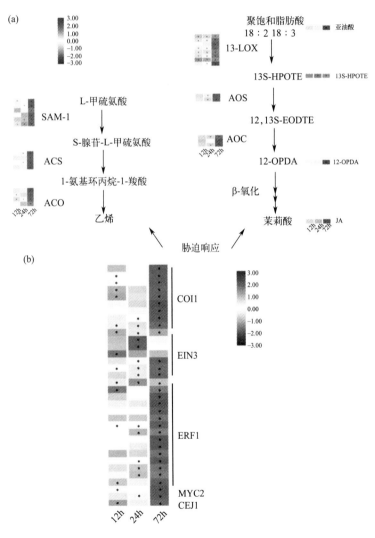

图 7.19　JA/ET 信号通路的转录与代谢组分析（卢秦华等，2019）

（a）基因表达和代谢物含量变化热图；（b）JA/ET 信号通路中的转录因子

（＊代表显著性差异，$p < 0.05$）

者均启动自身的响应机制以期阻止对方的抵抗。炭疽菌从黏附到发病的过程中首先分泌降解植物细胞壁组分的酶，再启动甘油积累，最终转化为能量代谢为其在植物中的活动提供能量。茶树在早期合成胼胝质，增强物理防御，在侵染后期启动 JA/ET 信号响应途径。

（王玉春，陈应婷）

参考文献

[1] 高旭晖，郑高云，梁丽云，等.茶云纹叶枯病病原菌侵入与叶位关系研究.植物保护，2008，193（2）:76-79.

[2] 贡长怡.茶树炭疽病菌的致病力分析及其对四种常规药剂的敏感性.安徽农业大学，2020.

[3] 胡贤春.茶树品种对云纹叶枯病的抗性鉴定及其机理的初步研究.安徽农业大学，2005.

[4] 赖建东.炭疽菌侵染后茶树 cDNA-AFLP 体系构建和基因差异表达研究.福建农林大学，2016.

[5] 雷娇娇，田力，袁伟，等.贵阳花溪久安茶树炭疽病病原菌（*Colletotrichun gloeosporioides*）的分离鉴定及生物学特性.江苏农业科学，2020，48（11）:100-105.

[6] 刘威.茶树炭疽病的病原鉴定及其遗传多样性分析.福建农林大学，2013.

[7] 裴朝鉴.茶树炭疽病的发生原因及防治措施.福建农业科技，2012，258（2）:34-35.

[8] 彭成彬，陈美霞，魏日凤，等.茶树炭疽菌分离鉴定与遗传转化体系建立.西南农业学报，2021，34（10）:2167-2173.

[9] 沈大航，乔文君，刘智，等.茶树炭疽菌 *Colletotrichum gloeosporioides* 和 *C.acutatum* 的生物学特性比较及致病毒性初探.西南农业学报，2018，31（5）:980-985.

[10] 施云龙.茶树抗炭疽病和抗冻机制及评价研究.浙江大学，2020.

[11] 汪金莲，邱业先，陈宏伟，等.茶多酚对几种植物病原真菌的抑制作用.江苏农业科学，2007，258（4）:61-63.

[12] 王瑾.茶树叶部由病原真菌侵染引发的内源糖苷酶及咖啡碱合成相关酶基因差异表达.安徽农业大学，2011.

[13] 王玉春，刘守安，卢秦华，等.中国茶树炭疽菌属病害研究进展及展望.植物保护学报，2019，46（5）:954-963.

[14] 王玉春.中国茶树炭疽菌系统发育学研究及茶树咖啡碱抗炭疽病的作用.西北农林科技大学，2016.

[15] 熊飞，卢秦华，房婉萍，等.基于全基因组的茶树 PAL 家族基因鉴定及其在生物与非生物胁迫下的表达分析.园艺学报，2020，47（3）:517-528.

[16] 徐礼羿，谭礼强，王丽鸳，等.茶树炭疽病抗性的 QTL 分析.茶叶科学，2016，36（4）:432-439.

[17] 姚成程.由病原真菌侵染引发的茶树叶片中糖苷类香气前体的变化.安徽农业大学，2011.

[18] 邹东霞，廖旺姣，黄华艳，等.茶多酚对 8 种植物病原真菌的抑制作用.广西林业科学，2017，46（4）:412-415.

[19] Aneja M, Gianfagna T.Induction and accumulation of caffeine in young, actively growing leaves of cocoa (*Theobroma cacao* L.) by wounding or infection with *Crinipellis perniciosa*.Physiological and Molecular Plant Pathology，2001，59（1）:13-16.

[20] Ashwin N M R, Barnabas L, Sundar A R, et al.Comparative secretome amalysis of *Colletotrichum falcatum* identifies a cerato-platanin protein (EPL1) as a potential pathogen-associated molecular pattern (PAMP) inducing systemic resistance in sugarcane.Journal of Proteomics，2017，169:2-20.

[21] Bennett R N, Wallsgrove R M.Secondary metabolites in plant defence mechanisms.The New phytologist，1994，127（4）:617-633.

[22] Boyd L A, Ridout C, O'Sullivan D M, et al. Plant-pathogen interactions: disease resistance in modern agriculture.Trends in Genetics，2013，29:233-240.

[23] Cannon P F, Damm U, Johnston P R, et al.Colletotrichum-current status and future directions.Studies in mycology，2012，73（1）:181-213.

[24] Chakraborty A K, Dustin M L, Shaw A S.In silico models for cellular and molecular immunology:successes,

promises and challenges.Nature immunology，2003，4（10）:933-936.

[25]Chatterjee A，Paul A，Unnati G M，et al.MAPK cascade gene family in *Camellia sinensis:In-silico* identification，expression profiles and regulatory network analysis.BMC Genomics，2020，21:613.

[26]Chen Y J，Tong H R，Wei X，et al.First report of brown blight disease on *Camellia sinensis* caused by *Colletotrichum acutatum* in China.Plant Disease，2016，100（1）:227.

[27]Cheng H T，Liu H B，Deng Y，et al.The WRKY45-2 WRKY13 WRKY42 transcriptional regulatory cascade is required for rice resistance to fungal pathogen.Plant Physiology，2015，167（3）:1087-1099.

[28]Crouch J A，Clarke B B，Hillman B I.What is the value of ITS sequence data in *Colletotrichum* systematics and species diagnosis?A case study using the falcate-spored graminicolous *Colletotrichum* group.Mycologia，2009，101（5）:648-656.

[29]Silva L L，Moreno H A，Correia H L N，et al.Colletotrichum: species complexes，lifestyle，and peculiarities of some sources of genetic variability.Applied Microbiology and Biotechnology，2020，104（5）:1891-1904.

[30]Derksen H，Rampitsch C，Daayf F.Signaling cross-talk in plant disease resistance.Plant science:an international journal of experimental plant biology，2013，207:79-87.

[31]Dixon R A，Paiva N L.Stress-induced phenylpropanoid metabolism.*Plant Cell*，1995，7（7）:1085-1097.

[32]Duxbury Z，Wang S，MacKenzie C I，et al.Induced proximity of a TIR signaling domain on a plant-mammalian NLR chimera activates defense in plants.Proceedings of the National Academy of Sciences of the United States of America，2020，117（31）:18832-18839.

[33]Eichmann R，Schäfer P.The endoplasmic reticulum in plant immunity and cell death. Frontiers in plant science，2012，3:200.

[34]Facchini P J.ALKALOID BIOSYNTHESIS IN PLANTS: Biochemistry，Cell Biology，Molecular Regulation，and Metabolic Engineering Applications.Annual Review of Plant Physiology and Plant Molecular Biology，2001，52:29-66.

[35]Frey T J，Weldekidan T，Colbert T，et al.Fitness evaluation of *Rcg1*，a locus that confers resistance to *Colletotrichum graminicola*（Ces.）G.W.Wils.Using near-siogenic maize hybrids.Crop Breeding & Genetic，2011，51（4）:1551-1563.

[36]Fritzlaylin L K，Krishnamurthy N，Tör M，et al.Phylogenomic analysis of the receptor-like proteins of rice and *Arabidopsis*.Plant Physiology，2005，138:611-623.

[37]Fukada F，Kodama S，Nishiuchi T，et al.Plant pathogenic fungi *Colletotrichum* and *Magnaporthe* share a common G1 phase monitoring strategy for proper appressorium development.New Phytologist，2019，222（4）:1909-1923.

[38]Gan P，Ikeda H，Narusaka M，et al.Comparative genomic and transcriptomic analyses reveal the hemibiotrophic stage shift of *Colletotrichum* fungi.New Phytologist，2013，197（4）:1236-1249.

[39]Grotewold E.The science of flavonoids.Springer，2006.

[40]Guo M，Pan Y M，Dai Y L，et al.First report of brown blight disease caused by *Colletotrichum gloeosporioides* on *Camellia sinensis* in Anhui Province，China.Plant Disease，2014，98（2）:284.

[41]Hamann T.Plant cell wall integrity maintenance as an essential component of biotic stress response mechanisms. Frontiers in plant science，2012，3:77.

[42]Hayashi K.The interaction and integration of auxin signaling components.Plant & cell physiology，2012，53（6）:965-75.

[43]Hollingsworth R G，Armstrong J W，Campbell E.Caffeine as a repellent for slugs and snails.Nature，2002，417（6892）:915-6.

[44]Hu Y，Zhang M，Lu M，et al.Salicylic acid carboxyl glucosyltransferase UGT87E7 regulates disease resistance in *Camellia sinensis*.Plant Physiol，2021，188（3）:1507-1520.

[45]Irieda H，Inoue Y，Mori M，Yamada K，et al.Conserved fungal effector suppresses PAMP-triggered immunity by targeting plant immune kinases.Proceedings of the National Academy of Sciences of the United States of America，2019，116（2）:496-505.

[46]Iwai T，Miyasaka A，Seo S，et al.Contribution of ethylene biosynthesis for resistance to blast fungus infection in

young rice plants.Plant physiology，2006，142（3）:1202-1215.

[47]Jacob F，Vernaldi S，Maekawa T.Evolution and conservation of plant NLR functions.Frontiers in Immunology，2013，4: 297.

[48]Jiang X，Feng K，Yang X.In vitro antifungal activity and mechanism of action of tea polyphenols and tea saponin against *Rhizopus Stolonifer*. Journal of molecular microbiology and biotechnology，2015，25（4）:269-76.

[49]Jones J D，Dangl J L.The plant immune system.Nature，2006，444（7117）:323-329.

[50]Kim Y S，Choi Y E，Sano H.Plant vaccination: stimulation of defense system by caffeine production in planta.Plant signaling & behavior，2010，5（5）:489-93.

[51]Li X，Ahammed G J，Li Z，et al.Decreased biosynthesis of jasmonic acid via lipoxygenase pathway compromised caffeine-induced resistance to *Colletotrichum gloeosporioides* under elevated CO_2 in tea seedlings.Phytopathology，2016，106（11）:1270-1277.

[52]Lin S R，Yu S Y，Chang T D，et al.First report of anthracnose caused by *Colletotrichum fructicola* on tea in Taiwan. Plant Disease，2021，105（3）:710.

[53]Liu F，Weir B，Damn U，et al.Unravelling *Colletotrichum* species associated with *Camellia*: employing ApMat and GS loci to resolve species in the *C.gloeosporioides* complex.Persoonia，2015，35:63-86.

[54]Lu Q，Wang Y，Li N，et al.Differences in the characteristics and pathogenicity of *Colletotrichum camelliae* and *C.fructicola* isolated from the tea plant [*Camellia sinensis*（L.）O.Kuntze].Front Microbiol，2018，9:3060.

[55]Lu Q，Wang Y，Xiong F，et al.Integrated transcriptomic and metabolomic analyses reveal the effects of callose deposition and multihormone signal transduction pathways on the tea plant-*Colletotrichum camelliae* interaction. Scientific reports，2020，10（1）:12858.

[56]Lu Q H，Wang Y C，Li N N，et al.Differences in the characteristics and pathogenicity of *Colletotrichum camelliae* and *C.fructicola* isolated from tea plant（*Camellia sinensis*（L.）O. Kuntze）.Frontiers in Microbiology，2018，9:3060.

[57]Ma Q，Zhou Q，Chen C，et al.Isolation and expression analysis of *CsCML* genes in response to abiotic stress in the tea plant（*Camellia sinensis*）.Scientific Reports，2019，9:8211.

[58]McHale L，Tan X P，Koehl P，et al.Plant NBS-LRR proteins: adaptable guards.Genome Biology，2006，7（4）:212.

[59]Mikulic-Petkovsek M.Phenolic compounds as defence response of pepper fruits to *Colletotrichum coccodes*. Physiological and Molecular Plant Pathology，2013，84:138-145.

[60]Nomura H，Komori T，Uemura S，et al.Chloroplast-mediated activation of plant immune signalling in *Arabidopsis*. Nature communications，2012，3:926.

[61]O'Connell R J，Thon M R，Hacquard S，et al.Lifestyle transitions in plant pathogenic *Colletotrichum* fungi deciphered by genome and transcriptome analyses.Nature Genetics，2012，44（9）:1060-1065.

[62]Oliveira-Garcia E，Deising H B.Attenuation of PAMP-triggered immunity in maize requires down-regulation of the key β-1，6-glucan synthesis genes *KRE5* and *KRE6* in biotrophic hyphae of *Colletotrichum graminicola*.Plant Journal for Cell and Molecular Biology，2016，87:355-375.

[63]Orrock J M，Rathinasabapathi B，Richter B S.Anthracnose in U.S.tea:pathogen characterization and susceptibility among six tea accessions.Plant Disease，2020，104（4）:1055-1059.

[64]Prusky D.Pathogen quiescence in postharvest diseases.Annual review of phytopathology，1996，34:413-434.

[65]Saijo Y，Loo E P，Yasuda S.Pattern recognition receptors and signaling in plant-microbe interactions.The Plant Journal，2018，93（4）:592-613.

[66]Shang S，Wang B，Zhang S，et al.A novel effector CfEC92 of *Colletotrichum fructicola* contributes to glomerella leaf spot virulence by suppressing plant defenses at the early infection phase.Molecular Plant Pathology，2020，21（7）:936-950.

[67]Shi R，Shuford C M，Wang J P，et al.Regulation of phenylalanine ammonia-lyase（PAL）gene family in wood forming tissue of *Populus trichocarpa*.Planta，2013，238（3）:487-97.

[68]Shi Y L，Sheng Y Y，Cai Z Y，et al.Involvement of salicylic acid in anthracnose infection in tea plants revealed by transcriptome profiling.International journal of molecular sciences，2019，20（10）:2439.

[69]Singh K，Kumar S，Rani A，et al.Phenylalanine ammonia-lyase（PAL）and cinnamate 4-hydroxylase（C4H）

and catechins（flavan-3-ols）accumulation in tea.Functional & integrative genomics，2009，9（1）:125-34.

[70]Sourabh A，Kanwar S S，Sud R G，et al.Influence of phenolic compounds of Kangra tea[*Camellia sinensis*（L.）O.Kuntze]on bacterial pathogens and indigenous bacterial probiotics of Western Himalayas.Brazilian journal of microbiology:[publication of the Brazilian Society for Microbiology]，2014，44（3）:709-15.

[71]Stahl-Biskup E，et al.Glycosidically bound volatiles-a review 1986-1991.1993，8（2）:61-80.

[72]Stotz H U，Mitrousia G K，de Wit P J G M，Fitt B D L.Effector-triggered defense against apoplastic fungal pathogens.*Trends in Plant Science*，2014，19（8）:491-500.

[73]Takahara H，Hacquard S，Kombrink A，et al.*Colletotrichum higginsianum* extracellular LysM proteins play dual roles in appressorial function and suppression of chitin-triggered plant immunity.New Phytologist，2016，211（4）:1323-1337.

[74]Tanaka S，Ishihama N，Yoshioka H，et al.The *Colletotrichum orbiculare ssd1* mutant enhances *Nicotiana benthamiana* basal resistance by activating a mitogen-activated protein kinase pathway.The Plant Cell，2009，21（8）:2517-2526.

[75]Vargas W A，Sanz-Martín J M，Rech G E，et al.A fungal effector woth host nuclear localization and DNA-binding properties is required for maize anthracnose development.Molecular Plant-Microbe Interactions，2016，29（2）:83-95.

[76]Vidhyasekaran P.Plant hormone signaling systems in plant innate immunity，in signaling and communication in plants.Springer Netherlands:Imprint: Springer，2015，Dordrecht，online resource（ⅩⅦ，458pages 10 illustrations）.

[77]Wan Y，Zou L，Zeng L，et al.A new *Colletotrichum* species associated with brown blight disease on *Camellia sinensis*.Plant Disease，2021，105（5）:1474-1481.

[78]Wang L，Wang Y，Cao H，et al.Transcriptome analysis of an anthracnose-resistant tea plant cultivar reveals genes associated with resistance to *Colletotrichum camelliae*.PLoS One，2016，11（2）:e0148535.

[79]Wang W Z，Zhou Y H，Wu Y L，et al.Insight into catechins metabolic pathways of *Camellia sinensis* based on genome and transcriptome analysis.Journal of Agricultural & Food Chemistry，2018，66（16）:4281-4293

[80]Wang Y，Lu Q，Xiog F，et al.Genome-wide identification，characterization，and expression analysis of nucleotide-binding leucine-rich repeats gene family under environmental stresses in tea（*Camellia sinensis*）.Genomics，2020，112（2）:1351-1362.

[81]Wang Y C，Hao X Y，Lu Q H，et al.Transcriptional analysis and histochemistry reveal that hypersensitive cell death and H_2O_2 have crucial roles in the resistance of tea plant（*Camellia sinensis*（L.）O.Kuntze）to anthracnose.Horticulture Research，2018，5:18.

[82]Wang Y C，Hao X Y，Wang L，et al.Diverse *Colletotrichum* species cause anthracnose of tea plants（*Camellia sinensis*（L.）O.Kuntze）in China.Scientific Reports，2016，6:35287.

[83]Wang Y C，Qian W J，Li N N，et al.Metabolic changes of caffeine in tea plant（*Camellia sinensis*（L.）O.Kuntze）as defense response to *Colletotrichum fructicola*. Journal of Agricultural & Food Chemistry，2016，64（35）:6685-6693.

[84]Xia E H，Zhang H B，Sheng J，et al.The tea tree genome provides insights into tea flavor and independent evolution of caffeine biosynthesis.Molecular Plant，2017，10（6）:866-877.

[85]Xiong F，Wang Y，Lu Q，et al.Lifestyle characteristics and gene expression analysis of *Colletotrichum camelliae* isolated from tea plant[*Camellia sinensis*（L.）O.Kuntze]based on transcriptome.Biomolecules，2020，10（5）:782.

[86]Yan Y，Yuan Q，Tang J，et al.*Colletotrichum higginsianum* as a model for understanding host-pathogen interactions: a review.International Journal of Molecular Sciences，2018，19（7）:2142.

[87]Yeats T H，Rose J K.The formation and function of plant cuticles.*Plant Physiol*，2013，163（1）:5-20.

[88]Yi S M，Zhu J L，Fu L L，et al.Tea polyphenols inhibit Pseudomonas aeruginosa through damage to the cell membrane.International Journal of Food Microbiology，2010，144（1）:111-117.

[89]Yuan M，Ngou B P M，Ding P，et al.PTI-ETI crosstalk: an integrative view of plant immunity.Current Opinion in Plant Biology，2021，62:102030.

[90]Zhang L，Huang X，He C，et al.Novel fungal pathogenicity and leaf defense strategies are revealed by simultaneous transcriptome analysis of *Colletotrichum fructicola* and strawberry infected by this fungus.Frontiers in Plant Science，2018，9:434.

[91]Zhang L，Li X，Zhou Y，et al.Identification and characterization of *Colletotrichum* species associated with *Camellia sinensis* anthracnose in Anhui Province，China. Plant Disease，2021，105（9）:2649-2657.

[92]Zhang R，Isozumi N，Mori M，et al.Fungal effector SIB1 of *Colletotrichum orbiculare* has unique structural features and can suppress plant immunity in *Nicotiana benthamiana*.Journal of Biological Chemistry，2021，297（6）:101370.

[93]Zhang Z Z，Li Y B，Qi L，et al.Antifungal activities of major tea leaf volatile constituents toward *Colletorichum camelliae Massea*. Journal of Agricultural and Food Chemistry，2006，54（11）:3936-3940.

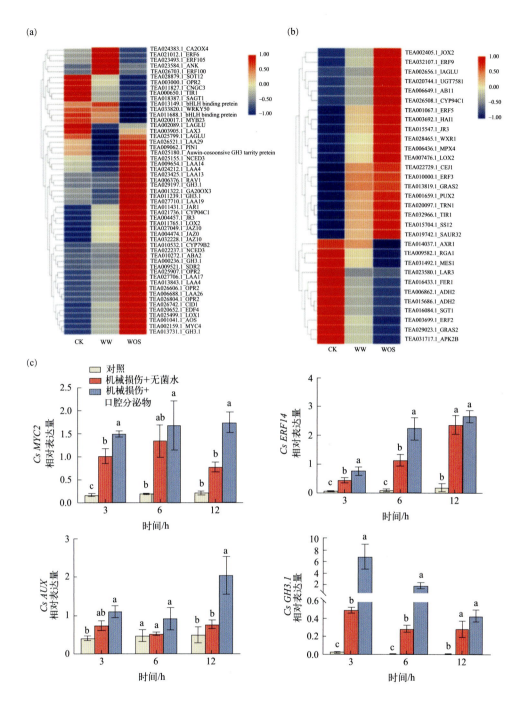

彩图6.3　模拟取食对茶树植物激素信号途径相关基因转录水平的影响

（a）机械损伤＋无菌水和机械损伤＋口腔分泌物处理的茶树叶片中差异基因热图分析；

（b）健康苗和机械损伤＋口腔分泌物处理的茶树叶片中差异基因热图分析，不同颜色代表基于

FPKM 值的基因表达水平（蓝色代表下调，红色代表上调）；（c）植物激素途径关键基因表达谱

［数据来自平均值 ± 标准误，不同字母代表同一时间点不同处理之间具有显著性差异

（$P < 0.05$，Turkey's honest significant difference（HSD）post-hoc test，$n=4$）］

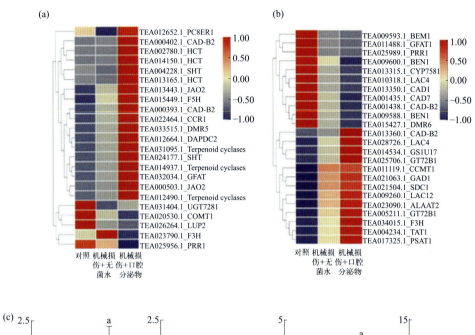

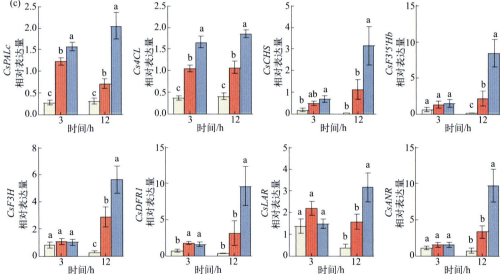

彩图 6.4　模拟取食对茶树代谢通路相关基因转录水平的影响

（a）机械损伤＋无菌水和机械损伤＋口腔分泌物处理的茶树叶片中差异基因热图分析；（b）健康苗和机械损伤＋口腔分泌物处理的茶树叶片中差异基因热图分析，不同颜色代表基于 FPKM 值的基因表达水平（蓝色代表下调，红色代表上调）；（c）代谢物生物合成途径关键基因表达谱

［数据来自平均值 ± 标准误，不同字母代表同一时间点不同处理之间具有显著性差异（$P < 0.05$，Turkey's honest significant difference（HSD）post-hoc test，$n=4$）］

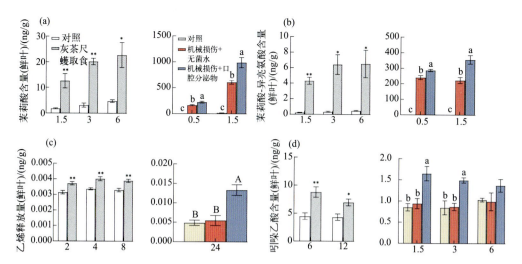

彩图 6.5　灰茶尺蠖取食（灰色）和模拟取食（黄、粉、蓝色）对植物激素含量的影响

（a）茉莉酸 JA；（b）茉莉酸 - 异亮氨酸 JA-Ile；（c）乙烯 ET；（d）植物生长素 IAA［数据来自平均值 ± 标准误，
*表示 $P < 0.05$，**表示 $P < 0.01$（Student's t test，$n=4$）；不同字母代表同一时间点不同处理之间具有显著性差异
（$P < 0.05$，Turkey's honest significant difference（HSD）post-hoc test，$n=4$）］

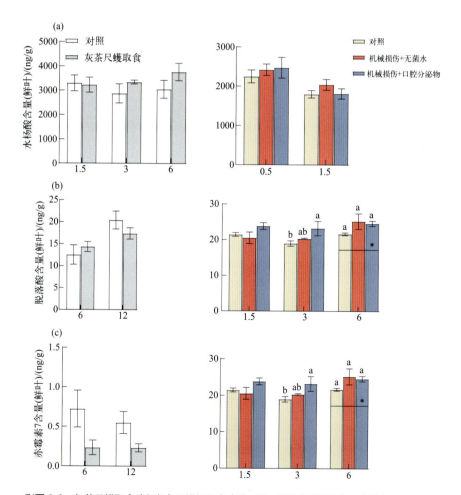

彩图 6.6　灰茶尺蠖取食（灰色）和模拟取食（黄、粉、蓝色）对植物激素含量的影响

（a）水杨酸（SA）；（b）脱落酸（ABA）；（c）赤霉素 7（GA7）

［数据来自平均值 ± 标准误，*表示 $P < 0.05$（Student's t test，$n=4$）；不同字母代表同一时间点不同处理之间具有显著
性差异（$P < 0.05$，Turkey's honest significant difference（HSD）post-hoc test，$n=4$）］

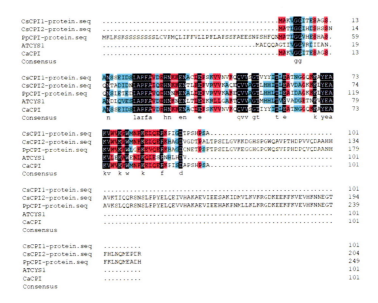

彩图6.29　CsCPIs 与已有植物 CPI 的氨基酸序列多重比对

［黑、红、蓝色的背景为保守区，CPI 分比来源茶树（CsCPI2；CsCPI1：FJ719840.1）、拟南芥（ATCYS1：AT5G12140）、甘蔗（CaCPI：AY119689）］

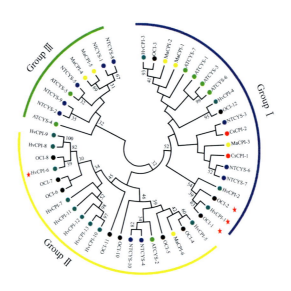

彩图6.30　CsCPI2 与已有植物 CPIs 氨基酸序列的进化树分析

［茶树 CPI（2 个）、水稻 CPI（12 个）、大麦 CPI（13 个）、烟草 CPI（10 个）、桑树 CPI（6 个）和拟南芥 CPI（7 个）。星号标注蛋白：已报道在植物防御中发挥重要作用］

彩图7.1　炭疽菌引起的植物炭疽病（Cannon等，2012）

（a）由桃尖孢炭疽菌（*Colletotrichum nymphaeae*）引起的草莓果实炭疽病；（b）由比氏炭疽菌（*C. beeveri*）引起的波叶短喉木科植物叶斑病；（c）由博宁炭疽菌（*C. boninense*）引起的美丽南洋凌霄叶片炭疽病；（d）由洋葱炭疽菌（*C. circinans*）引起的洋葱炭疽病；（e）由香蕉炭疽菌（*C. musae*）引起的香蕉炭疽病；（f）由卡哈瓦炭疽菌（*C. kahawae*）引起的咖啡浆果炭疽病；（g）由胶孢炭疽菌（*C. gloeosporioides*）引起的山药叶片炭疽病；（h）由胶孢炭疽菌（*C. gloeosporioides*）引起的茄子炭疽病；（i）由一种未确定的炭疽菌引起的芒果花枯病；（j）由胶孢炭疽菌（*C. gloeosporioides*）引起的芒果炭疽病；（k）由禾谷炭疽菌（*C. graminicola*）引起的玉米叶枯病；（l）由菜豆炭疽菌（*C. lindemuthianum*）引起的豆荚炭疽病

彩图7.2　茶树易感品种"龙井43"发生炭疽病的田间病状（王玉春 摄）

彩图7.3　茶树炭疽病病状（王玉春 摄）

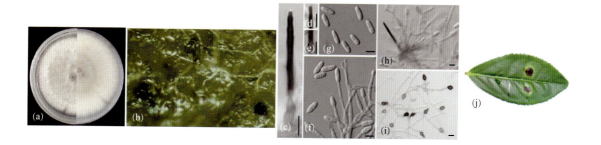

彩图7.5　山茶炭疽菌（*C.camelliae*）形态特征（王玉春，2016）

（a）菌落正反面；（b）厚垣孢子；（c）～（e）刚毛；（f）分生孢子梗；（g）分生孢子；（h）分生孢子梗和刚毛；（i）附着胞；
（j）龙井43叶片接种14d后发病情况

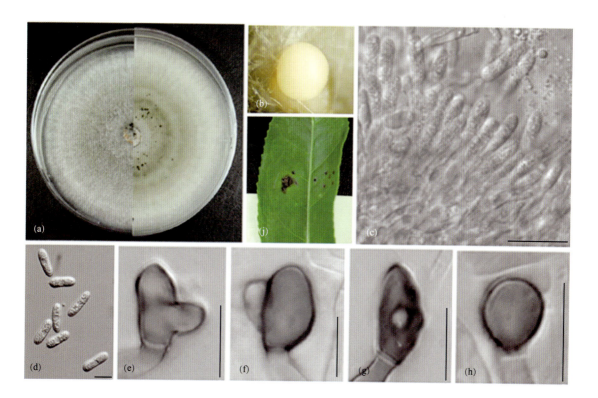

彩图7.6　果生炭疽菌（*C.fructicola*）形态特征（王玉春，2016）

（a）菌落正反面；（b）分生孢子堆；（c）分生孢子梗；（d）分生孢子；（e）～（h）附着胞；（i）龙井43叶片接种14d
后发病情况

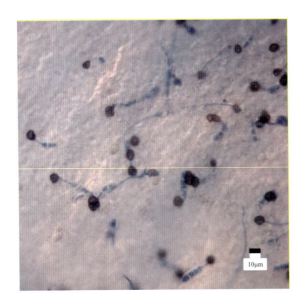

彩图7.8 分生孢子在茶树表皮上生长8h（褐色凸状物为附着孢结构）；实验室有伤接种*C.camelliae*后48h茶叶病斑（Xiong等，2020）

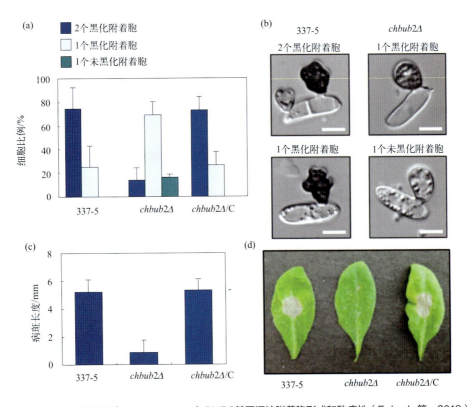

彩图7.9 希金斯炭疽菌（*C.higginsianum*）*BUB2*基因调控附着胞形成和致病性（Fukada等，2019）

（a），（b）各菌株附着胞形态及统计结果；（c），（d）拟南芥接种致病性检测及统计结果